小角散射技术与纳米粒子
——理论、模型与实践

田 强 著

科学出版社

北 京

内 容 简 介

本书共分3篇，16章。第1篇为理论部分，分析小角散射研究领域的现状和发展趋势，并结合傅里叶变换阐述小角散射基本原理。第2篇为模型部分，归纳整理描述纳米粒子几何形态和空间位置关系的数据分析模型，讨论理论散射曲线的特征和模型的适用对象。第3篇为实践部分，以丰富的实测数据论述样品制备、数据处理、测量极限、衬度调控和拟合方法等内容，并以若干案例展示小角散射技术在固态和液态体系中的应用。本书基于笔者在小角散射领域十余年的研究成果而撰写，章节划分细致，公式推导简明，大部分实验数据采集于我国的大科学装置（上海同步辐射光源、绵阳研究堆）。

本书可作为材料、化学、生物专业的研究生参考书，也可作为X射线、中子小角散射技术、无损检测、质量控制、药物研发等相关科技工作者的参考书。

图书在版编目(CIP)数据

小角散射技术与纳米粒子：理论、模型与实践 / 田强著. -- 北京：科学出版社, 2025.3. -- ISBN 978-7-03-081209-4

I. O571.41

中国国家版本馆 CIP 数据核字第 20255YP925 号

责任编辑：武雯雯　贺江艳 / 责任校对：彭　映
责任印制：罗　科 / 封面设计：墨创文化

科 学 出 版 社 出版
北京东黄城根北街16号
邮政编码：100717
http://www.sciencep.com

成都锦瑞印刷有限责任公司 印刷
科学出版社发行　各地新华书店经销

*

2025年3月第　一　版　　开本：787×1092 1/16
2025年3月第一次印刷　　印张：11 1/2
字数：273 000
定价：169.00元
（如有印装质量问题，我社负责调换）

序　言

  历经近百年的发展与革新，小角散射技术凭借其对纳米尺度微观结构独特的探测原理和强大的解析能力，已深度融入材料科学、生物学、化学等前沿研究领域的核心环节，成为不可或缺的关键研究手段。

  北京和上海同步辐射装置运行多个 X 射线(超)小角散射线站，中国散裂中子源、中国先进研究堆、绵阳研究堆运行有多台中子(超/微)小角散射谱仪。这些科学设施具有先进的技术指标，为我国学者提供了前所未有的研究平台，近年来取得了丰硕的学术成果。但现阶段，我国在小角散射技术及其应用方面的系统性学术专著仍极为稀缺，相关知识的整理与传播工作亟待加强。

  该书作者长期基于大科学装置开展研究工作，拥有十余年的中子和 X 射线小角散射研究经验，是该领域中一位活跃的中青年学者。该书是作者多年科研工作的智慧结晶。开篇以大数据分析为切入点，精准提炼出"纳米粒子"这一小角散射研究的核心要素，并从傅里叶变换原理出发，用严谨的数学推导阐述了小角散射的基本原理。接着，作者归纳总结了描述纳米粒子的刚性、柔性、分形、不规则和相互作用五大类经典模型，并详细展示推导过程，为读者理解纳米粒子微观结构和行为特性提供了理论基础。最后，作者通过丰富的研究实例讨论了本底扣除、衬度调控、"模糊"效应、模型拟合方法等问题，结合自身最新成果，展示了模型拟合分析方法在固态和液态研究体系中的应用，为科研人员提供了极具价值的实践指导。该书将基础散射理论、纳米粒子结构模型和实验数据分析有机融合，大量采用我国大科学装置采集的数据，为我国科研工作者提供了贴合实际的参考范例，具有极高的学术和实践指导意义。

  该书所用案例丰富，题材广泛，涉及黏土矿物、富勒烯溶液、铀酰过氧化物团簇、反胶束、脂质纳米粒子、聚氨酯、介孔二氧化硅、含能材料、氧化物弥散强化钢等。这些内容提供了多维度的视角，有助于读者触类旁通。在编写风格上，该书注重科学性与可读性的平衡，行文逻辑严谨、条理清晰，图片精美、数据准确，公式推导简洁易懂，各章节相互呼应。每一篇、每一章都设有启发性引语，引导读者快速进入学习情境，帮助其理解知识要点。从书中的细节能感受到作者倾注的大量心血，作者将十余年的研究成果和精华毫无保留地呈现给读者，为小角散射技术的知识传承和学术发展贡献力量。

  综上所述，该书具有很高的学术和应用价值，既适合作为从事该领域研究的科研人员的参考资料，也对即将投身该领域的新人有重要的启蒙和指导作用。在科技飞速发展、人工智能蓬勃兴起的当下，小角散射技术作为连接微观与宏观世界的桥梁，将在未来科研中发挥更重要的作用，推动科学技术不断进步。它将不同领域科学家的智慧与创新思维紧密相连，助力我们在科研道路上收获更多创新灵感。

衷心祝愿每一位读者都能在小角散射这一充满无限可能的科研领域中找到自己的方向，发挥专业优势和创新能力，为科学事业发展贡献力量。

门永锋
2025 年 2 月于长春应用化学研究所

前　言

X 射线、中子小角散射系发生在入射束附近的相干散射(弹性散射)现象，是研究物质纳米尺度结构的重要实验方法之一，近年来受到广大科技工作者越来越多的关注。

小角散射技术起源于 20 世纪 30 年代，随着大科学装置的发展，以及实验室 X 射线小角散射设备的普及，目前全球范围内的小角散射相关研究正处于十分活跃的时期。进入 21 世纪，随着北京、上海、绵阳、东莞等地同步辐射光源和中子源的建设，我国的小角散射技术经历了快速发展阶段。搭建的小角散射谱仪、线站的技术指标达到了国际先进水平，相关研究的发文量呈指数增长趋势。中国晶体学会小角散射专业委员会于 2019 年成立，为同行提供了良好的交流协作平台，进一步推动了我国小角散射技术的发展。

开展小角散射研究，应具备良好的理论基础和实践经验，主要分为三方面的内容，即理论层、实验层和应用层。理论层是根基，需要系统掌握高等数学、固体物理、量子力学等知识。实验层是手段，需要掌握规范的测试流程，并能够根据测试对象的特点优化谱仪参数和测量方法。应用层是目标，需要综合前述两个方面的知识和技术，对获取的原始数据进行还原和反演。实验数据的处理和深度解析，是很多研究者面临的棘手问题。近三十年来，小角散射相关的论文浩如烟海，亟须系统归纳整理相关的概念、模型、方法，以便于读者理解和掌握小角散射研究领域的知识体系。

在过去十余年间，笔者有幸在国内外同步辐射光源、中子源的小角散射设施上开展研究工作，从诸多合作课题组汲取了大量科学知识和实验、数据分析技能，同时在纳米粒子、胶体与界面、工程材料等研究领域积累了一些研究经验。本书旨在分享笔者在小角散射应用研究过程中的所想所悟，为读者提供有益的参考和前沿信息。

本书第 1 篇(第 1~3 章)论述小角散射基本理论，从傅里叶变换数学工具入手，建立傅里叶变换与 X 射线和中子小角散射的关系，并阐述小角散射理论的基本概念。第 2 篇(第 4~8 章)归纳整理四大类常用的小角散射数据分析模型(刚性、柔性、分形、不规则纳米粒子)以及三种描述粒子间相互作用的结构因子，通过理论散射曲线分析各模型的特征。第 3 篇(第 9~16 章)以丰富的案例展示本底扣除、多分散性、谱仪分辨率、测量极限、衬度调控以及拟合方法等实践问题。最后以笔者近年来的若干小角散射应用研究案例收尾。

在本书的著述过程中笔者阅读了大量参考资料，谨向书中已列出和未列出的所有文献资料的作者表示敬意。小角散射知识体系犹如一座宏伟的殿堂，且在快速发展中。笔者的知识储备和能力有限，难免会出现疏漏之处。因此，诚挚地邀请读者不吝指正。

祝愿读者在小角散射研究领域取得丰硕的研究成果，以促进该领域研究迈向更加辉煌的未来。

田强

2023 年夏于北京大学中关新园

目　　录

第1篇　理论

第1章　绪论 ··· 3
1.1　衍射与散射简史 ·· 3
1.2　小角散射概述 ··· 4
1.3　小角散射研究现状与趋势 ·· 6
1.3.1　文献数量与合作网络分析 ··· 6
1.3.2　关键词分析 ·· 10
1.4　纳米粒子概述 ·· 12
1.4.1　固体中的纳米粒子 ·· 13
1.4.2　溶液中的纳米粒子 ·· 14

第2章　傅里叶变换与散射 ·· 16
2.1　傅里叶变换概述 ·· 16
2.1.1　傅里叶级数 ·· 16
2.1.2　正交性与傅里叶系数 ··· 17
2.1.3　傅里叶变换 ·· 17
2.2　散射与傅里叶变换 ··· 18
2.2.1　矩形函数与傅里叶变换 ·· 18
2.2.2　光阑函数与傅里叶变换 ·· 19
2.2.3　狭缝散射 ··· 20

第3章　小角散射基本原理 ·· 22
3.1　散射实验与散射截面 ·· 22
3.2　散射长度与散射长度密度 ··· 23
3.3　散射强度与自关联函数 ·· 26
3.4　两相体系的散射 ·· 29
3.5　粒子系统的散射 ·· 30
3.6　低q和高q近似 ··· 32

第2篇　模型

第4章　刚性纳米粒子模型 ·· 37
4.1　球形与椭球粒子 ·· 37
4.2　球壳粒子 ·· 40

4.3	柱状粒子	42
4.4	薄片与细棒	44
4.5	弥散界面粒子	45

第 5 章　柔性纳米粒子模型　48
- 5.1　随机行走分子链(高斯链)　48
- 5.2　自回避随机行走分子链　51
- 5.3　星形和环形分子链　53
- 5.4　半柔性分子链　55
- 5.5　球形胶束　57

第 6 章　分形纳米粒子模型　60
- 6.1　质量分形　60
- 6.2　表面分形　63
- 6.3　多层级粒子　64

第 7 章　不规则粒子模型　67
- 7.1　随机两相体系　67
- 7.2　周期随机两相体系　68
- 7.3　浓度涨落　70

第 8 章　粒子间的相互作用　71
- 8.1　结构因子与作用势　71
- 8.2　硬球相互作用　72
- 8.3　黏性硬球相互作用　73
- 8.4　静电排斥相互作用　74

第 3 篇　实践

第 9 章　样品准备与本底扣除　79
- 9.1　测量流程　79
- 9.2　样品要求　80
  - 9.2.1　SANS 实验　80
  - 9.2.2　SAXS 实验　81
- 9.3　扣除本底散射　82
  - 9.3.1　基本方法　82
  - 9.3.2　溶液样品　83
  - 9.3.3　固体样品　85

第 10 章　纳米粒子的尺寸分布　87
- 10.1　正态与对数正态分布　87
- 10.2　稀疏体系　89

10.3 稠密体系 ··· 90

第 11 章 谱仪分辨率的"模糊"效应
11.1 针孔准直 SANS ··· 93
  11.1.1 谱仪分辨率对散射曲线的影响 ··································· 93
  11.1.2 几何分辨率和波长分辨率 ··· 94
11.2 线光源 SAXS ··· 97

第 12 章 纳米粒子的测量极限
12.1 尺寸的测量极限 ·· 99
  12.1.1 周期结构 ·· 99
  12.1.2 纳米粒子 ··· 100
12.2 浓度的测量下限 ··· 102
12.3 时间的测量下限 ··· 104

第 13 章 散射衬度调控
13.1 增强散射衬度 ·· 107
13.2 匹配散射衬度 ·· 110

第 14 章 数据拟合方法
14.1 拟合与残差 ·· 115
14.2 分段拟合法 ·· 117
  14.2.1 获取多层级结构参数 ·· 117
  14.2.2 排除大尺度结构干扰 ·· 118
14.3 固定参数法 ·· 120
  14.3.1 各向异性纳米粒子的拟合 ·· 120
  14.3.2 多壳层纳米粒子的拟合 ··· 121
14.4 最大熵算法 ·· 122

第 15 章 固态体系应用案例
15.1 氧化物弥散强化钢 ··· 125
  15.1.1 高温老化和稳定性 ··· 125
  15.1.2 搅拌摩擦焊对纳米析出相的影响 ······························ 127
15.2 聚氨酯的微相分离 ··· 129
  15.2.1 Estane 的原位变温 SAXS ·· 129
  15.2.2 Estane 的湿热老化 ··· 132
15.3 含能材料的损伤 ··· 134
  15.3.1 TATB 在单轴模压下的结构演化 ······························· 134
  15.3.2 HMX 的热损伤 ··· 137

第 16 章 液态体系应用案例
16.1 振荡凝胶的介观弛豫 ·· 141
16.2 胶束与 U(Ⅵ)的相互作用 ·· 144
16.3 POM-POSS 的自组装 ··· 148

16.4　溶剂萃取 ……………………………………………………………… 151
参考文献 ………………………………………………………………………… 156
附录 ……………………………………………………………………………… 165
后记 ……………………………………………………………………………… 170

第 1 篇　理　　论

傅里叶是一首数学的诗。

——弗里德里希·恩格斯(Friedrich Engels，1820—1895)

第1章 绪 论

如果你想知道宇宙的秘密,就用能量、频率与振动来思考。

——尼古拉·特斯拉(Nikola Tesla,1856—1943)

1.1 衍射与散射简史

散射现象在自然界中广泛存在,关于其最早的科学研究始于17世纪。格里马尔迪(Grimaldi,1618—1663)发现光束穿过小孔后,光斑尺寸比假设光沿直线传播的尺寸大,即呈锥状散播。他由此发明了"衍射"一词,用于解释这种现象。惠更斯(Huygens,1629—1695)在《光论》一书中,正式提出了光的波动说,即惠更斯原理:对于任何一种波,从波源发射的子波中,其波面上的任何一点都可以作为子波的波源,各个子波波源波面的包络面就是下一个新的波面。牛顿(Newton,1643—1727)使用三棱镜开展了著名的太阳光色散实验,发现白光是由不同颜色(不同波长)的光混合而成的,不同波长的光具有不同的折射率;分离出的色光在反射、散射过程中,都会保持同样的颜色(性质不变)。这一重要发现是现代光谱分析的基础。牛顿在《光学》著作中,系统阐述了光的"微粒说",从一个侧面反映了光的运动性质。

在19世纪初,杨(Young,1773—1829)通过双缝干涉实验,证实了微观粒子的波动性与粒子性;菲涅耳(Fresnel,1788—1827)在惠更斯原理和干涉原理之上,提出一种研究波传播问题的分析方法,即惠更斯-菲涅耳原理,从波动理论解释了光传播的规律,并指出衍射的实质是所有次波彼此相互干涉的结果。瑞利(Rayleigh,1842—1919)从理论上解释了光的散射现象,当光线入射到不均匀的介质中时,介质因折射率不均匀而产生散射光。他研究了尺寸远小于入射光波长的粒子的散射问题,于1871年提出了著名的瑞利散射定律,即散射强度与波长的四次方成反比。天空为何是蓝色、晚霞为何是红色、海水为何是蓝色等问题的答案均与瑞利散射有关。19世纪末,伦琴(Röntgen,1845—1923)发现了X射线,并因此获得了1901年首届诺贝尔物理学奖。X射线与可见光本质上都是电磁波。可见光的波长在数百纳米量级,而X射线的波长小于1 nm。相比于可见光,X射线的波长与原子之间距离相当,因此更适合作为研究物质结构的探针。X射线的发现把世界带入了原子时代,它为自然科学和医学开辟了一条崭新的道路,引发了一系列重大发现,迄今为止与X射线相关的诺贝尔自然科学奖的数量达30余项(郑钧正,2020)。

进入20世纪,散射和衍射理论以及相关实验进入了蓬勃发展时期。劳厄(Laue,1879—1960)发现了单晶的X射线衍射现象,获得了1914年的诺贝尔物理学奖。自此,人们可以通过观察衍射图案研究晶体的微观结构。《自然》杂志把这一发现称为"我们时代最伟大、意义最深远的发现"。布拉格父子(William Henry Bragg,1862—1942;William

Lawrence Bragg，1890—1971）因晶体结构的 X 射线衍射分析工作，获得了 1915 年的诺贝尔物理学奖。他们首先发现在氯化钠晶体中，每个钠离子被六个等距离的氯离子包围，每个氯离子被六个等距离的钠离子包围，没有单独的氯化钠"分子"，并解析出了金刚石的晶体结构。布拉格父子以深厚的数学基础和敏锐的物理思想，用 X 射线做工具，打开了探索微观世界的大门。到了 20 世纪 30 年代，完善的 X 射线衍射理论逐步由布拉格父子、劳厄、德拜（Debye，1884—1966）、谢乐（Scherrer，1890—1969）等人建立。

1931 年，我国核物理学家王淦昌提出可能发现中子的设想实验。随后在 1932 年，查德威克（Chadwick，1891—1974）发现了中子，获得了 1935 年诺贝尔物理学奖。相比于 X 射线，中子具有诸多独特的性质，引起了众多物理学家的关注。沃兰（Wollan，1902—1984）是最早认识到利用中子探测材料结构重要性的科学家之一，他与博斯特（Borst，1912—2002）于 1944 年使用中子衍射技术获得了晶体的摇摆曲线，他与舒尔（Shull，1915—2001）合作，发展了探测物质结构的中子衍射方法。舒尔在中子光学、核散射长度测定、核自旋效应等方面做出了重要贡献。1994 年舒尔与布罗克豪斯（Brockhouse，1918—2003）被授予诺贝尔物理学奖，以表彰他们为弹性和非弹性中子散射技术发展所做的贡献。

在 20 世纪后期和 21 世纪初，伴随着高通量同步辐射 X 射线源以及中子源的建设，诸多弹性和非弹性散射实验技术发展迅速，至今仍方兴未艾。在技术方面，发展高效率、高精度、高性能的实验方法是当前的主流发展方向，例如扩展时间、能量、空间的测量极限，发展新型的实验方法，发展力、热、光、电、磁原位测试技术，发展大数据分析和挖掘方法等。在研究方面，越来越多的研究学者应用散射技术开展研究工作，在固体物理、材料学、生物大分子、物理化学、考古学、环境科学以及食品科学等领域取得了广泛的应用。

1.2　小角散射概述

在 20 世纪初期，人们发现在入射束附近存在很强的 X 射线散射信号，当时这种现象被认为是仪器问题——源于没有恰当准直的狭缝。后来，克里希那穆提（Krishnamurti，1903—1966）和沃伦（Warren，1902—1991）首先意识到，衍射谱图的低角度区域包含有物质的结构信息。随后，吉尼尔（Guinier，1911—2000）、德拜、克拉特基（Kratky，1902—1995）、波罗德（Porod，1919—1984）、霍斯曼（Hosemann，1912—1994）等先驱在 20 世纪 30~60 年代创立了小角散射理论和基本实验方法（Deby and Bueche，1949；Porod，1951；Guinier and Fournet，1955）。

进入 20 世纪后半段，与小角散射相关的技术接踵而至。基于反应堆中子源和散裂中子源的中子小角散射（small-angle neutron scattering，SANS）技术在 60 年代初和 70 年代末应运而生。德国电子同步辐射加速器中心在 70 年代和 80 年代建设了同步辐射小角 X 射线散射（small-angle X-ray scattering，SAXS）线站和反常 X 射线小角散射（anomalous small-angle X-ray scattering，ASAXS）线站。Levine 等（1989）开发了实验室掠入射 X 射线小角散射（grazing-incidence small-angle X-ray scattering，GISAXS）技术。进入 90 年代，North

等(1990)发展了同步辐射 X 射线超小角散射(ultra-small-angle X-ray scattering，USAXS)技术，Bras 等(1993)开发了 SAXS 和广角 X 射线散射(wide angle X-ray scattering，WAXS)联用技术。90 年代初，北京同步辐射光源建设了我国第一个同步辐射 SAXS 线站。21 世纪初，欧洲同步辐射光源开发了微聚焦 X 射线小角散射(μSAXS)技术(Riekel et al.，2000)，以及傅里叶变换红外光谱(Fourier transform infrared spectrometer，FTIR)-SAXS 联用技术，随后 SAXS-WAXS 与拉曼、X 射线荧光光谱、热分析等技术"联姻"。目前，全球基于第三代同步辐射光源建设的 SAXS 专用线站(约 30)和兼用线站(约 40)多达 70 余个。截至 2024 年，上海同步辐射光源运行有 1 个通用 SAXS 线站、1 个生物 SAXS 线站和 1 个时间分辨 USANS 线站(参见附录)。我国的首台 SANS 谱仪位于中国先进研究堆，于 2006 年启动建设，2010 年完成安装和调试；第二台 SANS 谱仪位于中国绵阳研究堆，2015 年正式对用户开放使用；位于中国散裂中子源的 SANS 和微小角中子散射(very small-angle neutron scattering，VSANS)谱仪分别于 2018 和 2024 年对用户开放。

小角散射系发生在入射束附近的相干散射(弹性散射)现象，是一种探测物质结构的重要技术手段。使用准直的 X 射线、中子或光作为入射束，探测并解析散射束强度(I)与散射矢量(q)的关系，可获得样品内部纳米至(亚)微米量级的结构信息——探测的尺度取决于入射束波长和准直几何(样品-探测器距离、狭缝系统等)，具体包括散射粒子的尺寸、数量、形态、界面结构和空间位置关系等。衍射与小角散射现象的物理本质是相同的，均是源于入射束(X 射线、中子)与物质的弹性相互作用。二者的区别主要体现在测试技术或者被测样品。如果研究对象是晶体的点阵参数，那么探测器可在高角度区间接收到散射加强的衍射环(峰)或衍射斑点，这种情况称为广角衍射，如图 1-1(a)(线性坐标)所示。如果研究对象是纳米尺度的结构，那么探测器需要置于低角度区间(远距离)，这种情况称为小角散射(低 q 散射)，如图 1-1(b)所示(双对数坐标)。不能完全根据散射角的大小区分小角散射与衍射——其实也没有必要对二者进行严格的区分，对于某些具有长周期结构的材料，同样会在小角度区间出现明锐的衍射峰(参见 12.1 节和 13.2 节)。

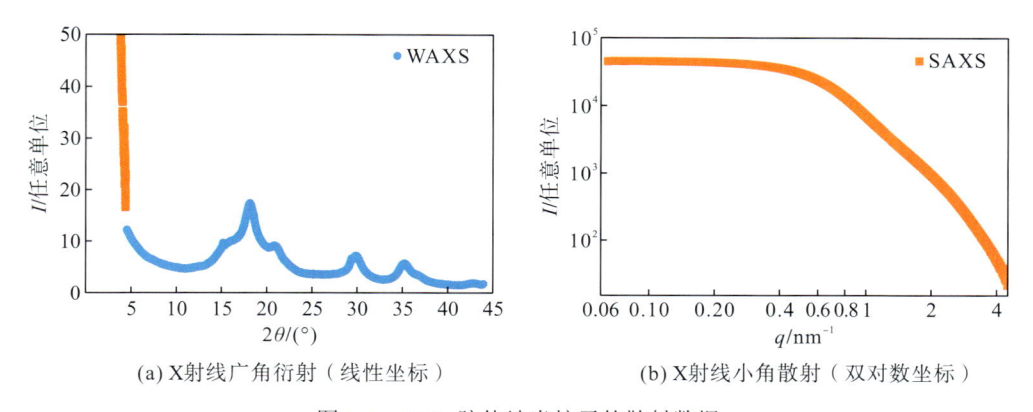

(a) X射线广角衍射（线性坐标）

(b) X射线小角散射（双对数坐标）

图 1-1 ThO$_2$ 胶体纳米粒子的散射数据

相比于其他粒子结构表征分析技术(电子显微、光学显微等)，小角散射具有如下特色和优点：①采样体积大，实验结果反映样品中粒子系综的统计平均结构信息；②通过小角与超小角散射技术联用,探测的空间尺度可覆盖 0.5 nm～10 μm,跨越了四个数量级；③利用 SANS 独特的衬度调控技术,可巧妙获取复杂系统中的目标结构信息(参见第 13 章)；④由于中子的穿透能力强,SANS 适合金属工程部件的无损检测；⑤同步辐射光源通量高,其 SAXS 时间分辨率可达亚毫秒量级,有利于跟踪样品的动态结构演化；⑥样品位置空间大,有利于施加力、热、磁、光、流变等环境变量；⑦可以直接探测溶液样品的结构和演化信息,特别适合研究生物大分子、高分子溶液、胶体等软物质系统。近年来,随着我国先进同步辐射光源和中子源的发展,以及小角散射相关国家大科学装置的建设,我国学者应用小角散射技术在高分子、生物大分子、碳纤维、含能材料等研究领域以及国标制定方面取得了丰硕的研究成果。

1.3　小角散射研究现状与趋势

利用 Web of Science 核心合集数据库,以"small-angle X-ray scattering OR small-angle neutron scattering"作为主题词进行文献检索,检索时间跨度为 1946～2021 年。将检索出的文献转换为纯文本格式并做去重处理,最终得到 31938 篇文献。其中发表在 1992～2021 年的文献数量为 29553 篇。使用 CiteSpace(5.8.R3)文献计量学可视化分析软件(Chen,2006),对近三十年小角散射研究领域文献的发文数量、合作网络关系、关键词进行量化和可视化分析。

1.3.1　文献数量与合作网络分析

以五年为时间间隔,利用 Python 绘制发文量随时间演变的柱状图。如图 1-2 所示,对于 SAXS,文献数量呈线性增加趋势,2017～2021 年的文献数量为 6535 篇,是 1992～1996 年文献数量的 4.7 倍；对于 SANS,总体文献数量略有增加,但是增幅不大,平均每五年的文献数量为 1822 篇。由于实验室 SAXS 设备的普及,以及基于同步辐射 SAXS 的高强度特点,SAXS 的可获取性和测量速度均高于 SANS,因此 SAXS 相关的文献数量远高于 SANS。另外,值得注意的是,联合使用 SAXS/SANS 的文献数量在逐步增加,这说明结合中子与 X 射线探针的优势开展物质复杂结构的研究,是未来的特色研究方向之一。

使用 CiteSpace 合并同一机构的不同变体名称,然后按照发文数量,分别对 SAXS(图 1-3)和 SANS(图 1-4)相关文献的所属机构进行递减排序,绘制出排名前十的柱状图。美国、法国、德国、中国等国家的同步辐射光源、中子源、国家科学院等机构的发文量最大。在 SAXS 研究领域,中国科学院(CAS)、俄罗斯科学院(RAS)和阿贡国家实验室(ANL)分别位列前三位；在 SANS 研究领域,劳厄-朗之万研究所(ILL)、美国国家标准与技术研究院(NIST)和橡树岭国家实验室(ORNL)分别位列前三位。这些机构拥有雄厚的理论、技术和人才储备,且运行有 SAXS 和 SANS 大型科学装置,能为用户提供良好的实

第 1 章 绪论

验条件并能建立紧密的合作关系。

我国小角散射研究领域发文量随时间的演变如图 1-5 所示。1992～2021 年，发文总量为 3225 篇，占总文献集的 11%，发文数量呈指数增长趋势，发展势头强劲。这主要归因于我国北京同步辐射光源、上海同步辐射光源、绵阳研究堆、中国散裂中子源等大科学装置的开放运行和发展，并培养了一批从事小角散射研究的谱仪科学家和用户群体。

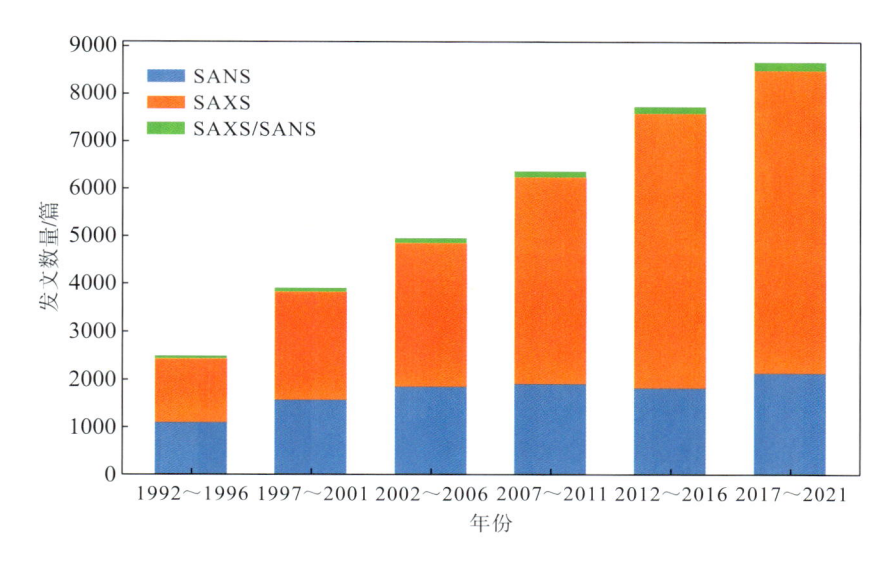

图 1-2 小角散射文献数量随时间的演变

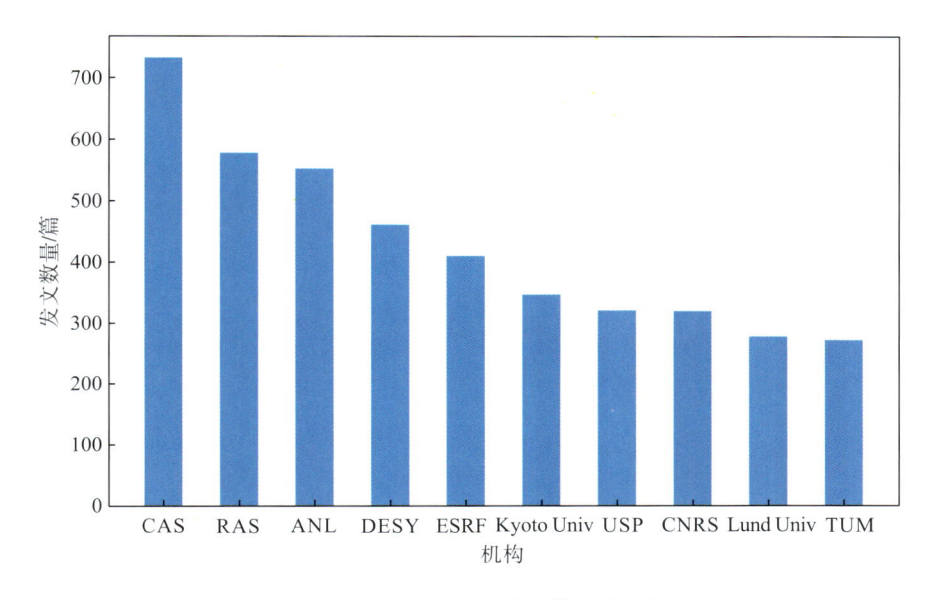

图 1-3 SAXS 发文量排名前十的机构

CAS：中国科学院；RAS：俄罗斯科学院；ANL：阿贡国家实验室；DESY：德国电子同步加速器；ESRF：欧洲同步辐射光源；Kyoto Univ：京都大学；USP：圣保罗大学；CNRS：法国国家科学研究中心；Lund Univ：隆德大学；TUM：慕尼黑工业大学

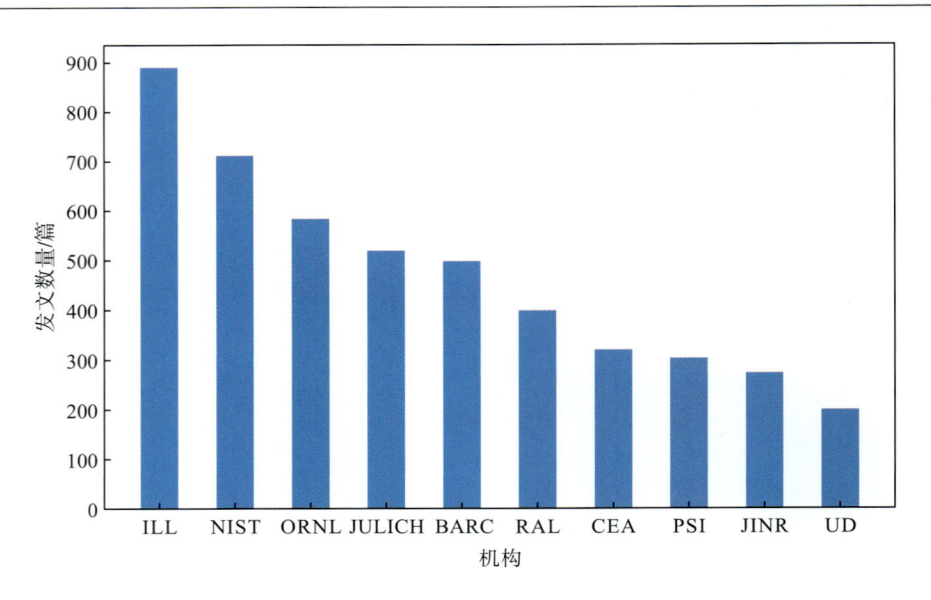

图 1-4　SANS 发文量排名前十的机构

ILL：劳厄-朗之万研究所；NIST：美国国家标准与技术研究院；ORNL：橡树岭国家实验室；JULICH：尤利希研究中心；BARC：印度巴巴原子研究中心；RAL：卢瑟福阿普尔顿实验室；CEA：法国原子能委员会；PSI：保罗谢勒研究所；JINR：核研究联合研究所；UD：特拉华大学

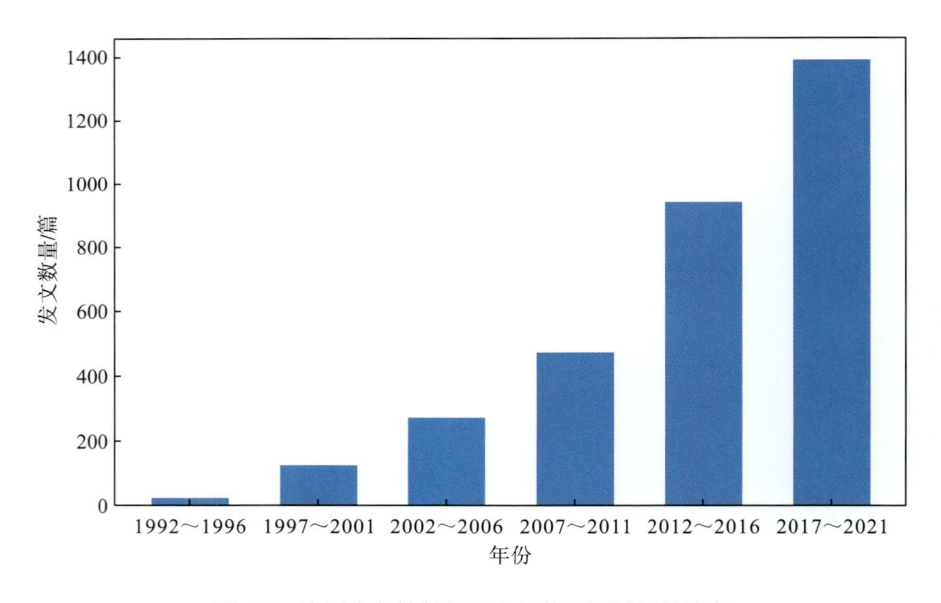

图 1-5　我国小角散射相关文献数量随时间的演变

根据文献集绘制出小角散射研究领域发文量排名前列的国家，如表 1-1 所示。发文量最多的是美国（7861 篇），其次是德国（5106 篇）、法国（4636 篇）、日本（3377 篇）、中国（3225 篇）。进一步筛选出了 1992~2021 年每年前 100 篇引用频次最高的文献，生成了国家合作关系网络图谱（图 1-6），其中仅显示了发文量大于 600 篇的国家，节点大小代表某一国家发文量的多少，节点外层圆圈的粗细表示节点中介中心性大小，节点之间连线上的数值表示国家之间合作关系的紧密程度。

表 1-1　小角散射研究领域的国家发文量和中介中心性

国家	发文数量/篇	中介中心性
美国	7861	0.35
德国	5106	0.13
法国	4636	0.25
日本	3377	0.32
中国	3225	0.03
英国	2409	0.19
俄罗斯	1508	0.44
意大利	1369	0.29
印度	1237	0.05
澳大利亚	1220	0.09
巴西	988	0.08
瑞士	929	0.91

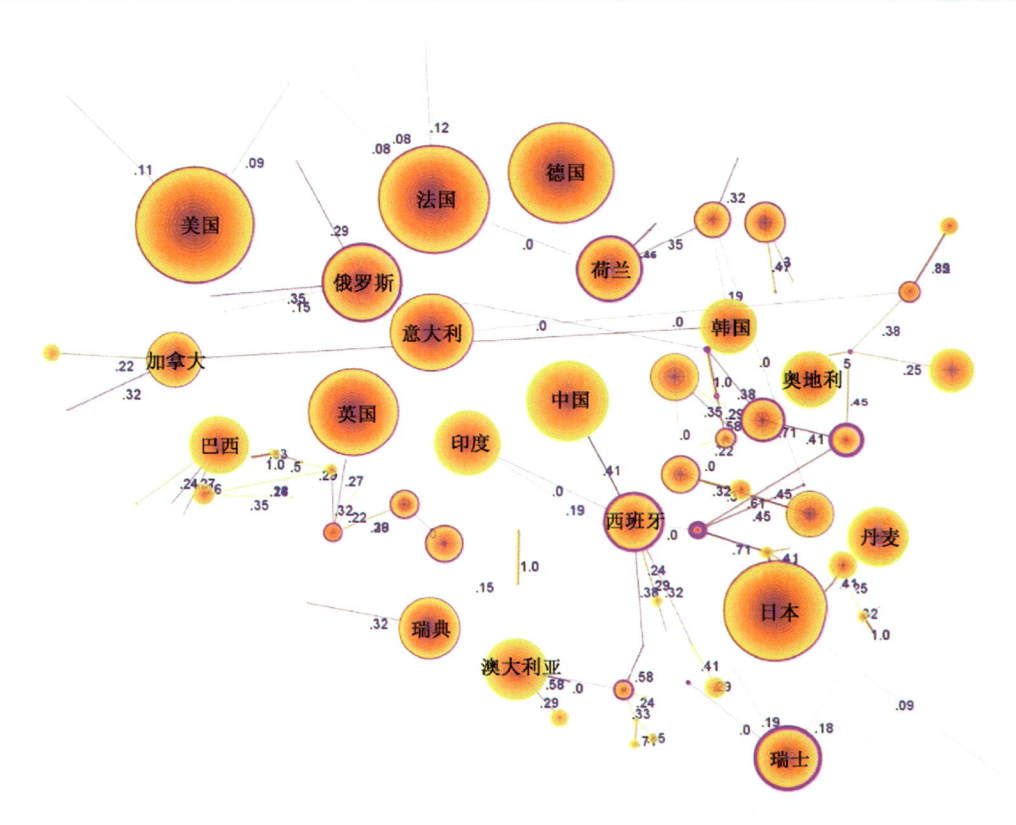

图 1-6　小角散射研究领域的国际合作关系网络图

中介中心性排名前三的国家依次为瑞士(0.91)、俄罗斯(0.44)、美国(0.35)。总体来说，在俄罗斯、日本、美国以及欧洲的主要发达国家，从事小角散射技术与应用研究的科研群体基数大，运行有稳定性的同步辐射光源中子源和相关小角散射谱仪，因此具有良好的国际合作关系。尽管我国的发文数量排在第五，但中介中心性较低，说明我国目前在小角散射研究领域的国际交流与合作较少，高影响力的研究成果不多。

1.3.2 关键词分析

在文献集中，含有关键词的文献约有 14000 篇，含有拓展关键词(keywords plus)的文献约有 28000 篇。将关键词和拓展关键词都纳入分析范围，筛选出每年引用量最高的前 100 篇文献生成关键词共现图谱。利用 Python 的词云展示库(Word Cloud)绘制频次高于 500 的关键词词云图(图 1-7)。其中，出现频次最高的关键词是"纳米粒子"(nanoparticle)，高达 2223 次；"动力学"(dynamics)、"形貌"(morphology)、"聚合物"(polymer)、"嵌段聚合物"(block copolymer)等关键词的出现频次均高于 1500。

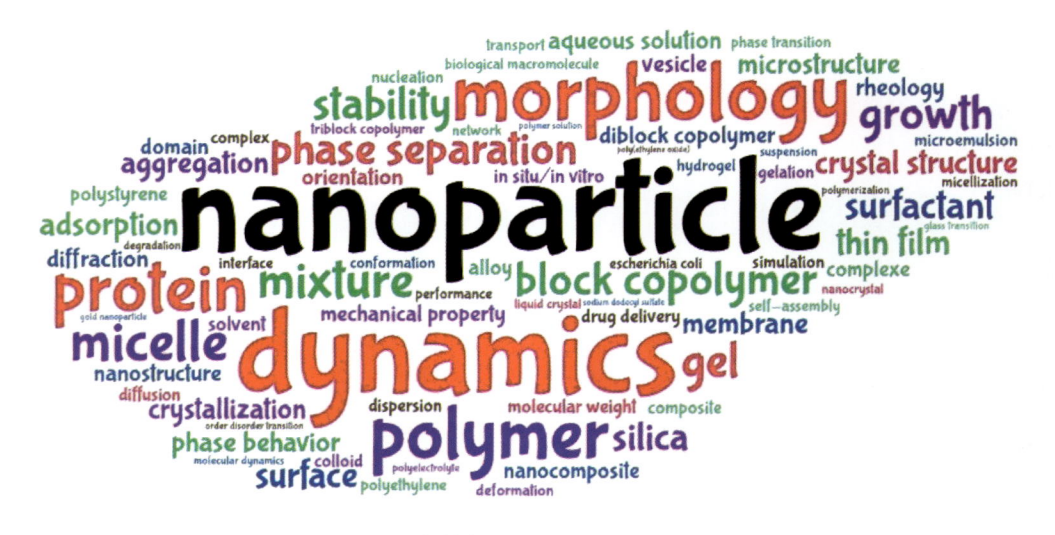

图 1-7 小角散射研究领域的关键词词云图

使用最小权重生成树算法优化得到关键词共现图谱，其含有 344 个关键词节点和 429 条连线。然后应用 LLR 算法计算该图谱，得到 19 个聚类，并对聚类信息进行统计，得到关键词聚类标签和标签值。聚类标签是聚类中的核心关键词节点，标签值越小，聚类中包含的关键词节点数就越多。各聚类平均轮廓值(该值越大则聚类中包含的关键词意义越相近)在 0.93 左右，高于基础值 0.7，说明聚类结构显著且聚类分析结果可靠。最后，根据经验剔除冗余聚类，得到如图 1-8 所示的 10 个聚类。

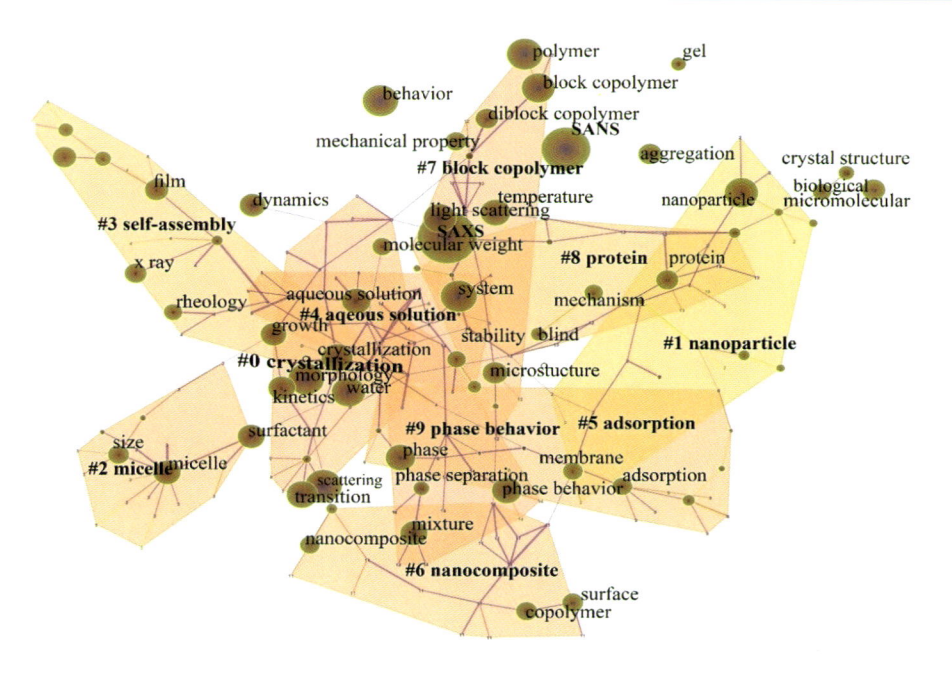

图 1-8 小角散射研究领域的关键词聚类图

聚类分析结果清晰地反映了小角散射研究领域中关键词之间的关系,并间接揭示了主要研究方向。根据图 1-8,可以得到如下信息:①小角散射领域的热点研究对象主要有纳米粒子(聚类#1)、胶束(聚类#2)、纳米复合物(聚类#6)、嵌段聚合物(聚类#7)和蛋白质(聚类#8);②小角散射技术适合研究结晶(聚类#0)、自组装(聚类#3)、吸附(聚类#5)、相分离(聚类#9)等物理、化学行为;③小角散射技术擅长研究水溶液相关的科学问题(聚类#4)。简而言之,小角散射技术在软物质科学研究中具有至关重要的作用。

利用突发检测算法,计算分析小角散射研究领域的突现关键词,并根据 1992～2021 年时间跨度和突现强度(大于 10),得到关键词突现图(图 1-9)。1992～2000 年,尽管突现词的数量不多,但是突现时间长、突现强度大,其中的共混聚合物(polymer blend)、高分子溶液(polymer solution)、相容性(miscibility)、相分离(microphase separation)等代表了小角散射领域的核心关键词,时至今日依然是研究热点。

从 2000 年前后,突现词的数量大幅增加,小角散射技术在多个学科领域百花齐放,从传统的高分子逐步扩散到胶体化学、物理化学、生物、医药、合金、复杂流体等研究领域,正在从基础研究向应用基础研究转变。通过十余年的突现词分析,可看出胶体(colloid)、药物输运(drug delivery)、大分子(macromolecule)、界面(interface)、自组装(self-assembly)、离子液体(ionic liquid)等是当前小角散射领域的热点研究方向,研究对象由简单体系转变为复杂体系。"in situ""in vitro"等实验技术相关的突现词表明,当前的主流小角散射谱仪(线站)均配备有多种环境设备(力、热、光、电、磁等),大幅增加了小角散射技术的应用范畴和实验数据的维度。可以预见,小角散射技术结合个性化的原位测试将会是未来的热点研究方向之一。

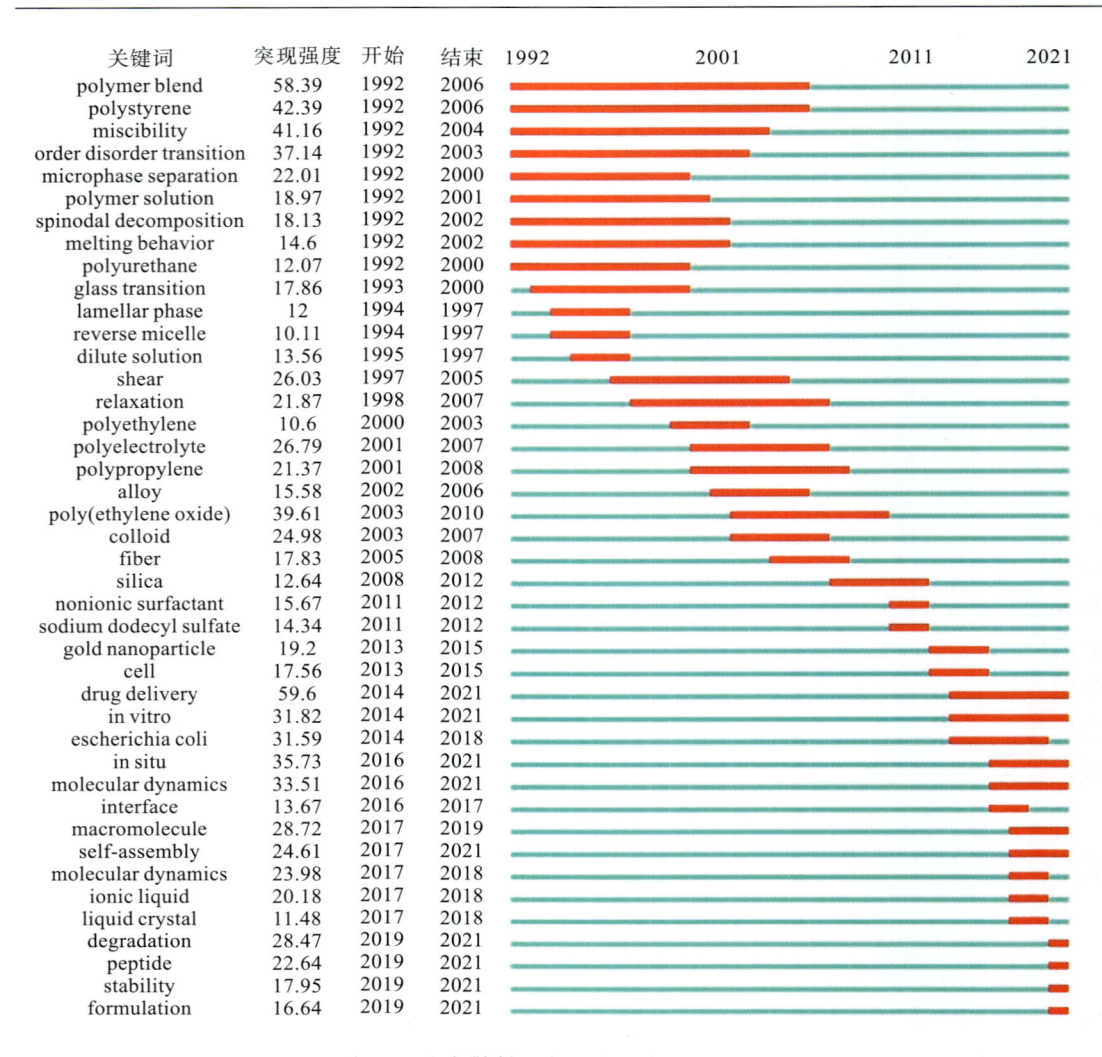

关键词	突现强度	开始	结束	1992－2021
polymer blend	58.39	1992	2006	
polystyrene	42.39	1992	2006	
miscibility	41.16	1992	2004	
order disorder transition	37.14	1992	2003	
microphase separation	22.01	1992	2000	
polymer solution	18.97	1992	2001	
spinodal decomposition	18.13	1992	2002	
melting behavior	14.6	1992	2002	
polyurethane	12.07	1992	2000	
glass transition	17.86	1993	2000	
lamellar phase	12	1994	1997	
reverse micelle	10.11	1994	1997	
dilute solution	13.56	1995	1997	
shear	26.03	1997	2005	
relaxation	21.87	1998	2007	
polyethylene	10.6	2000	2003	
polyelectrolyte	26.79	2001	2007	
polypropylene	21.37	2001	2008	
alloy	15.58	2002	2006	
poly(ethylene oxide)	39.61	2003	2010	
colloid	24.98	2003	2007	
fiber	17.83	2005	2008	
silica	12.64	2008	2012	
nonionic surfactant	15.67	2011	2012	
sodium dodecyl sulfate	14.34	2011	2012	
gold nanoparticle	19.2	2013	2015	
cell	17.56	2013	2015	
drug delivery	59.6	2014	2021	
in vitro	31.82	2014	2021	
escherichia coli	31.59	2014	2018	
in situ	35.73	2016	2021	
molecular dynamics	33.51	2016	2021	
interface	13.67	2016	2017	
macromolecule	28.72	2017	2019	
self-assembly	24.61	2017	2021	
molecular dynamics	23.98	2017	2018	
ionic liquid	20.18	2017	2018	
liquid crystal	11.48	2017	2018	
degradation	28.47	2019	2021	
peptide	22.64	2019	2021	
stability	17.95	2019	2021	
formulation	16.64	2019	2021	

图 1-9 小角散射研究领域的关键词突现图

1.4 纳米粒子概述

纳米粒子的典型尺寸——至少一个维度的尺寸——在 1~100 nm。根据维基百科定义，纳米粒子的最大尺寸可以达 500 nm。按照几何维度，纳米粒子可分为 0 维、1 维、2 维和 3 维(图 1-10)。以碳材料为例，代表性的纳米粒子有 C_{60}、碳纳米管、石墨烯。纳米粒子的制备方法分为两大类，一是"自上而下"，主要有机械球磨法、静电纺丝法、激光烧蚀法、溅射法、超声法、脉冲线放电法、电弧放电法以及光刻法；二是"自下而上"，主要有化学气相沉积法、溶胶-凝胶法、共沉淀法、惰性气体冷凝法、水热法、生物合成法以及微流控(Altammar, 2023)。

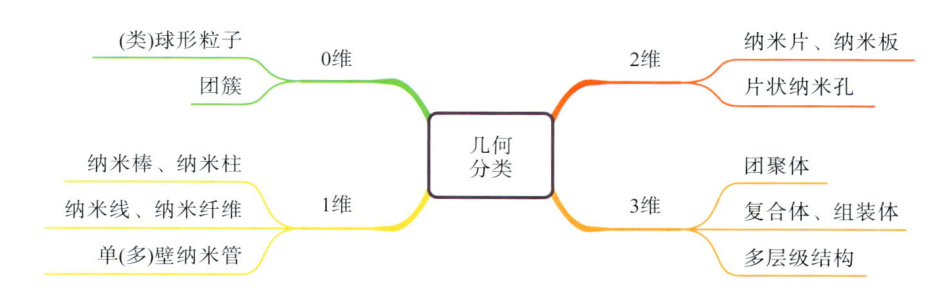

```
               (类)球形粒子                              纳米片、纳米板
                         ╲  0维      2维  ╱
               团簇      ╱            ╲   片状纳米孔
                                 ┌────┐
                                 │几何│
               纳米棒、纳米柱    │分类│           团聚体
                         ╲       └────┘      ╱
               纳米线、纳米纤维  1维      3维  复合体、组装体
                         ╱                  ╲
               单(多)壁纳米管                 多层级结构
```

图 1-10 纳米粒子的几何分类

相比于微米粒子，纳米粒子具有如下几个显著特征：①纳米粒子的尺寸远小于可见光波长，普通的光学显微镜无法观测到它们；纳米粒子分散在介质中可能是完全透明的(具有丁达尔现象)，而微米粒子会显著散射入射光；②溶液中的纳米粒子受布朗运动的影响，通常不会发生沉降，保持良好的胶体稳定性；③纳米粒子具有超高的比表面积，其表层原子的性质可能主导材料的性质，纳米粒子与介质界面间的相互作用是不可忽略的问题；④当半导体纳米晶的几何尺寸小于其体相材料的激子波尔半径时，价带和导带的能级将会呈现离散分布形式，此时纳米晶(量子点)的性质与尺寸相关。2023 年美国学者巴文迪(Bawendi)、布鲁斯(Brus)和俄罗斯学者伊基莫夫(Yekimov)被授予诺贝尔化学奖，以表彰他们在量子点($CdSe$、CdS、PbS 等)研究领域的贡献。

1.4.1 固体中的纳米粒子

固体中的纳米粒子主要有析出相、孔洞、微裂纹、氦泡、纳米填料、相畴、结晶区等。早在 1938 年，Guinier (1955) 就已经开始应用 SAXS 研究铝合金中的时效硬化现象，揭示了合金中存在纳米尺度的析出相，被称作 GP (Guinier-Preston) 区。高温合金和氧化物弥散强化钢中的纳米析出相显著影响合金性能，通过精确控制合金成分、热处理工艺，可以调控析出相(例如 γ' 和 γ'' 相、碳化物、氮化物、YTiO、Laves 相等)的结构，以满足特定应用的需求。中国科学院金属研究所研制的碳化硅颗粒增强铝基(SiC/Al)复合材料，已用于制造"嫦娥五号"月壤钻杆。研究团队应用 SANS 技术，分析了 SiC/Al 复合材料在高低温循环过程中的析出相演化行为，研究结果对评估月壤钻杆的长期服役性能具有重要意义。

孔洞是一类特殊的纳米粒子。若孔洞分散在均匀介质中，那么该体系的散射等同于互补体系的散射(参见 3.4 节)。介孔材料、地质样品、含能材料、纤维的孔结构，是相关领域研究学者关注的焦点。硅基介孔材料(MCM-41、SBA-15、MSU-H 等)具有周期性的孔道结构，小角散射数据中会出现若干衍射峰。地质样品的孔洞结构复杂，具有多尺度和形态复杂的结构特点，存在开孔、闭孔、连通孔以及各向异性孔，且孔洞内可能包含有机质，因此精确表征分析地质样品的孔结构是一个具有挑战性的难题。小角散射结合衬度调控，是获取复杂孔洞结构的特色技术方法。

在核材料的研究和应用中，表征分析氦泡、氢泡(氢化物)形成和演化是至关重要的。由于钚-239的α衰变，会导致氦原子进入钚合金的晶格空位，并逐渐聚集形成氦泡，其尺寸一般小于 2 nm。氦泡会导致钚合金内内应力增加、力学强度下降，发生蠕变和脆化现象。钨合金是最有潜力的聚变堆第一壁材料，具有高熔点和高热导率，通过引入钾泡可增强钨合金的抗热冲击性能。北京科技大学合成了 25 kg 级的掺钾钨合金，其内部存在 50～150 nm 的钾泡。小角散射技术可以获取核材料内部气泡的析出长大机制、取向性信息、辐射效应以及与制备工艺的关系，可为核材料的构效关系研究以及质量评估和寿命预测提供基础实验数据。

近一个世纪以来，以合成塑料、合成橡胶和合成纤维为代表的化学成就，极大地提升了人类的物质文明水平，其中超过三分之二的合成高分子材料是可结晶的。理解和控制高分子的结晶行为对实现特定性能的高分子制品至关重要。小角散射和广角散射是研究高分子结晶的主要技术手段，结晶区的取向、形态和尺寸(片晶厚度为 10～20 nm)，以及结晶度等参数的动态(温度、快拉伸、慢拉伸、流变)演化均可通过小角散射技术获取。中国科学技术大学、四川大学、中国科学院长春应用化学研究所等单位在高分子结晶研究领域做出了高水平的研究成果。

嵌段聚合物由两个或多个不同类型的聚合单元按一定的排列方式组成，这些嵌段在高分子链中交替出现。由于结构单元间的物理化学性质不同，其相互作用焓，以及分子链构象熵之间的相互竞争，导致嵌段聚合物出现层状、螺旋状、六角堆积柱状、体心立方等纳米尺度的微相分离结构。嵌段聚合物的宏观性能显著受到相畴结构的影响，深入理解微相分离行为(结构、过程、相互作用机理)一直是该领域的研究难点。小角散射可以获取嵌段聚合物的以下几点信息：①相畴内局域的热运动和无序结构(热漫散射)；②相畴间的界面结构(约 1 nm)；③相畴的尺寸分布和数量；④相畴的距离和周期性。

此外，将纳米粒子嵌入高分子基体中，可以显著改善高分子制品的力学性能、热性能和导电性。常见的纳米填料有二氧化硅、碳酸钙、氧化锌、碳纳米管、纳米纤维素、石墨烯、二维氧化物等。以二氧化硅纳米粒子改性硅橡胶为例，其优异的力学性能取决于高分子链网络与纳米填料网络的协同效应，二氧化硅纳米粒子在橡胶基体中的初级粒子、硬团聚和软团聚，以及粒子与基体的界面层信息，均可以由小角散射获取。

1.4.2　溶液中的纳米粒子

稳定分散在溶液中的纳米粒子体系(胶体、凝胶)具有重要的学术研究和工业应用价值。相比于固体中的纳米粒子，在研究溶液中的纳米粒子或纳米结构时，小角散射更能体现出其技术特色。这是因为，电子显微技术可以获取固态样品的高分辨率照片，但是对液态样品却无能为力，特别是无法研究溶液状态下粒子的聚集、组装、演化过程，或者粒子间的相互作用，而这恰是小角散射的专长。下面简要介绍大分子溶液、环境胶体、合成胶体、缔合胶体(胶束)和食品胶体。

大分子可分为天然大分子(蛋白质、多糖、DNA、RNA 等)和合成大分子(高聚物)。大分子溶液是一类典型的胶体体系,在聚合物加工、药物传递、生物医学、涂料等领域中具有广泛应用。大分子在溶液中的结构和物性具有显著的链长依赖性。根据"晶格模型"理论,可计算出系统的混合焓、混合熵以及混合自由能,该理论提供了合理的一级近似来描述高分子溶液的热力学性质。获取大分子在良溶剂、θ 溶剂、不良溶剂中的构象、回转半径、相关长度以及相互作用参数是小角散射技术的经典应用。

在自然界中,存在种类多样的环境胶体,例如黏土、碳酸钙、氧化铁、铁水合物、锰化合物、天然有机物等。假设纳米粒子的密度是水密度的 2.5 倍,那么理论上,当其粒子尺寸小于 100 nm 时,粒子主要受布朗运动影响,不会发生沉降。研究环境胶体纳米粒子对理解地球化学循环、环境保护、重金属迁移、地质现象、矿物演化具有重要意义。以蒙脱石为例,其在水溶液中会被水分子剥离成片状的胶体,单片层厚度约为 1 nm。由于蒙脱石晶格中的低价态阳离子取代(例如 Al^{3+} 取代 Si^{4+}),因此胶体粒子整体表现出负电性,而片层胶体粒子的边缘含有"裸露"的 Mg—、Si—和 Al—OH,其电性与 pH 有关。天然胶体的多分散性通常较大,在实验中已能合成出多种单分散性良好的胶体粒子,例如二氧化硅、氧化物、多金属氧酸盐、水解产物、聚铝阳离子(Al_{13}、Al_{30})、半导体量子点等。准单分散的胶体纳米粒子存在特征散射信号,是理想的小角散射研究体系(参见第 2 篇)。

两亲分子具有亲水和亲油双重属性,在溶液中会聚集形成胶束(缔合胶体)。以硬脂酸钠(肥皂的主要组分)分子为例,在水溶液中,疏水性尾端(烷基基团)聚集成内核,而亲水性头基(—COO^-)包围在外部,形成稳定的胶束结构。在机械作用下,胶束可以有效地包裹和分散衣物上的油污,从而达到去污效果。两亲分子具有阴离子型、阳离子型、非离子型和两性离子型(如磷脂酰胆碱)。改变两亲分子的几何构型,可在溶液中生成球形、柱状、蠕虫状、片层状、囊泡结构的缔合胶体。通过人工合成方法可制备出结构更加复杂的两亲分子(巨型表面活性剂),且能组装形成层次更加丰富的纳米粒子和超晶格结构(参见第 16 章)。小角散射技术可用于分析溶液中缔合胶体的几何形态、聚集数和组装机制,这是其他表征技术无法替代的。

食品胶体或凝胶通常具有复杂的微观结构。牛奶就是一种典型的食品胶体,其中的酪蛋白与磷酸钙相互作用形成复合胶体,典型尺寸约为 100 nm,具有负电性。如果降低牛奶的 pH(制备酸奶的关键步骤),会降低酪蛋白胶体粒子之间的静电排斥力,进而发生聚集,形成凝胶结构,且会赋予酸奶独特的口感和风味。淀粉凝胶具有复杂的网络结构,其特征取决于淀粉的类型、浓度、糊化条件和处理方法,这种结构对淀粉凝胶的黏度、流变特性和稳定性具有重要影响。原位小角散射技术可在复杂胶体体系的多层级结构、聚集和絮凝、胶凝化过程的研究中发挥重要作用。

第 2 章　傅里叶变换与散射

　　上帝有一堆标准的正弦函数，他任意地挑其中的一些出来，能组成宇宙万物。这些正弦函数从最开始就没有变过，我们看到的变化都是组合的变化。

——让·巴普蒂斯·约瑟夫·傅里叶（Baron Jean Baptiste Joseph Fourier，1768—1830）

2.1　傅里叶变换概述

2.1.1　傅里叶级数

　　法国数学家和物理学家傅里叶在求解热传导方程时，发现待解函数可表达为三角函数构成的级数形式，从而提出任何周期函数都可表达为三角函数的无穷级数。对于一个周期为 T 的函数，即

$$f(t) = f(t+T) \tag{2-1}$$

可以表示为正弦函数和余弦函数的傅里叶级数：

$$f(t) = a_0 + \sum_{p=1}^{\infty}\left[a_p \cos(2\pi pt/T) + b_p \sin(2\pi pt/T)\right] \tag{2-2}$$

式中，p 是正整数，幅角中的因子 $2\pi p/T$ 可以确保式(2-2)的周期为 T；a_p 和 b_p 是实常数，称为展开式的傅里叶系数。对于一个周期为 T 的时域函数 $f(t)$，可以被叠加成频域上的其各种整数倍频项的加权和，这些频率的间距为 $1/T$。根据余弦和正弦函数的奇偶性，可知

$$f(t) = \begin{cases} f(-t) & \to b_p = 0 \\ -f(-t) & \to a_p = 0 \end{cases} \tag{2-3}$$

从这里可以理解式(2-2)中只有 a_0 项，而没有相应的 b_0 项，因为 $\sin(0)=0$。

　　引入复指数函数可以使式(2-2)更加紧凑和简洁，即

$$f(t) = \sum_{p=-\infty}^{\infty} c_p\, \mathrm{e}^{\mathrm{i}2\pi pt/T} \tag{2-4}$$

需要注意，这里 p 的取值范围变为负无穷到正无穷，同时 c_p 是复数形式的系数。由于 $f(t)$ 是实函数，这里必然要求：

$$c_{-p} = c_p^* \tag{2-5}$$

才能使得 $f(t)$ 为实函数。简单证明如下：

$$c_p\, \mathrm{e}^{\mathrm{i}2\pi pt/T} + c_{-p}\, \mathrm{e}^{-\mathrm{i}2\pi pt/T} = c_p\, \mathrm{e}^{\mathrm{i}2\pi pt/T} + (c_p\, \mathrm{e}^{\mathrm{i}2\pi pt/T})^* = 2\,\mathrm{Re}(c_p\, \mathrm{e}^{\mathrm{i}2\pi pt/T}) \tag{2-6}$$

式中，$\mathrm{Re}(\cdot)$ 表示取实部。当 p 等于零的时候，不难推出 c_0 是实数。相对于式(2-2)中三角

函数形式的级数,指数形式的傅里叶级数[式(2-4)]使得乘、除、积分的运算变得非常容易操作。

2.1.2 正交性与傅里叶系数

式(2-4)中的幂指数项在一个周期内的积分具有正交性。若 m 和 n 均为正整数,且 $m \neq n$,那么

$$\int_0^T e^{i2\pi mt/T} e^{-i2\pi nt/T} dt = \int_0^T e^{i2\pi(m-n)t/T} dt$$
$$= \frac{1}{i2\pi(m-n)/T} e^{i2\pi(m-n)t/T} \bigg|_0^T = 0 \quad (2\text{-}7)$$

如果 $m=n$,则式(2-7)等于 T。基于此关系,将式(2-4)左右同时乘以 $\exp(-i2\pi pt/T)$ 并积分,则傅里叶系数 c_p 可以表示为

$$c_p = \frac{1}{T}\int_0^T f(t) e^{-i2\pi pt/T} dt \quad (2\text{-}8)$$

在任意一个周期内积分均可得到 c_p,因此式(2-8)还可表述为

$$c_p = \frac{1}{T}\int_{-T/2}^{T/2} f(t) e^{-i2\pi pt/T} dt \quad (2\text{-}9)$$

当 $p=0$ 时

$$c_0 = \frac{1}{T}\int_{-T/2}^{T/2} f(t) dt \quad (2\text{-}10)$$

且 $c_0=a_0$,表示函数 $f(t)$ 的平均值。

2.1.3 傅里叶变换

傅里叶级数用于处理周期现象。对于非周期现象,可以假定非周期函数的周期为无穷大,进而可处理非周期函数的傅里叶变换。如果 T 趋于正无穷,那么式(2-8)中的 c_p 趋于零,这显然是不对的。因此,须对式(2-9)乘以 T,并定义连续变量 $s=p/T$,那么傅里叶系数可由下式替换:

$$c'_p = \int_{-\infty}^{\infty} f(t) e^{-i2\pi st} dt \quad (2\text{-}11)$$

傅里叶级数中非连续的系数变为连续函数,令 $F(s)$ 等于 c'_p,即可得到傅里叶变换:

$$F(s) = \int_{-\infty}^{\infty} f(t) e^{-i2\pi st} dt \quad (2\text{-}12)$$

将式(2-9)、式(2-12)代入式(2-4),可推导出傅里叶逆变换:

$$f(t) = \int_{-\infty}^{\infty} F(s) e^{i2\pi st} dt \quad (2\text{-}13)$$

2.2 散射与傅里叶变换

2.2.1 矩形函数与傅里叶变换

对于一个矩形函数，其宽度为 a，

$$\Pi(t) = \begin{cases} A, & |t| \leqslant a/2 \\ 0, & |t| > a/2 \end{cases} \tag{2-14}$$

则其傅里叶变换为

$$\begin{aligned} F(s) &= \int_{-\infty}^{\infty} \Pi(t) \mathrm{e}^{-\mathrm{i}2\pi st}\,\mathrm{d}t = \int_{-a/2}^{a/2} A \mathrm{e}^{-\mathrm{i}2\pi st}\,\mathrm{d}t = \frac{A}{-\mathrm{i}2\pi s}\mathrm{e}^{-\mathrm{i}2\pi st}\Big|_{-a/2}^{a/2} \\ &= \frac{Aa}{\pi sa}\left(\frac{\mathrm{e}^{\mathrm{i}\pi sa} - \mathrm{e}^{-\mathrm{i}\pi sa}}{2i}\right) = \frac{Aa}{\pi sa}\sin(\pi sa) = Aaj_0(\pi sa) \end{aligned} \tag{2-15}$$

式中，$j_0(x) = \sin x/x$ 为零阶球贝塞尔函数，也称为 sinc 函数。

从图 2-1 可以看出，当矩形函数较宽时（$a=4$），傅里叶变换后，谱被"压缩"；当矩形函数较窄时（$a=0.5$），傅里叶变换后，谱被"展宽"。图 2-1 蕴含有丰富的物理意义。在实际问题中，$f(t)$ 不仅可以表示时域中的波形，还可以表示空间结构。人类的耳朵可谓一台神奇的"傅里叶变换机"，耳蜗和基底膜共同组成了一个天然的、机械的傅里叶分析

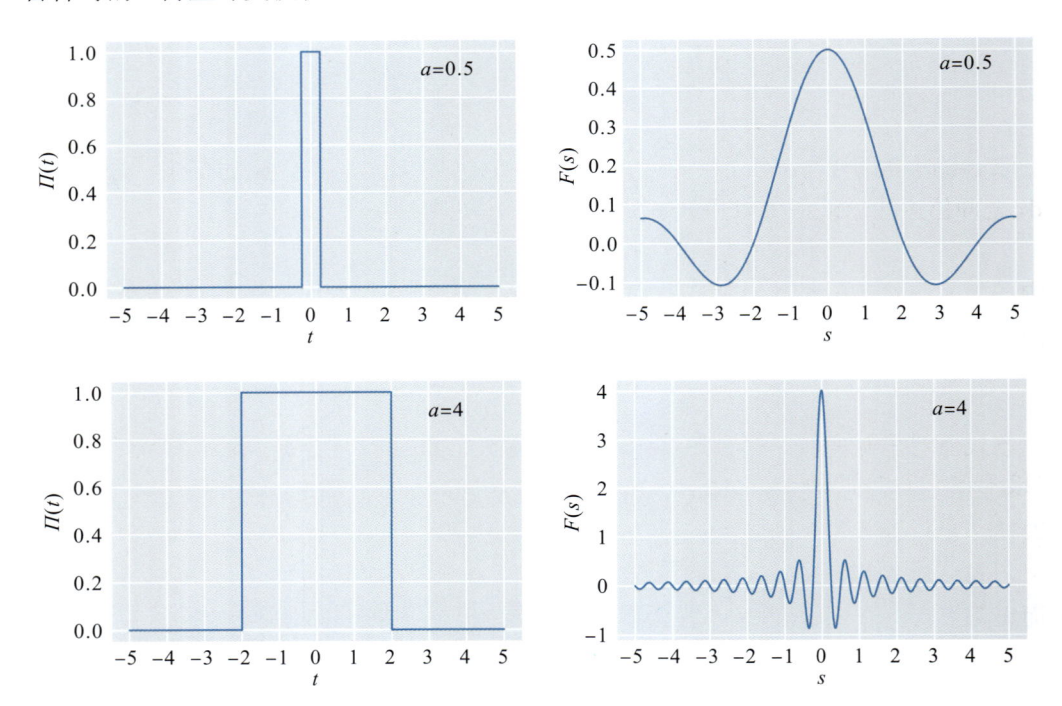

图 2-1　不同宽度（$A=1$）的矩形函数及其傅里叶变换

装置，能将接收到的振动信号（时域）快速转变为频域信号（不同位置的毛细胞传出的神经信号），进而大脑可通过特征频率识别出男声、女声、鸣笛声或者背景噪声。对脸部的主体轮廓做傅里叶变换，可得到"低频"组态信息，对局部细节（斑点、粗糙不平的区域）进行傅里叶变换，可得到"高频"组态信息，再把"高频"组态信息滤掉，并生成新的图像，这就是美颜相机在处理照片时的工作原理。

2.2.2 光阑函数与傅里叶变换

如图 2-2 所示，平面波通过一维光阑，然后被远处的接收屏接收。光阑 $A(x)$ 决定了在 x 位置能有多少光通过，为了简便，$A(x)$ 的取值为 1 或 0，对应完全透明和不透明的情况。实际上，$A(x)$ 取值也可以为 0～1。根据惠更斯-菲涅耳原理，在平行单色光的垂直照射下，位于光阑位置波阵面上各点发出的子波沿各个方向传播。为了计算接收屏上的光波的强度分布，需要将所有从光阑发出的子波进行叠加。

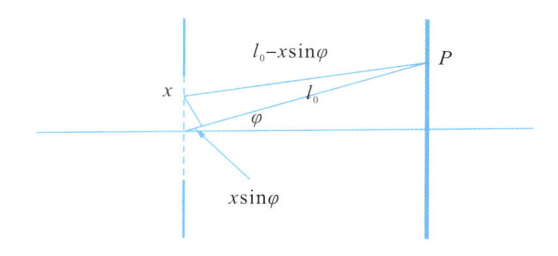

图 2-2 光阑的散射示意图

取 $t=0$ 时刻入射波阵面上各点发出的子波初相为 0，考虑到相位的变化，光阑上 x 到 $x+\mathrm{d}x$ 之间位置的子波在散射角为 φ 的 P 点产生的光振幅为

$$\mathrm{d}E = E_0 \mathrm{e}^{\mathrm{i}2\pi\nu t} \mathrm{e}^{\mathrm{i}2\pi l/\lambda} \mathrm{d}x \tag{2-16}$$

式中，$E_0 \mathrm{e}^{\mathrm{i}2\pi\nu t}$ 为入射光波的振幅；l 为 x 点到 P 点的距离；λ 为光波波长。P 点的合振幅等于波阵面上所有 Δx 发出的子波引起振动的叠加，即

$$E = E_0 \mathrm{e}^{\mathrm{i}2\pi\nu t} \int_{\text{aperature}} \mathrm{e}^{\mathrm{i}2\pi l/\lambda} \mathrm{d}x \tag{2-17}$$

该式与傅里叶变换已经比较接近了，进一步假设接收屏与光阑的距离远大于光阑尺寸[夫琅禾费衍射近似（Fraunhofer diffraction approximation）]，即 $l \gg x$，也就是说散射图像只取决于光阑到接收屏的角度。x 点到光阑的距离：

$$l = l_0 - x\sin\varphi \tag{2-18}$$

进而得到

$$E = E_0 \mathrm{e}^{\mathrm{i}2\pi\nu t} \mathrm{e}^{\mathrm{i}2\pi l_0/\lambda} \int_{\text{aperature}} \mathrm{e}^{-\mathrm{i}2\pi x\sin\varphi/\lambda} \mathrm{d}x \tag{2-19}$$

在绝大多数位置，光阑函数的取值为 0，仅在透光时取值为 1，同时令 $S=\sin\varphi/\lambda$，则

$$E(S) \propto \int_{-\infty}^{\infty} A(x) e^{-i2\pi Sx} dx \tag{2-20}$$

式中，变量 x 为一维空间位置，与 S 的单位互为倒数关系。通过式(2-20)可以得出一个非常重要的结论：散射振幅等于光阑函数的傅里叶变换。

2.2.3 狭缝散射

基于 2.2.2 节的结论，可以方便地处理两个经典的物理问题：单缝散射和双缝散射。假设单缝的宽度为 a，当 $-a/2 < x < a/2$ 时，光阑函数 $\Pi_a(x)=1$，否则 $\Pi_a(x)=0$。其傅里叶变换为 $aj_0(\pi Sa)$，则接收屏上的散射光的强度表达为

$$I_{\text{single}} \propto a^2 j_0^2 (\pi a \sin\varphi / \lambda) \tag{2-21}$$

基于式(2-21)，可以使用一支激光笔，测量出一根头发的直径。此时的光阑函数在 $[-a/2, a/2]$ 区间内取值为 0（不透光），区间外取值为 1，则散射振幅为

$$\begin{aligned}
E(S) &\propto \int_{-\infty}^{-a/2} e^{-i2\pi Sx} dx + \int_{a/2}^{\infty} e^{-i2\pi Sx} dx \\
&= \int_{-\infty}^{\infty} e^{-i2\pi Sx} dx - \int_{-a/2}^{a/2} e^{-i2\pi Sx} dx = -\int_{-a/2}^{a/2} e^{-i2\pi Sx} dx \\
&= -aj_0(\pi aS) = -aj_0(\pi a \sin\varphi / \lambda)
\end{aligned} \tag{2-22}$$

式(2-22)在 $S \neq 0$ 时成立。由此可见，单缝散射与相同尺寸和取向的物体（二者空间互补）的散射是等价的。

对于双狭缝散射，即著名的"杨氏双缝"实验，光阑函数为

$$A(x)_{\text{double}} = \Pi_a(x - b/2) + \Pi_a(x + b/2) \tag{2-23}$$

式中，b 为两个单缝的距离。每个单缝的宽度都有 a。对式(2-23)进行傅里叶变换：

$$\begin{aligned}
E(S) &\propto \int_{-\infty}^{\infty} [\delta(x - b/2) + \delta(x + b/2)] * \Pi_a(x) e^{-i2\pi Sx} dx \\
&= [aj_0(\pi aS)] \cdot [2\cos(\pi bS)]
\end{aligned} \tag{2-24}$$

其中利用了卷积的性质——卷积的傅里叶变换等于两个函数各自傅里叶变换的乘积。进而双缝散射的强度表达为

$$I_{\text{double}} \propto 4a^2 j_0^2 (\pi a \sin\varphi / \lambda) \cos^2 (\pi b \sin\varphi / \lambda) \tag{2-25}$$

单缝和双缝散射实验的光强度分布如图 2-3 所示。双缝散射的外部轮廓与单缝散射类似，但是对于双缝散射或平行等距离的多缝散射，由于各单缝散射波之间存在干涉作用，散射图案中会出现多个散射极值（峰），如图 2-4 所示。

综上，傅里叶变换是一个美妙的数学工具，它的思想是让事情变得更简单，它要解决的问题是如何由简单构建复杂。对于均匀系统，即光阑函数等于常数，而常数的傅里叶变换是 δ 函数（除了零以外的点取值都等于零），因此不会发生任何散射现象。也就是说，不均匀性是发生散射的必要前提。多狭缝系统的散射振幅 E 和散射强度 I 可以简洁地表达为

$$E(S) \propto \mathcal{F}[A(x)] \mathcal{F}[A_\delta(x)] \tag{2-26}$$

$$I(S) \propto \mathcal{F}^2[A(x)] \mathcal{F}^2[A_\delta(x)] \tag{2-27}$$

式中，$\mathcal{F}$ 为傅里叶变换操作；A_δ 为使用 δ 函数描述的所有狭缝光阑的空间位置关系。尽管以上结论是基于特殊的狭缝推导出的，但同样适用于二维和三维系统。在晶体衍射中，光阑函数对应于周期点阵结构，傅里叶变换表现出尖锐的衍射峰，即散射振幅只在特定的方向叠加增强。在小角散射实验中，光阑函数对应于纳米粒子的结构和空间分布，散射强度主要分布在入射束的周边，并且快速向高角度衰减。

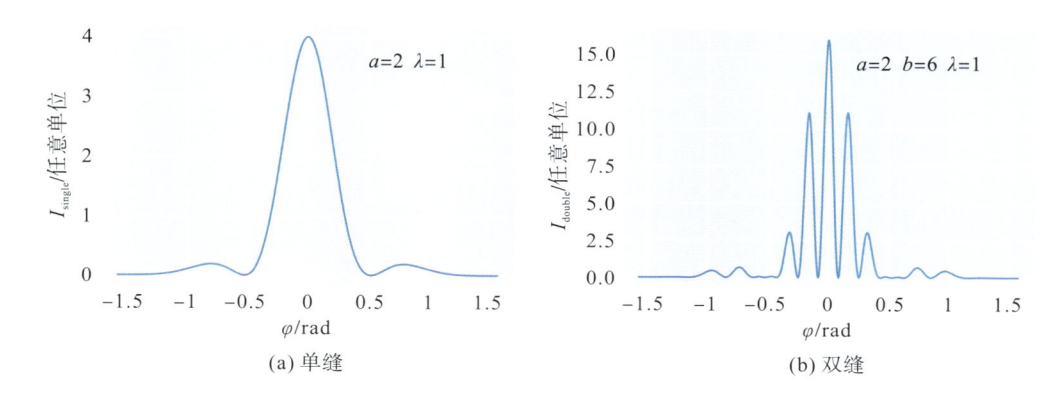

(a) 单缝

(b) 双缝

图 2-3 单缝和双缝的散射强度分布

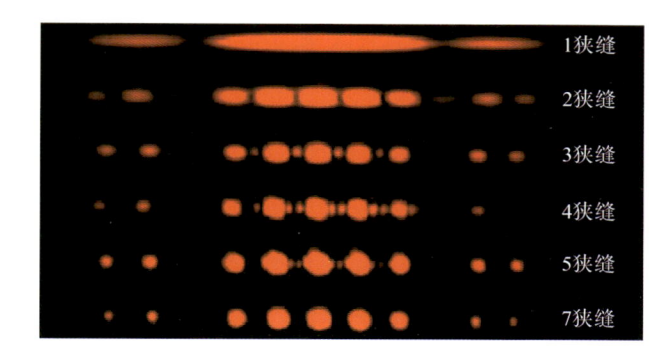

图 2-4 狭缝的光散射实验结果

图片来源：https://www.ibphysicstutor.net/waves_hl

第 3 章 小角散射基本原理

宇宙之大，粒子之微，火箭之速，化工之巧，地球之变，生物之谜，日用之繁，无处不用到数学。

——华罗庚（1910—1985）

3.1 散射实验与散射截面

散射实验包含三个要素，分别是辐射源、样品和探测器。探测器的功能是记录到达某一位置的粒子数量（散射强度）。在图 3-1 中（Anitas，2019a），假定入射束是完全准直且单色的，其波矢为 k、能量为 E，沿准直方向传播。然而实际上，入射束通过单色器和准直器后，总会存在一定的能量分布和发散角。将探测器置于距离样品较远的位置，其探测单元对样品具有 $d\Omega$ 的立体角，用于探测散射矢量为 k'、能量为 E' 的散射波。

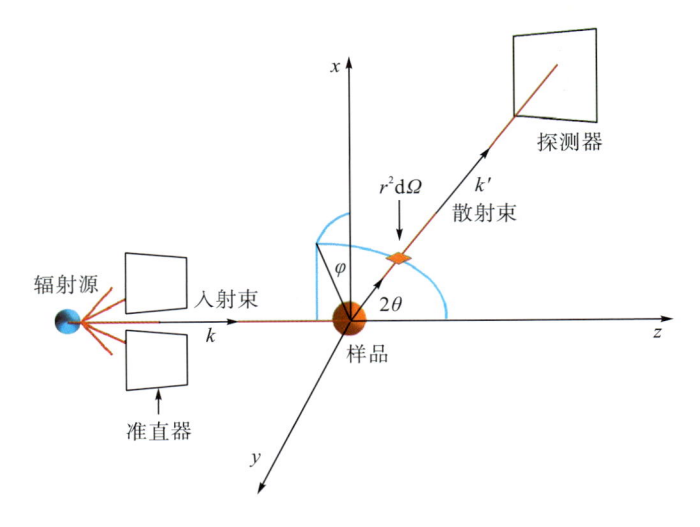

图 3-1 散射实验示意图

动量转移 q（散射矢量）和能量转移 $\hbar\omega$ 是描述散射过程的特征物理量，分别定义为

$$q = k' - k \tag{3-1}$$

$$\hbar\omega = E' - E \tag{3-2}$$

对于弹性散射，$|k|=|k'|$，且 $|E|=|E'|$，所有的散射矢量位于一个球面（ewald-sphere）上，根据余弦定理，散射矢量的数值为

$$q = \sqrt{k^2 + k'^2 - 2kk'\cos(2\theta)} = \sqrt{2k^2[1-\cos(2\theta)]} = \frac{4\pi}{\lambda}\sin\theta \qquad (3\text{-}3)$$

散射实验的目的是获知样品的微分散射截面 $d\sigma/d\Omega$，即在特定方位的立体角，能接收到多少比例的散射粒子。对于弹性散射，$d\sigma/d\Omega$ 只与 q 有关，$d\sigma/d\Omega(q)$ 用于描述入射束与样品发生作用后，入射束被散射到方位立体角内的概率，具有面积的量纲。如果入射束（X射线、中子、光）在样品上的照射体积为 V，通量为 N_0（计数率，单位时间的粒子数量），样品的厚度和透过率为 t 和 T，探测器的效率为 ε。q 方向的立体角 $\Delta\Omega$ 接收到的单位体积样品的散射束通量 ΔN 为

$$\Delta N = N_0 T t \varepsilon \frac{1}{V}\frac{d\sigma}{d\Omega}(q)\Delta\Omega \qquad (3\text{-}4)$$

为了消除被照射样品体积对微分散射截面的影响，引入宏观散射截面：

$$\frac{d\Sigma}{d\Omega}(q) \equiv \frac{1}{V}\frac{d\sigma}{d\Omega}(q) = \frac{1}{Tt}\frac{1}{\varepsilon}\frac{\Delta N}{N_0}\frac{1}{\Delta\Omega} \qquad (3\text{-}5)$$

宏观散射截面也被称为绝对散射强度，单位是 $cm^{-1}\cdot ster^{-1}$（每厘米每立体角）。在很多文献中 $ster^{-1}$ 被省略了，因此常使用 cm^{-1} 作为宏观微分散射截面的单位。轻水的非相干中子散射截面等于 $5.6\ cm^{-1}$，其远大于轻水的相干中子散射截面；重水的相干和非相干中子散射截面分别等于 $0.51\ cm^{-1}$ 和 $0.14\ cm^{-1}$。水的 X 射线散射截面等于 $0.0163\ cm^{-1}$（293 K）。

3.2 散射长度与散射长度密度

空间中沿 z 方向传播的平面波，$\varphi_i = \varphi_0 e^{ikz}$，与散射中心（一个原子）相互作用后，散射波具有球面波形式（图 3-2）。散射波在传播过程中，散射强度与散射中心距离的平方成反比，散射波函数具有如下形式：

$$\varphi = \varphi_0 f(\lambda, \theta)\frac{e^{ikl}}{l} \qquad (3\text{-}6)$$

式中，l 为球面波距离散射中心的距离；$f(\lambda, \theta)$ 用于描述平面波与原子的相互作用，具有长度的量纲，也称为散射长度。X 射线与中子的 $f(\lambda, \theta)$ 具有完全不同的特征。

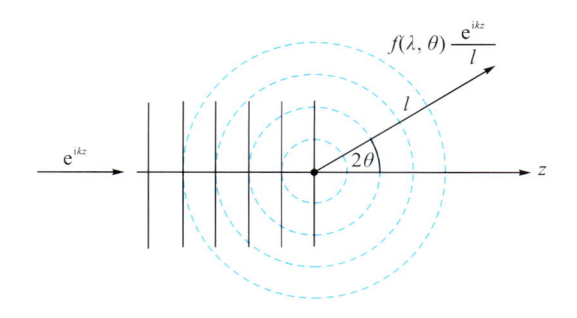

图 3-2 平面波和散射波示意图

每一个电子的散射长度是相同的,因此一个原子的 X 射线散射长度表达为
$$b_X \equiv f(\lambda,\theta) = r_e Z \tag{3-7}$$
式中,r_e 为电子经典半径,$r_e=2.82\times10^{-15}$ m = 2.82 fm;Z 为电子的数量(原子序数)。严格来说,式(3-7)还应引入一个衰减因子,这是因为 X 射线与原子中轨道电子的相互作用属长程电磁相互作用,导致 $f(\lambda,\theta)$ 会随着散射角的增加和入射波波长的降低而衰减。在小角度范围内,式(3-7)近似成立。表 3-1 中展示了常见元素的 X 射线散射长度。b_X 正比于原子序数,重金属的散射能力远大于轻元素的散射能力。在化合物中,一个分子的 X 射线散射长度 b_X 等于所有原子散射长度的叠加。例如,轻水(H_2O)和重水(D_2O)分子的 b_X 是相同的,等于 2.82×10^{-14}m。

表 3-1 常见元素的 X 射线散射长度 b_X、中子散射长度 b_n 和中子相干散射截面 σ_{coh}

元素	原子序数	$b_X/10^{-12}$ cm	$b_n/10^{-12}$ cm	$\sigma_{coh}/10^{-24}$ cm^2
H	1	0.28	−0.37	1.76
D	1	0.28	0.67	5.59
C	6	1.69	0.67	8.36
N	7	1.97	0.94	11.81
O	8	2.26	0.58	7.29
Na	11	3.10	0.36	4.52
Si	14	3.94	0.42	5.28
Ca	20	5.64	0.47	5.91
Fe	26	7.33	0.95	11.94
Co	27	7.61	0.28	3.52

中子没有电荷,只与原子核发生相互作用。原子核的中子散射长度表达为
$$b_n \equiv f(\lambda,\theta) = \langle b \rangle + \Delta b \tag{3-8}$$
式中,$\langle b \rangle$ 为相干散射长度,即原子核自旋态的平均散射长度;Δb 为非相干散射长度(不同自旋态散射长度的标准差),即 b_n 的均方差。在中子散射实验中,起作用的是相干散射长度,而非相干散射只会贡献本底信号。每种元素的 $\langle b \rangle$ 是通过实验测量得到的。某些元素、同位素的 $\langle b \rangle$ 具有负值,说明中子与其作用后,会发生 180° 的相位变化。

根据量子力学原理,中子(自旋为 1/2 的费米子)与 H 原子核作用后,将出现自旋态为 1(三重态)和 0(单重态)的两种本征值,对应的散射长度分别为
$$b^+ = 1.085\times10^{-14}\text{ m}, \quad b^- = -4.750\times10^{-14}\text{ m} \tag{3-9}$$
取平均值后得到相干散射长度:
$$\langle b \rangle = \frac{3}{4}b^+ + \frac{1}{4}b^- = -0.374\times10^{-14}\text{ m} \tag{3-10}$$
取标准差后得到非相干散射长度:
$$\Delta b = \sqrt{\langle b^2 \rangle - \langle b \rangle^2} = 2.527\times10^{-14}\text{ m} \tag{3-11}$$

中子与 D(氘)原子核作用后,将出现自旋为 3/2(四重态)和 1/2(双重态)的两种本征值,对应的散射长度分别为

$$b^+ = 0.953 \times 10^{-14} \text{ m}, \quad b^- = 0.098 \times 10^{-14} \text{ m} \tag{3-12}$$

相干与非相干散射长度分别为

$$\langle b \rangle = \frac{2}{3}b^+ + \frac{1}{3}b^- = 0.667 \times 10^{-14} \text{ m} \tag{3-13}$$

$$\Delta b = \sqrt{\langle b^2 \rangle - \langle b \rangle^2} = 0.403 \times 10^{-14} \text{ m} \tag{3-14}$$

以上两个例子说明,中子散射长度与原子核的自旋紧密相关,具有同位素效应。中子的散射长度与原子序数无关,如图 3-3(Sivia,2011)所示;而 X 射线的散射长度正比于原子序数。根据表 3-1,可算出 H_2O 和 D_2O 的中子相干散射长度分别等于 -0.17×10^{-14} m 和 1.91×10^{-14} m(参见第 13 章)。此外,对于含有 Li、Ti 元素的化合物或者合金相,由于散射长度的正负抵消,可能具有"反常"的散射长度。

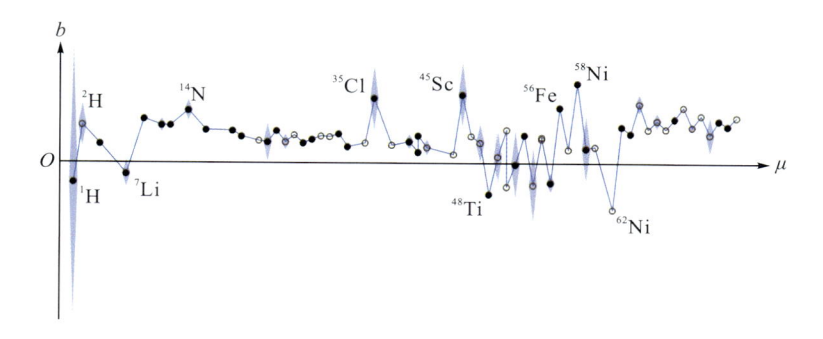

图 3-3 中子的相干散射长度与非相干散射长度

实心、空心圆代表相干散射长度,其中实心圆代表高丰度的同位素;纵向长条阴影代表非相干散射长度

在核物理中,使用中子散射截面来表征元素的散射能力,散射截面与散射长度的平方相关(低能散射),二者数据可通过查表获知[①]。需要注意的是,^{157}Gd、^{155}Gd、^{113}Cd、^{10}B、^{239}Pu 等元素,对中子表现出强吸收效应,含有这些元素的样品的中子散射信号通常很弱。

单位体积内的散射长度,即散射长度密度 ρ,是更有实际意义的物理量,其表达式为

$$\rho = \sum_i^n b_i / v \tag{3-15}$$

对于化学式为 A_mB_n 的物质,式(3-15)进一步写为

$$\rho = \begin{cases} \dfrac{dr_e N_A (mZ_A + nZ_B)}{M}, & \text{X射线} \\ \dfrac{d N_A (mb_A + nb_B)}{M}, & \text{中子} \end{cases} \tag{3-16}$$

[①] https://www.ncnr.nist.gov/resources/n-lengths/

式中，d 为密度；M 为摩尔质量；N_A 为阿伏伽德罗常数；r_e 为电子经典半径（2.82 fm）；Z_A 和 Z_B 为原子序数；b_A 和 b_B 为中子相干散射长度；ρ 的单位通常为 cm^{-2} 或 $Å^{-2}$。散射长度密度的起伏对应样品结构的不均匀性。也就是说，可以通过散射长度密度在三维空间的分布来定义样品的结构。对于深入从事小角散射工作的科技人员，经常需要计算或者估算样品中不同组成物质的散射长度密度（参见第 13 章）。

3.3 散射强度与自关联函数

将式（2-20）拓展至三维空间，整理出更一般化的散射振幅（Guinier and Fournet, 1955; Porod, 1982）：

$$A(q) = \iiint \rho(r) e^{-iq \cdot r} dV = \int_V \rho(r) e^{-iq \cdot r} dr \tag{3-17}$$

式中，$\rho(r)$ 为物质的散射长度密度，在狭缝散射中，相应的物理量是光阑函数 $A(x)$。实际上 $\rho(r)$ 和 $A(x)$ 二者具有等同的意义，均表示物体（样品）的结构不均匀性。散射振幅等于三维空间中散射长度密度分布的傅里叶变换。若样品是完全均匀的，则散射振幅为零。散射振幅的平方等于散射强度。散射实验更关心单位体积样品的散射能力，因此体积归一的散射强度写为

$$I(q) = \frac{A(q) A^*(q)}{V} = \frac{1}{V} \int_V \int_V \rho(r) \rho(r') e^{-iq \cdot (r-r')} dr dr' \tag{3-18}$$

尽管式（3-18）给出了散射强度的表达，表示被入射波照射样品内，任意两点（体积单元）对应的散射长度密度与相位因子乘积的空间积分，但是物理意义不清晰。使用傅里叶变换的卷积性质[参见式（2-24）]，式（3-18）可写为

$$I(q) = \frac{1}{V} \mathcal{F}[\rho(r)] \mathcal{F}[\rho(-r)] = \frac{1}{V} \mathcal{F}[\rho(r) * \rho(-r)] \tag{3-19}$$

式中，* 为卷积；$\mathcal{F}$ 为傅里叶变换。$\rho(r)$ 与 $\rho(-r)$ 的卷积称为散射长度密度的自关联函数，表述为

$$\gamma(r) = \frac{1}{V} \int_V \rho(r') \rho(r + r') dr' \tag{3-20}$$

因此，散射强度等于散射长度密度自关联函数的傅里叶变换：

$$I(q) = \int_V \gamma(r) e^{-iq \cdot r} dr \tag{3-21}$$

在数学上，自关联函数表示把一个函数平移距离 r 后，还有多少部分能与自身重合。对于一个矩形函数，其自关联函数的计算如图 3-4 所示。自关联函数具有如下性质：

$$\begin{cases} \gamma(r=0) = \langle \rho^2 \rangle \\ \gamma(r=\infty) = \langle \rho \rangle^2 \end{cases} \tag{3-22}$$

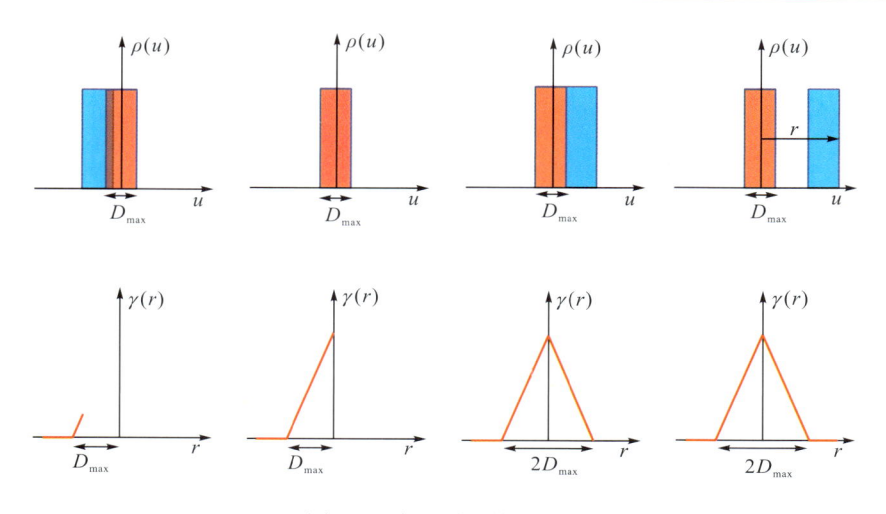

图 3-4 自关联函数示意图

考虑空间中有一个散射粒子，当 $r=0$ 的时候，粒子的散射长度密度必然是自关联的，$\gamma(r)$ 值最大；当 r 很大时，散射粒子已经不再交叠，$\gamma(r)$ 等于散射长度密度平均的平方 [式 (3-22)]。当 r 取值在粒子的尺寸范围之内，自关联函数取决于粒子的几何形状和尺寸。自关联函数表示把粒子移动距离 r 后，还有多少的重合部分。

为了得到更一般性的结论（排除不同体系散射长度密度的差异），引入散射长度密度起伏和均方差：

$$\begin{cases} \eta(r) = \rho(r) - \langle \rho \rangle \\ \langle \eta^2 \rangle = \langle \rho^2 \rangle - \langle \rho \rangle^2 \end{cases} \tag{3-23}$$

则关联函数表述为

$$\gamma(r) = \frac{1}{V} \int_V [\eta(r') + \langle \rho \rangle][\eta(r+r') + \langle \rho \rangle] \mathrm{d}r'$$

$$= \frac{1}{V} \int_V \eta(r') \eta(r+r') \mathrm{d}r' + \langle \rho \rangle^2 \tag{3-24}$$

进而引出归一化的自关联函数 $\gamma_0(r)$：

$$\langle \eta^2 \rangle \gamma_0(r) = \frac{1}{V} \int_V \eta(r') \eta(r+r') \mathrm{d}r' \tag{3-25}$$

得到

$$\gamma_0(r) = \frac{\gamma(r) - \langle \rho \rangle^2}{\langle \eta^2 \rangle} \tag{3-26}$$

$\gamma_0(r)$ 具有如下性质：

$$\gamma_0(r=0) = 1, \quad \gamma_0(r=\infty) = 0 \tag{3-27}$$

式中，$\gamma_0(r)$ 表示两个相距为 r 的点同在一个结构（相）内的概率。$\gamma(r)$ 与 $\gamma_0(r)$ 的对比如图 3-5 所示。

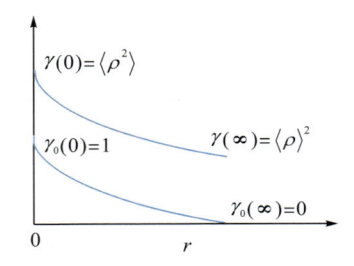

图 3-5 自关联函数和归一化自关联函数

式(3-21)进一步表述为

$$I(q) = \langle \eta^2 \rangle \int_V \gamma_0(r) e^{-iq \cdot r} dr + \langle \rho \rangle^2 \delta(q) \tag{3-28}$$

式中，$\langle \rho \rangle^2 \delta(q)$ 仅在 $q=0$ 时起作用，因此是可以省略的，式(3-28)进一步写为

$$I(q) = \langle \eta^2 \rangle \int_V \gamma_0(r) e^{-iq \cdot r} dr \tag{3-29}$$

对于各向同性系统，关联函数的取值与方向无关，$\gamma_0(r) = \gamma_0(r)$，在极坐标中把 dr 体积单元展开，那么

$$\begin{aligned} I(q) &= \langle \eta^2 \rangle \int_{r=0}^{\infty} \int_{\chi=0}^{\pi} \int_{\varphi=0}^{2\pi} \gamma_0(r) r^2 e^{-iq \cdot r} \sin\chi d\chi dr d\varphi \\ &= 2\pi \langle \eta^2 \rangle \int_{r=0}^{\infty} \gamma_0(r) r^2 dr \int_{\chi=0}^{\pi} e^{-iqr\cos\chi} \sin\chi d\chi \\ &= 2\pi \int_{r=0}^{\infty} \gamma_0(r) r^2 dr \int_{-1}^{1} e^{-iqru} du \\ &= 4\pi \langle \eta^2 \rangle \int_{r=0}^{\infty} \gamma_0(r) r^2 \frac{\sin(qr)}{qr} dr \end{aligned} \tag{3-30}$$

在式(3-30)推导过程中，令 q 的方向与 z 轴一致，$u=\cos\chi$，同时还得到了相位因子的球平均值：

$$\langle e^{-iq \cdot r} \rangle = \frac{\sin(qr)}{qr} \tag{3-31}$$

这是处理各向同性系统的常用公式(Debye，1915)。

对式(3-30)进行反傅里叶变换，可以得到

$$\langle \eta^2 \rangle \gamma_0(r) = \frac{1}{(2\pi)^3} \int_V I(q) e^{iq \cdot r} dq \tag{3-32}$$

在 $r=0$ 时：

$$\int_V I(q) dq = \langle \eta^2 \rangle (2\pi)^3 \tag{3-33}$$

对于各向同性系统

$$\int_0^{\infty} I(q) q^2 dq = 2\pi^2 \langle \eta^2 \rangle \tag{3-34}$$

3.4 两相体系的散射

任意两相散射体系,其中一相的散射长度密度是 ρ_1,体积比例为 φ,另一相的散射长度密度为 ρ_2,体积比例为 $1-\varphi$,散射振幅可表达为两项之和:

$$\begin{aligned} A(q) &= \int_{\varphi V} \rho_1 \mathrm{e}^{-\mathrm{i}q\cdot r}\mathrm{d}r + \int_{(1-\varphi)V} \rho_2 \mathrm{e}^{-\mathrm{i}q\cdot r}\mathrm{d}r \\ &= \int_{\varphi V}(\rho_1-\rho_2)\mathrm{e}^{-\mathrm{i}q\cdot r}\mathrm{d}r + \rho_2\int_V \mathrm{e}^{-\mathrm{i}q\cdot r}\mathrm{d}r \\ &= \int_V \Delta\rho\, \mathrm{e}^{-\mathrm{i}q\cdot r}\mathrm{d}r + \rho_2\delta(q) \end{aligned} \qquad (3\text{-}35)$$

式中,$\Delta\rho$ 为两相之间的散射长度密度差(对比度)。对于互补体系,其散射信号是完全一样的(图 3-6)。这一结论也称为巴比涅(Babinet)原理。

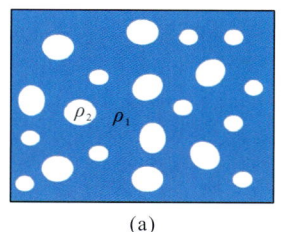

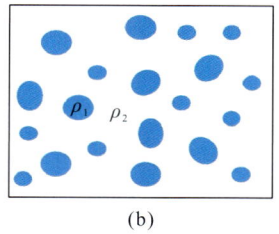

图 3-6 互补体系示意图

二者几何结构完全相同,散射长度密度互换

两相散射系的散射长度密度起伏的均方差表达为

$$\left\langle \eta^2 \right\rangle = \varphi(1-\varphi)\Delta\rho^2 \qquad (3\text{-}36)$$

代入式(3-34),可得到

$$Q = \int_0^\infty I(q)q^2\mathrm{d}q = 2\pi^2\varphi(1-\varphi)\Delta\rho^2 \qquad (3\text{-}37)$$

式中,Q 为积分不变量(Porod,1982),因为它不依赖于两相的具体结构,只取决于体积比例 φ 和两相间的衬度 $\Delta\rho^2$。当 φ 很小的时候,Q 正比于 φ。在实际测试中,由于测试 q 区间的限制,需要对测量的 $I\text{-}q$ 曲线向低 q 和高 q 方向外延,才可得到积分不变量。在测试 q 区间 $[q_{\min}, q_{\max}]$ 内,计算出准积分不变量:

$$Q_{\mathrm{quasi}} = \int_{q_{\min}}^{q_{\max}} I(q)q^2\mathrm{d}q \qquad (3\text{-}38)$$

使用式(3-38)可对样品的相体积含量(特定尺寸范围)进行对比和计算。

把式(3-36)代入式(3-30),可以得到

$$I(q) = 4\pi\varphi(1-\varphi)\Delta\rho^2\int_0^\infty r^2\gamma_0(r)\frac{\sin(qr)}{qr}\mathrm{d}r \qquad (3\text{-}39)$$

式中，归一化关联函数 $\gamma_0(r)$ 决定了散射曲线的特征。如果已知 $\gamma_0(r)$，代入式(3-39)积分，就可以得到 $I\text{-}q$ 关系（参见第 7 章）。

3.5 粒子系统的散射

聚合物溶液、胶体、胶束、生物大分子、固体内的孔洞和析出相等研究对象均属于粒子系统。小角散射可获取粒子尺寸和它们之间的相互作用（空间分布）。不论散射粒子是静止还是处于布朗运动状态，散射强度为测量时间内的统计平均：

$$I(q) = \left\langle \frac{A(q)A^*(q)}{V} \right\rangle = \frac{1}{V}\left\langle \int \rho(r)\mathrm{e}^{-\mathrm{i}q\cdot r}\,\mathrm{d}r \int \rho(r')\mathrm{e}^{\mathrm{i}q\cdot r'}\,\mathrm{d}r' \right\rangle \tag{3-40}$$

如图 3-7 所示，引入任意两个粒子中心的坐标为 r_i、r_j，则 $r=r_i+u$、$r'=r_j+v$，代入式(3-40)：

$$\begin{aligned}
I(q) &= \frac{1}{V}\left\langle \left\{\sum_{i=1}^{N}\mathrm{e}^{-\mathrm{i}q\cdot r_i}\int_{V\text{particle}}\rho(u)\mathrm{e}^{-\mathrm{i}q\cdot u}\,\mathrm{d}u\right\}\left\{\sum_{j=1}^{N}\mathrm{e}^{\mathrm{i}q\cdot r_j}\int_{V\text{particle}}\rho(v)\mathrm{e}^{\mathrm{i}q\cdot v}\,\mathrm{d}v\right\} \right\rangle \\
&= \frac{N}{V}\left\langle \left\{\iint_{V\text{particle}}\rho(u)\rho(v)\mathrm{e}^{-\mathrm{i}q\cdot(u-v)}\,\mathrm{d}u\mathrm{d}v\right\}\left\{\frac{1}{N}\sum_{i=1}^{N}\sum_{j=1}^{N}\mathrm{e}^{-\mathrm{i}q\cdot(r_i-r_j)}\right\} \right\rangle \\
&= \frac{N}{V}\left\langle \left\{\iint_{V\text{particle}}\rho(u)\rho(v)\mathrm{e}^{-\mathrm{i}q\cdot(u-v)}\,\mathrm{d}u\mathrm{d}v\right\}\left\{1+\frac{1}{N}\sum_{i=1}^{N}\sum_{j\neq i}^{N}\mathrm{e}^{\mathrm{i}q\cdot(r_j-r_i)}\right\} \right\rangle
\end{aligned} \tag{3-41}$$

式 $\langle\rangle$ 中，左侧第一项表示形状因子；第二项定义为结构因子 $S(q)$，即

$$S(q) = 1 + \frac{1}{N}\left\langle \sum_{i=1}^{N}\sum_{j\neq i}^{N}\mathrm{e}^{\mathrm{i}q\cdot(r_j-r_i)} \right\rangle \tag{3-42}$$

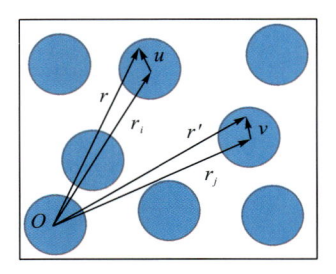

图 3-7 粒子散射体系的空间坐标关系

对于连续体，结构因子可进一步表述为

$$\begin{aligned}
S(q) &= 1 + \frac{1}{N}\left\langle \int \sum_{i=1}^{N}\sum_{j\neq i}^{N}\delta(r-r_{ij})\mathrm{e}^{-\mathrm{i}q\cdot r}\,\mathrm{d}r \right\rangle \\
&= 1 + \frac{1}{N}\int \mathrm{e}^{-\mathrm{i}q\cdot r}\left\langle \sum_{i=1}^{N}\sum_{j\neq i}^{N}\delta(r-r_{ij}) \right\rangle \mathrm{d}r
\end{aligned} \tag{3-43}$$

引入对分布函数 $g(r)$，表示以任意一个粒子为中心，在相距为 r 的位置发现另一个粒子的概率(图 3-8)；对应的粒子数量为 $ng(r)$，n 表示粒子数密度(N/V)，在 r 至 $r+\mathrm{d}r$ 壳层内的粒子数为 $4\pi n g(r) r^2 \mathrm{d}r$(径向分布函数)。进而数学表达(Waseda, 1980)为

$$ng(r) = \frac{1}{N}\left\langle \sum_{i=1}^{N}\sum_{j \neq i}^{N} \delta(r-r_{ij}) \right\rangle \tag{3-44}$$

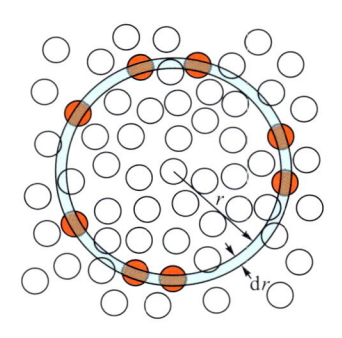

图 3-8 对分布函数示意图

式(3-44)代入结构因子，得到

$$\begin{aligned} S(q) &= 1 + \frac{1}{N}\left\langle \int \sum_{i=1}^{N}\sum_{j \neq i}^{N} \delta(r-r_{ij}) \mathrm{e}^{-\mathrm{i}q \cdot r} \mathrm{d}r \right\rangle \\ &= 1 + \int \mathrm{e}^{-\mathrm{i}q \cdot r} [n(g(r)-1) + n] \mathrm{d}r \\ &= 1 + n\int [g(r)-1] \mathrm{e}^{-\mathrm{i}q \cdot r} \mathrm{d}r + N\delta_{q,0} \end{aligned} \tag{3-45}$$

最后一项仅在 $q=0$ 时成立，可以省略。因此，结构因子最终表述为

$$S(q) = 1 + n\int [g(r)-1] \mathrm{e}^{-\mathrm{i}q \cdot r} \mathrm{d}r \tag{3-46}$$

对于各向同性体系：

$$S(q) = 1 + 4\pi n \int_0^{\infty} r^2 [g(r)-1] \frac{\sin(qr)}{qr} \mathrm{d}r \tag{3-47}$$

若散射粒子是均一的，则形状因子可表述为

$$P(q) = \frac{1}{V_\mathrm{p}^2} \iint_{V_\mathrm{particle}} \rho(u)\rho(v) \mathrm{e}^{-\mathrm{i}q \cdot (u-v)} \mathrm{d}u \mathrm{d}v = \frac{\Delta \rho^2}{V_\mathrm{p}^2} \iint_{V_\mathrm{particle}} \mathrm{e}^{-\mathrm{i}q \cdot (u-v)} \mathrm{d}u \mathrm{d}v = \Delta \rho^2 P_0(q) \tag{3-48}$$

进而联合式(3-41)、式(3-47)、式(3-48)，散射强度表述为

$$I(q) = nV_\mathrm{p}^2 \Delta \rho^2 P_0(q) S(q) = \varphi V_\mathrm{p} \Delta \rho^2 P_0(q) S(q) \tag{3-49}$$

式(3-49)仅适用于理想的单分散球形粒子系统，其中 $P_0(q)$ 表示体积归一的形状因子。若散射粒子之间没有相互作用，$S(q)=1$，则散射强度简化为

$$I(q) = \varphi V_\mathrm{p} \Delta \rho^2 P_0(q) \tag{3-50}$$

式(3-50)表明，对于单分散稀疏体系——通常指粒子体积含量小于 5%的体系且粒子随机分布，散射强度等于所有粒子散射的叠加。当 $q=0$ 的时候，$P_0(0)=1$，则

$$I(0) = \varphi V_p \Delta \rho^2 = nV_p^2 \Delta \rho^2 \tag{3-51}$$

对于更一般的情况，若散射粒子的尺寸不同、具有小的几何各向异性，且相互作用是各向同性的，散射强度表达为

$$\begin{aligned}I(q) &= n[\langle f^2(q)\rangle + (S(q)-1)\langle f(q)\rangle^2] \\ &= \Delta\rho^2 \langle V_p^2 P_0(q)\rangle[1+\beta(q)(S(q)-1)]\end{aligned} \tag{3-52}$$

式中，$f(q)$ 为一个粒子的散射振幅；$\langle V_p^2 P_0(q)\rangle$ 为所有粒子多散性和取向性的空间平均。对于多分散的球对称粒子，$\beta(q)=1$，那么式(3-52)简化为

$$I(q) = \Delta\rho^2 \langle V_p^2 P_0(q)\rangle S(q) \tag{3-53}$$

式(3-49)～式(3-53)是分析小角散射实验数据的基础。关于多分散粒子的尺寸分布问题将在第 10 章做进一步的阐述。

3.6 低 q 和高 q 近似

对式(3-17)的指数项进行泰勒展开：

$$\begin{aligned}A(q) &= \int_V \Delta\rho\, e^{-iq\cdot r} dr \\ &= \int_V \Delta\rho\, dr - i\int_V \Delta\rho(q\cdot r) dr - \frac{1}{2!}\int_V \Delta\rho(q\cdot r)^2 dr + \cdots \\ &= \Delta\rho V\left[1 - \frac{1}{2}(q\cdot r)^2 + \cdots\right]\end{aligned} \tag{3-54}$$

进而得到散射强度

$$I(q) = \Delta\rho^2 V^2 \left[1 - (q\cdot r)^2 + \frac{1}{4}(q\cdot r)^4 + \cdots\right] \tag{3-55}$$

当 $qr<1$ 时

$$I(q) = \Delta\rho^2 V^2 [1-(q\cdot r)^2] \tag{3-56}$$

在笛卡儿坐标系中

$$\begin{cases}(q\cdot r)^2 = (q_x x + q_y y + q_y y)^2 \\ \overline{x}^2 = \overline{y}^2 = \overline{z}^2 = \frac{1}{3}R_g^2 \\ \overline{xy} = \overline{xz} = \overline{yz} = 0\end{cases} \tag{3-57}$$

因此

$$I(q) = \varphi V_p \Delta\rho^2 \left(1 - \frac{1}{3}q^2 R_g^2 + \cdots\right) = \varphi V_p \Delta\rho^2 \exp\left(-\frac{1}{3}q^2 R_g^2\right) \tag{3-58}$$

可类比于力学中的回转半径($R_g^2 = \Sigma m_j r_j^2/\Sigma m_j$，其中 m_j 是距离质心为 r_j 处位置的质量，分母表示粒子的总质量)理解式(3-58)中的 R_g。回转半径的平方还可表达为

$$R_g^2 = \int_{V_{\text{particle}}} \Delta\rho(r) r^2 dr \Big/ \int_{V_{\text{particle}}} \Delta\rho(r) dr \tag{3-59}$$

对于半径为 R 的球形粒子：

$$R_g^2 = \frac{3}{5}R^2 \tag{3-60}$$

回转半径是小角散射研究领域中非常重要的概念。刚接触小角散射的读者可能还不习惯使用回转半径描述粒子的尺寸，总是希望获知粒子的几何尺寸(半径、高、轴长等)。但实际上，只有规则粒子(球、椭球、片、棒等)的几何尺寸与回转半径具有明确的数学表达(参见 4.4 节)，而对于不规则粒子，使用回转半径描述其尺寸大小(特征尺寸)会格外简洁和方便。

式(3-58)就是著名的 Guinier 近似(Guinier and Fournet，1955)。如果要测量散射粒子的整体几何尺寸，只需要观测低 q(趋于零)区域的散射信号即可。Guinier 近似成立的前提条件是：①仅在 Guinier 区有效，即 $qR_g<1$ 时成立，不同形状粒子的近似条件略有差别；②仅适用于各向同性稀疏体系 $[S(q)=1]$，如果粒子间存在吸引或者排斥作用，会导致对 R_g 过低或过高的估算(参见第 14 章)。Guinier 近似通常用于分析准单分散粒子的粒径。在多分散体粒子体系中，大尺寸粒子对 R_g 的贡献权重较大；对于尺寸分布较大的粒子体系，很难获得有效的 Guinier 区。

在各向异性体系中，散射强度与 q 的方向有关，Guinier 近似表达为

$$I(q_D) = \varphi V_p \Delta\rho^2 \exp(-q_D^2 R_g^2) \tag{3-61}$$

式中，q_D 为某一方向散射矢量的数值。对于一个椭球粒子，长轴方向上，散射强度的衰减快，反之亦然；二维散射图像中，长轴方向被"压缩"，短轴方向被"拉长"。

对于单分散两相系统，若粒子的最大尺寸为 D，根据式(3-39)，散射强度可写为

$$I(q) = \frac{4\pi}{q}\varphi\Delta\rho^2 \int_0^D r\gamma_0(r)\sin(qr)\mathrm{d}r \tag{3-62}$$

由于其中 $\gamma_0(D) = \gamma_0'(D) = 0$，利用积分关系 $\left(\int f'g\mathrm{d}x = fg - \int fg'\mathrm{d}x\right)$ 可推出：

$$I(q) = \frac{4\pi}{q^3}\varphi\Delta\rho^2 \int_0^D \sin(qr)[r\gamma_0(r)]''\mathrm{d}r$$

$$= \frac{4\pi}{q^4}\varphi\Delta\rho^2 \left\{-2\gamma_0'(0) + \cos(qD)D\gamma_0''(D) - \int_0^D \cos(qr)[r\gamma_0(r)]'''\mathrm{d}r\right\} \tag{3-63}$$

式(3-63)中的第一项 $[-8\pi\varphi\Delta\rho^2\gamma_0'(0)q^{-4}]$ 表明，对于具有明锐界面的散射体系，高 q 区间的散射强度呈 q^{-4} 衰减。对于具有光滑明锐界面的散射体系，在 r 趋于 0 的时候：

$$\gamma_0(r) = 1 - \frac{Sr}{4V} \tag{3-64}$$

所以 $\gamma_0'(r) = -S/4V$，进而得到 Porod 近似(Porod，1951)：

$$\lim_{q\to\infty} I(q) = \frac{2\pi\Delta\rho^2}{q^4}\frac{S}{V} \tag{3-65}$$

对于界面粗糙的体系，在高 q 区域，散射强度正比于 $q^{-\alpha}$，且 $3<\alpha<4$(参见 6.2 节)。结合绝对强度测试，使用 Porod 近似可以计算出粒子与基体的比表面积。该定理对稠密体系或无规两相散射体系同样适用。使用该定理应注意如下几点：①高 q 区域散射强度较弱的时候，要格外小心本底的扣除，扣除的方法将会影响指数 α 的大小；②Porod 区与内禀

本底较为接近时，拟合过程需要引入本底；③符合 Porod 近似的 q 区间一般应至少跨越半个数量级，才能得到可靠的分析结果。

最后，使用"$1/q$ 窗口"的概念定性地理解 Guinier 近似和 Porod 近似的物理意义（图 3-9）。在小 q 区域，满足 Guinier 近似，通过 $1/q$ 窗口能"看到"粒子的整体尺寸；在大 q 区域，满足 Porod 近似，通过 $1/q$ 窗口能"看到"粒子的界面；在中 q 区域，通过 $1/q$ 窗口能"看到"粒子的形状。

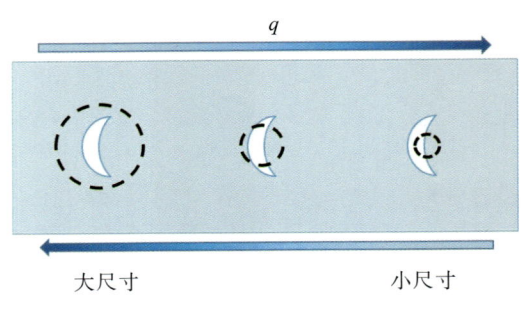

图 3-9 "$1/q$ 窗口"示意图

第 2 篇　模　　　型

　　这是一个数据爆炸的时代，数据充斥着我们的工作与生活，但仅拥有数据是远远不够的，必须学会让数据说话。模型就是让数据说话的秘诀，模型将帮助我们所有人从掌握信息提升到拥有智慧。

——斯科特·佩奇(Scott E. Page，1963—)

第 4 章 刚性纳米粒子模型

物理定律用数学语言书写，而球体是物理现象中的基本形状。

——斯蒂芬·威廉·霍金（Stephen William Hawking，1942—2018）

4.1 球形与椭球粒子

刚性粒子模型适用于描述具有球形或近似球形形态的致密粒子，例如孔洞、气泡、析出相、胶体粒子等。均匀球形粒子模型是最简单、最常用的刚性粒子模型（图 4-1）。深刻体会球形粒子的散射特征，是进一步理解更复杂模型的基础。

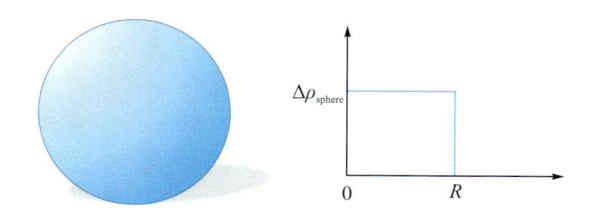

图 4-1 球形粒子结构与散射长度密度（$\Delta\rho_{sphere}$）分布图

对于一个半径为 R、散射长度密度为 ρ 的球形粒子，则其散射振幅表达[参见式(3-31)和式(3-35)]为

$$A(q)_{sphere} = \int_V \rho(r) e^{-iq \cdot r} dr = 4\pi \int_0^\infty \rho(r) \frac{\sin(qr)}{qr} r^2 dr = 4\pi \Delta\rho_{sphere} \int_0^R \frac{\sin(qr)}{qr} r^2 dr$$

$$= \frac{4\pi\Delta\rho_{sphere}}{q} \int_0^R \sin(qr) r dr = \frac{4\pi\Delta\rho_{sphere}}{q} \left(-\frac{r\cos(qr)}{q}\bigg|_0^R + \frac{\sin(qr)}{q^2}\bigg|_0^R \right)$$

$$= \Delta\rho_{sphere} \frac{4\pi R^3}{3} \frac{3[\sin(qR) - qR\cos(qR)]}{(qR)^3} = \Delta\rho_{sphere} V_{sphere} j(qR) \tag{4-1}$$

$$j(x) = 3(\sin x - x\cos x)/x^3 = 3j_1(x)/x \tag{4-2}$$

式中，$\Delta\rho_{sphere}$ 为球形粒子与周边介质的散射长度密度差（对比度）；V_{sphere} 为球形粒子的体积。归一化球形粒子的形状因子为 $[3j_1(qR)/(qR)]^2$（Rayleigh，1911），其中 $j_1(x)$ 表示一阶球贝塞尔函数。进而一个均匀球形粒子的散射强度表述为

$$I(q)_{sphere} = [\Delta\rho_{sphere} V_{sphere} j(qR)]^2 \tag{4-3}$$

函数 $j(x)^2$ 的图像（归一化的形状因子）如图 4-2 所示。随 x 增加，曲线在 x 为 4.493、7.725、10.904、14.066 等处出现极小值；在 x 为 0、5.763、9.095、12.323、15.515 等处出现极大值。曲线呈数量级式衰减，当 $x=0$ 时函数的极值为 1；第一个振荡峰的峰值仅为 0.0074。根据式(4-3)绘制的均匀球形粒子的散射曲线如图 4-3 所示，散射粒子的尺寸显著影响散射强度的大小以及衰减拐点和振荡峰的位置。

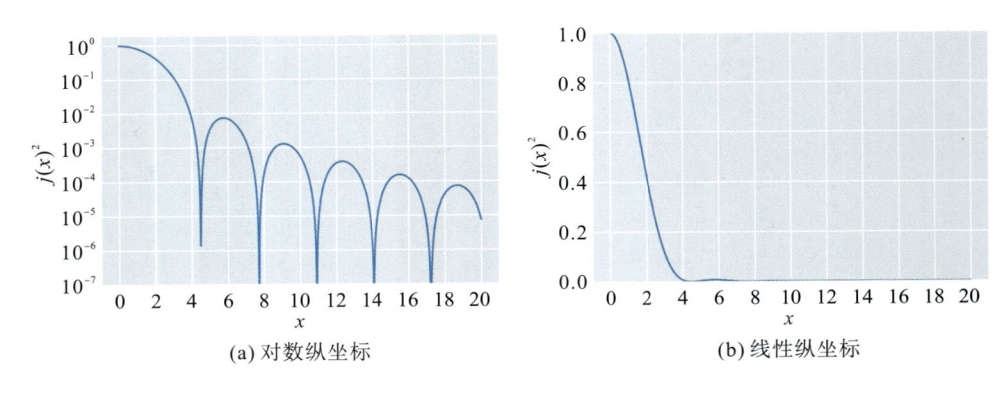

(a) 对数纵坐标

(b) 线性纵坐标

图 4-2 函数 $j(x)^2$ 的图像

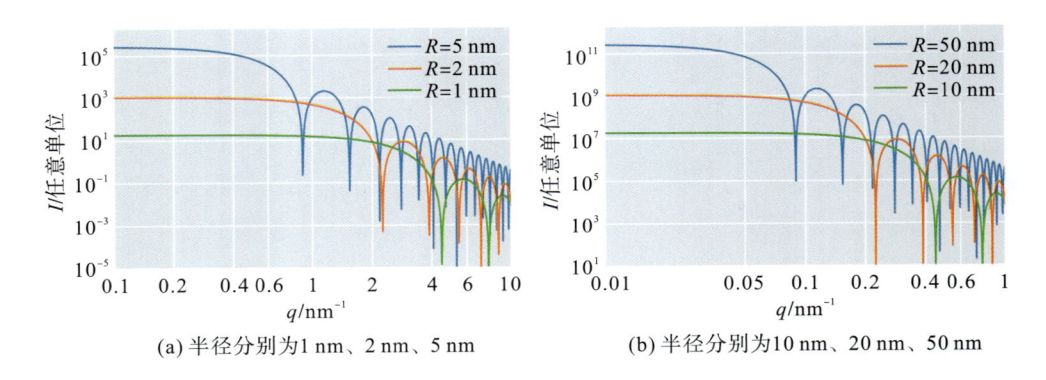

(a) 半径分别为 1 nm、2 nm、5 nm

(b) 半径分别为 10 nm、20 nm、50 nm

图 4-3 球形粒子的理论散射曲线（$\Delta\rho_{\text{sphere}} = 1$）

仔细观察图 4-3 中的 I-q 曲线特征，是大有裨益的：在样品测试的时候，可根据已知的粒子尺寸确定测试的 q 区间；在数据分析时，可提前估算出粒子的尺寸范围，作为模型拟合的初始输入参数。根据式(4-3)、图 4-2 和图 4-3，可以得到以下结论。

第一，根据观测得到的极值位置、级次或者相对位置，便可计算出球形粒子的半径。$j(x)^2$ 的两个相邻极大值或极小值的差值近似等于 π，即半径 $R=\pi/\Delta q$，或者直径 $D=2\pi/\Delta q$。

第二，在线性坐标系下，无法看到函数 $j(x)^2$ 的振荡峰[图 4-2(b)]。也就是说，通常使用双对数坐标来绘制 I-q 曲线。

第三，函数 $j^2(x)$ 的极小值是 0，由于绘图取点数量的限制，图 4-2 中（1000 个数据点）的极小值看起来并不是 0。在实测数据中，即使不考虑粒子的多分散性，探测器的分辨率也会造成振荡峰极值的弥散化。

第四，对于直径为几纳米的粒子，其特征散射信号出现在 $q>1\ \text{nm}^{-1}$ 时；对于直径为几十纳米的粒子，其特征散射信号出现在 $0.1\ \text{nm}^{-1}<q<1\ \text{nm}^{-1}$ 时(图4-3)。

第五，在低 q 区间(对数坐标下)，散射曲线近似水平，根据式(4-3)可以计算出：

$$\begin{aligned}I(q\to 0)_{\text{sphere}}&=9\Delta\rho_{\text{sphere}}^2 V_{\text{sphere}}^2\left(\frac{\sin(qR)}{(qR)^3}-\frac{\cos(qR)}{(qR)^2}\right)^2\approx \Delta\rho_{\text{sphere}}^2 V_{\text{sphere}}^2\left(1-\frac{(qR)^2}{10}\right)^2\\ &\approx\Delta\rho_{\text{sphere}}^2 V_{\text{sphere}}^2\left(1-\frac{q^2 R_g^2}{3}\right)=\Delta\rho_{\text{sphere}}^2 V_{\text{sphere}}^2 \exp\left(-\frac{q^2 R_g^2}{3}\right)\end{aligned} \quad (4\text{-}4)$$

推导过程用到了三角函数的泰勒展开，以及均匀致密球形粒子的回转半径与半径的关系：$R_g^2=3R^2/5$。尽管这里是基于球形粒子的形状因子做的推导，但式(4-4)即为Guinier近似，参见3.6节的推导过程。

第六，在高 q 区间(对数坐标下)，散射曲线呈振荡式快速衰减，然而由于谱仪分辨率、粒子的多分散性等原因，很多时候看不到振荡峰，或者仅有几个振荡峰(参见第10章和第11章)。

第七，当 q 趋于无穷大的时候，式(4-3)可写为

$$I(q\to\infty)_{\text{sphere}}=9\Delta\rho_{\text{sphere}}^2 V_{\text{sphere}}^2\frac{\cos^2(qR)}{(qR)^4}=\frac{9\Delta\rho_{\text{sphere}}^2 V_{\text{sphere}}^2}{2(qR)^4}=\frac{2\pi\Delta\rho_{\text{sphere}}^2 S_v}{q^4}\propto q^{-4} \quad (4\text{-}5)$$

式中，$S_v=4\pi R^2$，是一个球形粒子的表面积。该式与第3章Porod近似的推导结论是一致的，参见式(3-65)，适用于描述所有具有明锐界面的纳米粒子在高 q 区间的散射行为。

结合球形纳米粒子的散射，进一步讨论随机取向椭球纳米粒子的散射(图4-4)。如果椭球的三个半轴尺寸分别为 R、R、εR，且 R 轴与 q 的夹角为 α，根据球形粒子的散射强度[式(4-3)]，椭球的散射强度表达(Guinier，1939)为

$$\begin{cases}I(q)_{\text{ellipsoid}}=(4\pi R^3\Delta\rho_{\text{ellipsoid}}/3)^2\int_0^{\pi/2}[j(q,R')]^2\sin\alpha\,\text{d}\alpha\\ R'=R\sqrt{\sin^2\alpha+\varepsilon^2\cos^2\alpha}\end{cases} \quad (4\text{-}6)$$

式中，$\Delta\rho_{\text{ellipsoid}}$ 为椭球与介质的散射长度密度差；R' 为椭球的等效半径。由于椭球的对称性，这里只需要在[0，$\pi/2$]区间积分。椭球粒子的散射曲线如图4-5所示，其散射特征与半轴长度比 ε 是密切相关的。对于 $\varepsilon>1$ 的长椭球，散射行为类似于棒状粒子；对于 $\varepsilon<1$ 的扁椭球，散射行为类似于片状粒子。

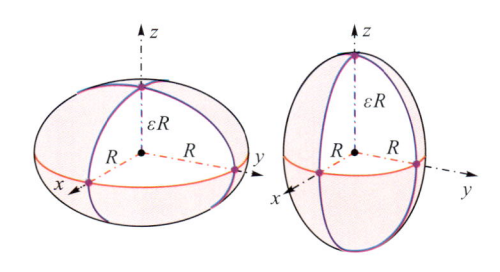

图4-4 椭球粒子结构示意图

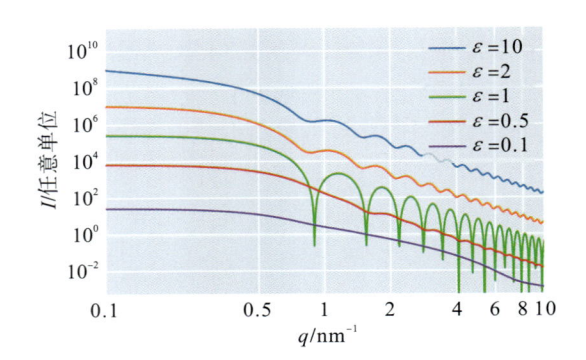

图 4-5 椭球粒子($R = 5$ nm)的理论散射曲线

4.2 球壳粒子

对于一个具有均匀内球和均匀外壳的粒子(图 4-6)，其散射振幅可由球形粒子的散射振幅[式(4-1)]结合球壳粒子与球形粒子的组合关系(图 4-7)推导出：

$$A(q)_{\text{core-shell}} = \Delta\rho_{\text{shell}}V_{\text{core-shell}}j(qR_{\text{core}}+q\Delta R) - (\Delta\rho_{\text{shell}} - \Delta\rho_{\text{core}})V_{\text{core}}j(qR_{\text{core}}) \quad (4\text{-}7)$$

式中，R_{core} 和 ΔR 分别为内球半径和壳层厚度；$\Delta\rho_{\text{shell}}$ 和 $\Delta\rho_{\text{core}}$ 分别为外壳和内球与周边介质的散射长度密度差；$V_{\text{core-shell}}$ 和 V_{core} 分别为总体积和内球的体积。

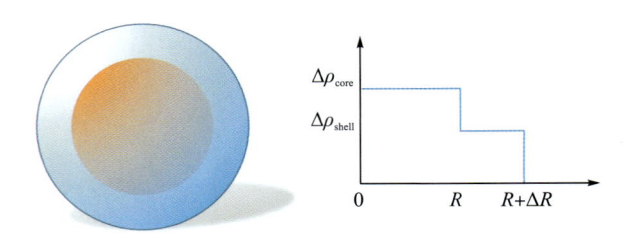

图 4-6 球壳粒子结构示意图

图 4-7 通过均匀球形粒子构建球壳粒子

如果 $\Delta\rho_{\text{core}}=0$，则球壳粒子简化为壳层粒子，散射振幅表达为

$$A(q)_{\text{shell}} = \Delta\rho_{\text{shell}}[V_{\text{core-shell}}j(qR_{\text{core}}+q\Delta R) - V_{\text{core}}j(qR_{\text{core}})] \quad (4\text{-}8)$$

当 q 趋于 0 的时候，壳层粒子的散射强度为

$$\lim_{q \to 0} I(q)_{\text{shell}} = [\Delta\rho_{\text{shell}}(V_{\text{core-shell}} - V_{\text{core}})]^2 = (\Delta\rho_{\text{shell}}V_{\text{shell}})^2 \quad (4\text{-}9)$$

第 4 章 刚性纳米粒子模型

如果已知散射体系的绝对强度，那么根据式(4-9)以及粒子的数量和尺寸，可以反推出壳层的散射长度密度。球壳粒子的散射特征与内径、壳层厚度、散射长度密度差有关。相比于近似尺寸的均匀球形粒子，球壳粒子散射曲线具有更明显的振荡峰，第一振荡峰的强度和宽度均增加(图 4-8，参见 16.2 节)。球壳粒子散射强度的计算结果如图 4-9 所示。某些球壳粒子的散射会产生一些反直觉的现象。例如，当 $\Delta\rho_{core} = -1$、$\Delta\rho_{shell} = 1$ 时，散射曲线的形状与壳层厚度($2\,\mathrm{nm} < \Delta R < 3\,\mathrm{nm}$)十分敏感，甚至出现特别的曲线形态[图 4-9(d)]。式(4-7)中前后两项的加减运算，是产生这种现象的原因。需要注意的是，由于多分散性、分辨率、信噪比的原因，在实际的小角散射实验中，通常只能测到球壳粒子前几个最强的散射振荡峰。

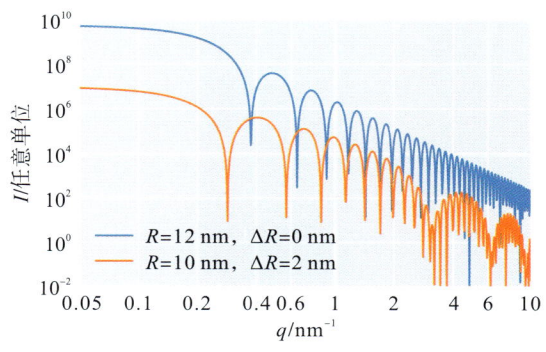

图 4-8　球形粒子($\Delta\rho_{sphere} = 1$)与壳层粒子($\Delta\rho_{core} = 0$，$\Delta\rho_{shell} = 1$)的散射强度

(a) $\Delta\rho_{core}=0, \Delta\rho_{shell}=1$

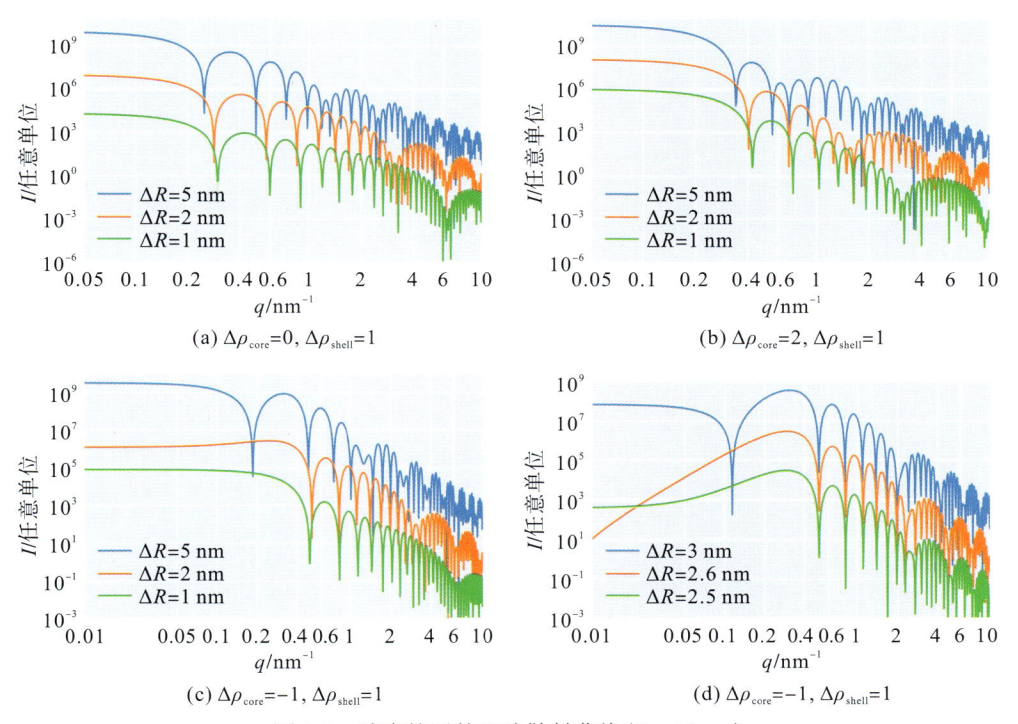

(b) $\Delta\rho_{core}=2, \Delta\rho_{shell}=1$

(c) $\Delta\rho_{core}=-1, \Delta\rho_{shell}=1$

(d) $\Delta\rho_{core}=-1, \Delta\rho_{shell}=1$

图 4-9　球壳粒子的理论散射曲线($R = 10\,\mathrm{nm}$)

根据式(4-7)的推导方法，可以获得具有多壳层结构纳米粒子的散射振幅。对于分散在溶液中的三壳层结构的纳米粒子，若溶剂的散射长度密度为 ρ_{sol}，t_1 和 ρ_1 为最内层壳厚度和散射长度密度，t_2 和 ρ_2 为中间层壳的厚度和散射长度密度，t_3 和 ρ_3 为最外层壳的厚度和散射长度密度，则其散射振幅表达为

$$A(q)_{\text{core-3shell}} = A(q, R_{\text{core}}, \rho_{\text{core}} - \rho_1) + A(q, R_{\text{core}} + t_1, \rho_1 - \rho_2) \\ + A(q, R_{\text{core}} + t_1 + t_2, \rho_2 - \rho_3) + A(q, R_{\text{core}} + t_1 + t_2 + t_3, \rho_3 - \rho_{\text{sol}}) \quad (4\text{-}10)$$

其中

$$A(q, R, \Delta\rho) = \Delta\rho \frac{4\pi R^3}{3} \frac{3[\sin qR - qR\cos(qR)]}{(qR)^3}$$

式(4-10)在生物脂质膜结构的研究中具有重要应用（R_{core} 远大于壳层厚度），若 $t_1=t_3$，用于分析对称的膜结构；若 $t_1 \neq t_3$，用于分析不对称的膜层结构。壳层与溶剂的散射长度密度差、壳层的均匀性、表面修饰以及负载物等均对三壳层结构纳米粒子的散射信号具有显著影响。感兴趣的读者请参考 14.3.2 节。

4.3 柱状粒子

对于一个半径为 R，长度（高度）$L=2H$ 的均匀柱状粒子，轴向与 q 的夹角为 α，截面上 r_{xy} 与 x 轴的夹角为 φ，坐标原点为柱状粒子的几何中心，那么柱状粒子的散射振幅为

$$\begin{aligned}
A(q)_{\text{cylinder}} &= \Delta\rho_{\text{cylinder}} \int_0^R r_{xy} \mathrm{d}r_{xy} \int_{\varphi=0}^{2\pi} \mathrm{e}^{-\mathrm{i}qr_{xy}\sin\alpha\sin\varphi} \mathrm{d}\varphi \int_{r_z=-H}^{H} \mathrm{e}^{-\mathrm{i}qr_z\cos\alpha} \mathrm{d}r_z \\
&= 4\pi\Delta\rho_{\text{cylinder}} H \frac{\sin(qH\cos\alpha)}{qH\cos\alpha} \int_0^R J_0(qr_{xy}\sin\alpha) r_{xy} \mathrm{d}r_{xy} \\
&= 4\pi R^2 \Delta\rho_{\text{cylinder}} H \frac{\sin(qH\cos\alpha)}{qH\cos\alpha} \frac{J_1(qR\sin\alpha)}{qR\sin\alpha} \\
&= 2V_{\text{cylinder}} \Delta\rho_{\text{cylinder}} \frac{\sin(qH\cos\alpha)}{qH\cos\alpha} \frac{J_1(qR\sin\alpha)}{qR\sin\alpha}
\end{aligned} \quad (4\text{-}11)$$

式中，$J_1(x)$ 是一阶第一类贝塞尔函数，并用到了贝塞尔函数的积分性质：

$$\begin{cases} \int_0^\pi \cos(x\sin\theta)\mathrm{d}\theta = \pi J_0(x) \\ \int J_0(ax)x\mathrm{d}x = \frac{J_1(ax)x}{a} + c \end{cases} \quad (4\text{-}12)$$

当 q 平行于圆柱轴向时（$\alpha=0$），

$$A(q)_{\alpha=0} = 2V_{\text{cylinder}} \Delta\rho_{\text{cylinder}} \frac{\sin(qH)}{qH} = 2V_{\text{cylinder}} \Delta\rho_{\text{cylinder}} j_0(qH) \quad (4\text{-}13)$$

当 q 平行于圆柱径向时（$\alpha=90$），

$$A(q)_{\alpha=90°} = 2V_{\text{cylinder}} \Delta\rho_{\text{cylinder}} \frac{J_1(qR)}{qR} \quad (4\text{-}14)$$

圆柱的总散射强度（Fournet，1951）为

$$I(q)_{\text{cylinder}} = 4V_{\text{cylinder}}^2 \Delta\rho_{\text{cylinder}}^2 j_0^2(qH\cos\alpha)\frac{J_1^2(qR\sin\alpha)}{(qR\sin\alpha)^2} \tag{4-15}$$

取向柱状粒子的二维散射计算结果如图 4-10 所示，可以清楚地看到散射强度与粒子取向的关系。平行和垂直于圆柱轴向的 *I-q* 数据可用于分析圆柱的长度和直径(图 4-11)。在实测样品中，圆柱粒子大概率不会沿水平或垂直方向排布，同时也会偏离出探测器平面，计算结果如图 4-12 所示。

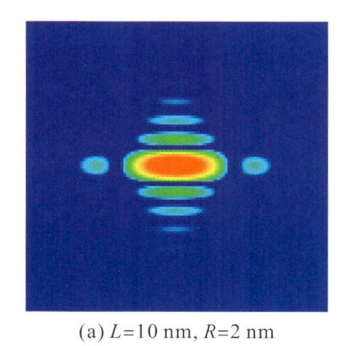

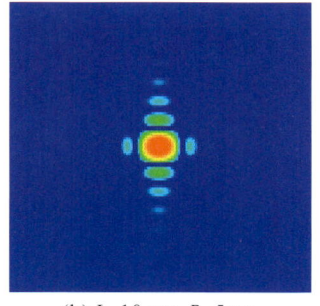

(a) L=10 nm, R=2 nm   (b) L=10 nm, R=5 nm

图 4-10　取向圆柱的二维散射(轴向沿探测器竖直方向)

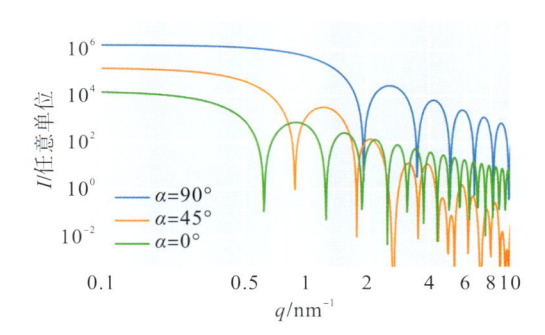

图 4-11　取向圆柱的理论散射曲线(L=10 nm，R=2 nm，圆柱平行于探测器)

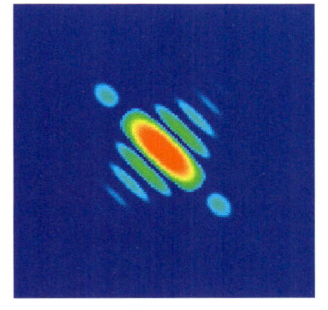

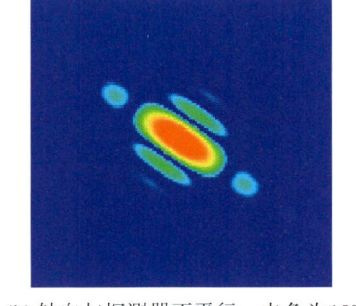

(a) 轴向与探测器平行，偏离竖直方向45°   (b) 轴向与探测器不平行，夹角为45°

图 4-12　取向圆柱的二维散射(L=10 nm，R=2 nm)

对于随机取向的柱状粒子，散射强度不再表现出各向异性，其平均散射强度为

$$I(q)_{\text{cylinder}} = 4V_{\text{cylinder}}^2 \Delta\rho_{\text{cylinder}}^2 \int_0^{\pi/2} j_0^2(qH\cos\alpha) \frac{J_1^2(qR\sin\alpha)}{(qR\sin\alpha)^2} \sin\alpha \mathrm{d}\alpha \tag{4-16}$$

分别固定圆柱的长度和半径，考察散射曲线形状与柱状粒子几何尺寸的关系，计算结果如图4-13所示。对于长棒状粒子，高q区间的散射只与粒子的半径有关；在中q区间，存在斜率为–1的幂律关系（$I \propto q^{-1}$），该区间越宽，则粒子越长。对于扁片状粒子，高q区间的散射只与粒子的厚度有关，如果粒子很薄，那么很有可能无法获得厚度信息；在中q区间，存在斜率为–2的幂律关系（$I \propto q^{-2}$），该区间越宽，则柱状散射粒子的半径越大。

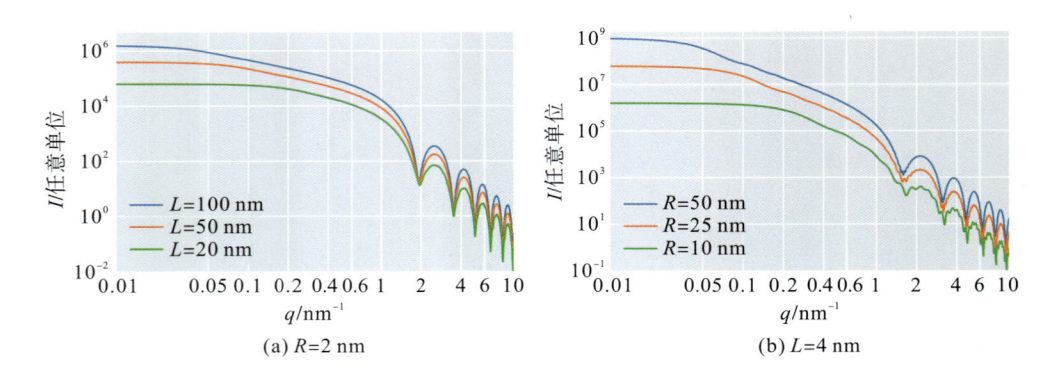

(a) $R=2$ nm

(b) $L=4$ nm

图 4-13　随机取向圆柱的理论散射曲线

4.4　薄片与细棒

对于半径为R，L趋于0的随机取向薄片状粒子，散射强度表述为

$$\begin{aligned}I(q)_{L\to 0} &= 4V_{\text{cylinder}}^2 \Delta\rho_{\text{cylinder}}^2 \int_0^{\pi/2} \frac{J_1^2(qR\sin\alpha)}{(qR\sin\alpha)^2} \sin\alpha \mathrm{d}\alpha \\ &= 4V_{\text{cylinder}}^2 \Delta\rho_{\text{cylinder}}^2 \frac{2}{q^2 R^2}\left[1 - \frac{J_1(2qR)}{qR}\right]\end{aligned} \tag{4-17}$$

当$R \gg L$时，式(4-16)中$j_0(qH\cos\alpha)$对$\cos\alpha$的依赖性可以忽略，应用泰勒展开：$\sin^2 x/x^2 = 1 - x^2/3$和$\mathrm{e}^x = 1+x$，并忽略式(4-17)中括号内的高阶项，得到（Kratky and Porod, 1949）：

$$I(q)_{R\gg L} = V_{\text{cylinder}}^2 \Delta\rho_{\text{cylinder}}^2 \frac{8}{q^2 R^2} \exp\left(-\frac{L^2 q^2}{12}\right) \tag{4-18}$$

当qR远大于1时，I正比于q^{-2}。

对于长度为L，R趋于0的随机取向长棒状粒子，散射强度表述为

第4章 刚性纳米粒子模型

$$I(q)_{R\to 0} = 4V_{\text{cylinder}}^2 \Delta\rho_{\text{cylinder}}^2 \int_0^{\pi/2} \frac{\sin^2(qH\cos\alpha)}{(qH\cos\alpha)^2} \sin\alpha \, d\alpha$$

$$= 4V_{\text{cylinder}}^2 \Delta\rho_{\text{cylinder}}^2 \left[\frac{2}{qL} \int_0^{qL} \frac{\sin t}{t} dt - \frac{\sin^2(qL/2)}{(qL/2)^2} \right]$$

$$= 4V_{\text{cylinder}}^2 \Delta\rho_{\text{cylinder}}^2 \left[\frac{\text{Si}(2qH)}{qH} - j_0^2(qH) \right] \tag{4-19}$$

式中，Si 为正弦积分函数，是一个在数学和工程中的特别函数，$\text{Si}(x) = \int_0^x \frac{\sin t}{t} dt$。

当 $L \gg R$ 时，式(4-16)中 $J_1^2(qR\sin\alpha)/(qR\sin\alpha)^2$ 对 $\sin\alpha$ 的依赖性可以忽略，应用泰勒展开近似关系 $J_1^2(x) = 1/4 - x^2/16$，并忽略式(4-19)中括号内的高阶项，得到

$$I(q)_{L \gg R} = 4V_{\text{cylinder}}^2 \Delta\rho_{\text{cylinder}}^2 \frac{1}{qL} \left(\frac{1}{4} - \frac{q^2 R^2}{16} \right)$$

$$= V_{\text{cylinder}}^2 \Delta\rho_{\text{cylinder}}^2 \frac{1}{qL} \exp\left(-\frac{R^2 q^2}{4} \right) \tag{4-20}$$

当 qL 远大于 1 时，I 正比于 q^{-1}。

在低 q 区域($qR_g<1$)，Guinier 近似适用于任何随机取向粒子体系，对于柱状粒子，$R_g^2 = L^2/12 + R^2/2$。综合棒状和片状粒子的在中 q 区域的散射特征，引入形状参数 s，可以得到更一般化的 Guinier 近似：

$$I(q) = A_s \begin{Bmatrix} & \text{球} & s=0 \\ q^{-s} & \text{棒} & s=1 \\ & \text{片} & s=2 \end{Bmatrix} \exp\left(-\frac{R_s^2 q^2}{3-s} \right) \tag{4-21}$$

球、棒、片粒子的回转半径与几何参数的关系如图 4-14 所示。为了清晰地反映 Guinier 近似关系，通常绘制 $\ln(Iq^s)$-q^2 关系图，如果呈线性关系，那么通过斜率可以方便地计算出粒子的回转半径(特征尺寸)。

$R^2 = 5R_s^2/3$　　　$R^2 = 2R_s^2$　　　$L^2 = 12R_s^2$

图 4-14　粒子的几何尺寸与回转半径 R_s 的关系

4.5　弥散界面粒子

如果球形纳米粒子处于均匀的介质中，且二者之间存在一个弥散界面，如图 4-15 所示，粒子径向方向的散射长度密度分布表述为

$$\rho(r)_{\text{fs}} = \rho(r) * h(r) \tag{4-22}$$

式中，$\rho(r)$ 为具有明锐界面均匀球形粒子的散射长度分布；$h(r)$ 为平滑函数，通常表达为正态分布或矩形函数；*为卷积。二者卷积作用后，可产生反 S 形界面(图 4-16)或线性梯度界面。

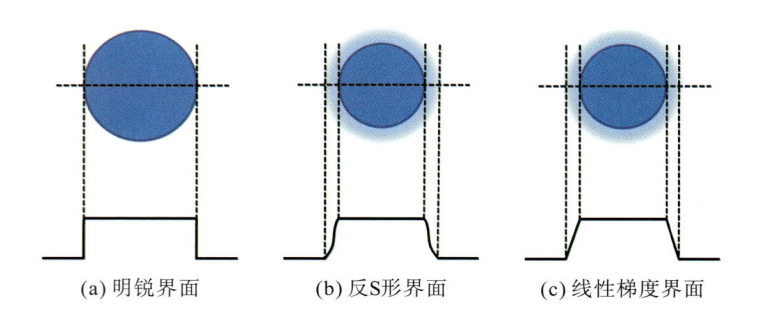

(a) 明锐界面　　(b) 反S形界面　　(c) 线性梯度界面

图 4-15　不同界面结构的球形粒子

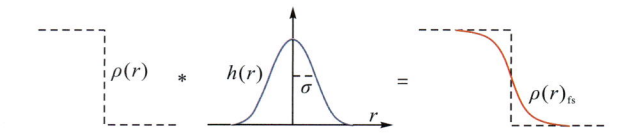

图 4-16　通过卷积方法构建反 S 形界面

将 $h(r)$ 写为正态分布：

$$h(r) = \frac{1}{\sqrt{2\pi}\sigma} \exp\left(-\frac{r^2}{2\sigma^2}\right) \tag{4-23}$$

那么具有弥散界面球形粒子的散射振幅 $F(q)_{\text{fs}}$ 表述为

$$\begin{aligned} F(q)_{\text{fs}} &= \mathcal{F}[\Delta\rho(r)_{\text{fs}}] = \mathcal{F}[\Delta\rho(r) * h(r)] = \mathcal{F}[\Delta\rho(r)]\mathcal{F}[h(r)] \\ &= \int_0^\infty \Delta\rho_{\text{sphere}} 4\pi \frac{\sin(qr)}{qr} r^2 \mathrm{d}r \int_0^\infty h(r) 4\pi \frac{\sin(qr)}{qr} r^2 \mathrm{d}r \\ &= \Delta\rho_{\text{sphere}} V_{\text{sphere}} j(qR) \exp(-\sigma^2 q^2 / 2) \end{aligned} \tag{4-24}$$

式中，$\mathcal{F}$ 为傅里叶变换，第三项 $j(qR)$ 与球形粒子的散射振幅一致 $[j(x) = 3(\sin x - x\cos x)/x^3]$；指数项中的 σ 为正态分布的标准差。当 $\sigma=0$ 的时候，式(4-24)还原为球形粒子的散射振幅[式(4-1)]。具有弥散界面的球形粒子的散射强度为

$$I(q)_{\text{fs}} = F^2(q)_{\text{fs}} = [\Delta\rho_{\text{sphere}} V_{\text{sphere}} j(qR) \exp(-\sigma^2 q^2 / 2)]^2 \tag{4-25}$$

式(4-25)的计算结果如图 4-17 所示。可以看出，指数因子 $\exp(-\sigma^2 q^2/2)$ 仅对高 q 区间的数据作用显著。随着 σ 增大，对数坐标系下斜率的绝对值明显大于 4。在 q 趋于无穷大的时候，S 形界面粒子的散射强度可以近似表达为

$$I(q \to \infty) = kq^{-4}(1 - \sigma^2 q^2) \tag{4-26}$$

如果粒子具有线性梯度界面，那么

$$I(q \to \infty) = kq^{-4}(1 - E^2 q^2 / 12) \tag{4-27}$$

式中，E 为线性梯度界面的厚度，且有 $E=2\sqrt{3}\sigma$。尽管弥散界面纳米粒子的散射公式是根据理想的球形粒子推导出来的，但是该公式却具有普适性，即在高 q 区间，如果幂指数 $\alpha(I\propto q^{-\alpha})$ 大于 4，那么就存在弥散界面，其厚度可以由式(4-26)或式(4-27)计算得到。

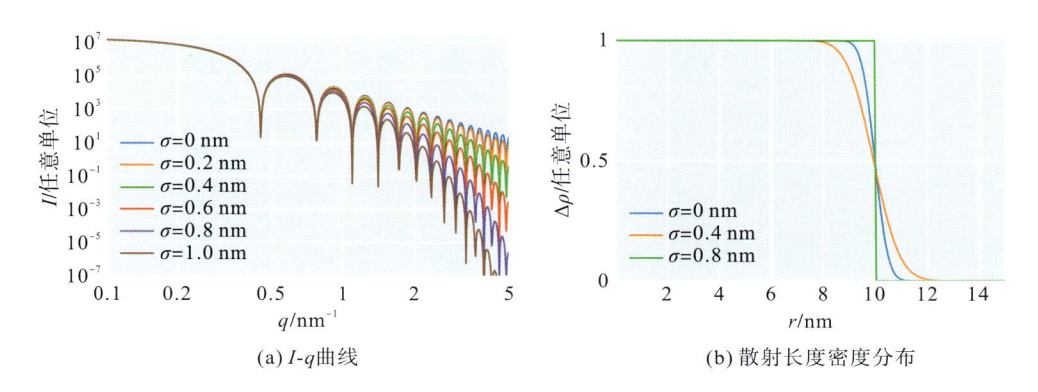

(a) I-q 曲线

(b) 散射长度密度分布

图 4-17　弥散界面球形粒子的理论散射曲线和散射长度密度分布（$R=10$ nm）

纳米粒子的表面结构、合金中的纳米析出相、嵌段聚合物的微相分离结构中均有可能存在弥散界面。著名物理学家泡利(Pauli, 1900—1958)说过一句描述界面现象的名言，"上帝创造了固体，魔鬼发明了表面"，生动地描述了物质界面的复杂性。小角散射是表征分析物质内部界面结构的独特技术手段。

第 5 章　柔性纳米粒子模型

喝醉的酒鬼总能找到回家的路，喝醉的小鸟则可能永远也回不了家。

——角谷静夫（Shizuo Kakutani，1911—2004）

5.1　随机行走分子链（高斯链）

柔性纳米粒子模型主要用于描述高分子溶液或固体中高分子链的构象，以及高分子与溶剂介质的相互作用。综合刚性和柔性纳米粒子模型，可以处理更加复杂的异质纳米粒子结构。相关模型的理论性较强，推导较为复杂，读者可根据需要，选择性地阅读本章内容。

随机行走模型是指基于过去的表现，无法预测将来的发展步骤和方向。布朗运动的粒子具有典型的随机行走轨迹。对于一维和二维随机行走，运动轨迹可以无限次地返回起点位置，但是对于三维随机行走，运动轨迹大概率不会返回到起点，如图 5-1 所示。虽然随机行走的轨迹看似是无规律的，但是存在自相似结构（分形特征）。随机行走模型是描述溶液中高分子链形态的经典模型。

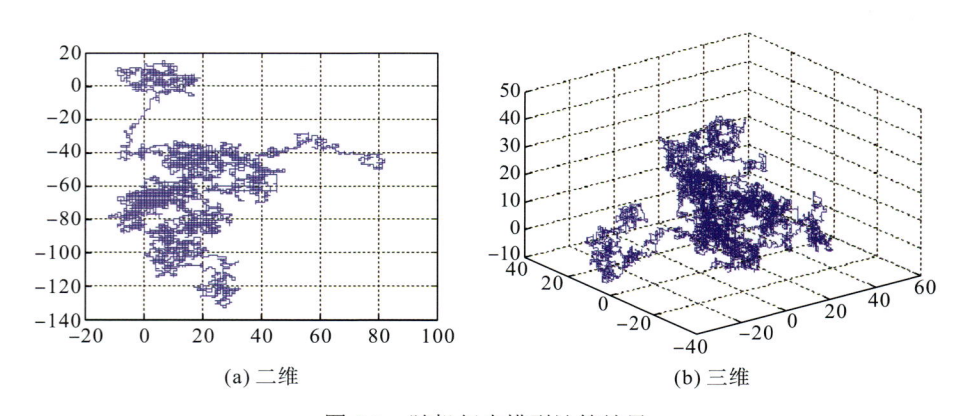

(a) 二维　　(b) 三维

图 5-1　随机行走模型计算结果

图片来源：https://www.mathworks.com/matlabcentral/mlc-downloads/downloads/submissions/22003/versions/4/previews/html/RandomWalks.html

假设聚合物的单体尺寸为 b、聚合度为 $N+1$（当 N 很大的时候，$N \approx N+1$），聚合物位于边长为 b 的立方网格内，随机行走了 N 步，那么末端距离 R（图 5-2）为

$$R = r_1 + r_2 + \cdots + r_N \tag{5-1}$$

均方末端距：

$$\langle R^2 \rangle = \sum_{m=1}^{N}\sum_{n=1}^{N}\langle r_m r_n \rangle = \sum_{m=1}^{N}\sum_{n=1}^{N}\langle b^2 \delta_{mn} \rangle = Nb^2 \tag{5-2}$$

式中，当 $m \neq n$ 时，$\langle r_m r_n \rangle = 0$。当 $N \gg 1$ 时，$b \ll |R| \ll Nb$，并且末端距分布符合高斯正态分布：

$$p(R) = \left(\frac{3}{2\pi Nb^2}\right)^{3/2} \exp\left(\frac{-3R^2}{2Nb^2}\right) \tag{5-3}$$

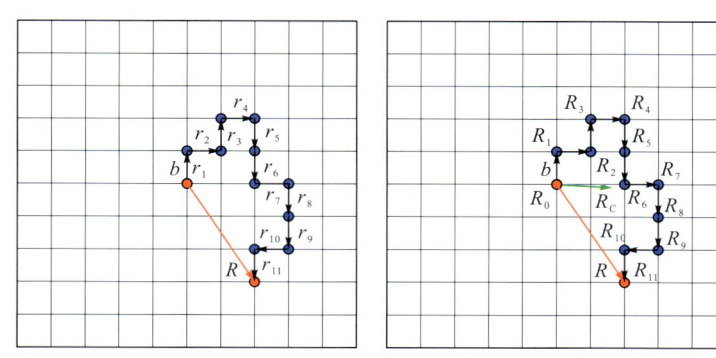

图 5-2　高分子链的随机行走网格

基于上述结论，可计算出高分子链的回转半径和形状因子。高分子链的质心表达为

$$R_C = \frac{1}{N+1}\sum_{n=0}^{N+1} R_n \tag{5-4}$$

则高分子链的回转半径计算如下：

$$R_g^2 = \frac{1}{N+1}\sum_{m=0}^{N}(R_m - R_C)^2 = \frac{1}{2(N+1)^2}\sum_{m=0}^{N}\sum_{n=0}^{N}(R_m - R_n)^2 \tag{5-5}$$

$$\langle R_g^2 \rangle = \frac{1}{2(N+1)^2}\sum_{m=0}^{N}\sum_{n=0}^{N}\langle (R_m - R_n)^2 \rangle \geqslant \frac{b^2}{(N+1)^2}\sum_{\substack{m=0 \\ m>n}}^{N}\sum_{n=0}^{N}(m-n)$$

$$= \frac{b^2}{(N+1)^2}\sum_{j=0}^{N}\frac{j(j-1)}{2} = \frac{Nb^2}{6}\frac{N-1}{N+1} = \frac{Nb^2}{6} \tag{5-6}$$

根据式(3-50)，N_p 个独立高分子链（没有相互作用）的散射强度表达为

$$I(q)_{RW} = \frac{N_p}{V}N^2 V_0^2 \Delta\rho^2 P_0(q)_{RW} \tag{5-7}$$

式中，N_p/V 为高分子链的数量密度；V_0 为高分子链中一个单体的体积（$V_0\rho$ 为单体的散射长度）；$\Delta\rho$ 为高分子链与周边介质（溶剂）的散射长度密度差。类比式(3-41)，得到归一化的形状因子：

$$P_0(q)_{RW} = \frac{1}{(N+1)^2}\sum_{m=0}^{N}\sum_{n=0}^{N}\langle \exp[-iq(R_m - R_n)] \rangle \tag{5-8}$$

式中，$R_m - R_n$ 为高分子链中任意子链的末端距，其同样满足正态分布[参见式(5-3)]。当 $N \gg 1$，式(5-8)进一步表达为

$$P_0(q)_{\text{RW}} = \frac{1}{(N+1)^2} \sum_{m=0}^{N} \sum_{n=0}^{N} \exp\left(-\frac{1}{6}|m-n|b^2 q^2\right)$$

$$= \frac{1}{(N)^2} \int_0^N dm \int_0^N \exp\left(-\frac{1}{6}|m-n|b^2 q^2\right) dn$$

$$= \frac{2}{x^2}(e^{-x} + x - 1) = f_D(x) \tag{5-9}$$

式(5-9)就是著名的 Debye 函数(Debye,1947),其中三个变量(N,b,q)统一为一个新变量,$x = Nb^2q^2/6 = q^2\langle R_g^2\rangle$。在有的文献中,式(5-9)也被称为高分子链的静态结构因子,这是因为高分子链由很多结构相同的散射单元(单体)组成,散射强度取决于所有结构单元之间的相对位置关系。在这里,我们将一个高分子链视为一个整体粒子,因此称之为形状因子。

随机行走高斯链的散射强度计算结果如图 5-3 所示,该模型适用于描述 θ 溶剂中的稀疏高分子链($R_g \propto N^{1/2}$)。图 5-4 展示了回转半径为 10 nm 的球形粒子和高斯链的散射强度,二者存在显著区别:①前者存在振荡峰(准单分散体系),后者没有振荡峰;②散射强度在高 q 区间的衰减程度不同,对于高斯链,I 正比于 q^{-2},对于均匀、致密的纳米粒子,散射强度衰减速度更快,I 正比于 q^{-4}(参见 4.1 节)。

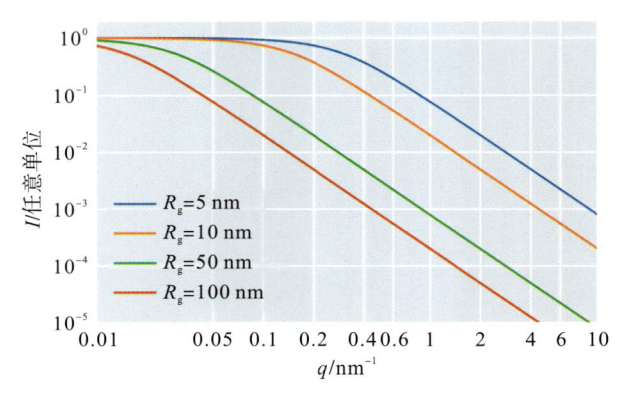

图 5-3 随机行走高分子链的理论散射曲线

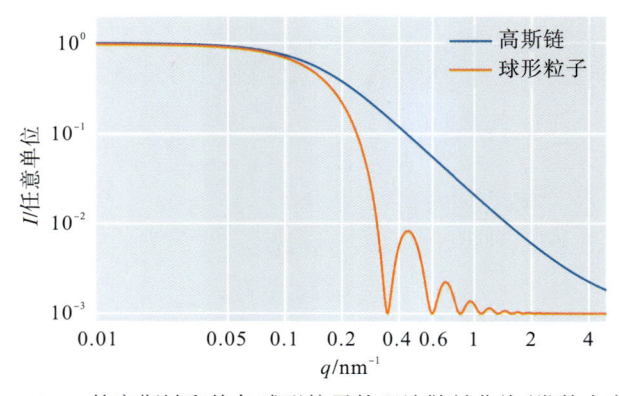

图 5-4 R_g=10 nm 的高斯链和均匀球形粒子的理论散射曲线(常数本底为 0.001)

5.2 自回避随机行走分子链

弗洛里(Flory)在高分子稀溶液理论中引入了排除(斥)体积的概念，用来衡量溶液中高分子链段间的相互作用。溶液中，高分子链是占有体积的，两个相距较近的高分子单元间会产生排斥力，排斥体积就是一个高分子单元排斥其他单元的有效体积。排斥体积只是一个统计概念，可为正值，也可为负值，也可等于零(θ溶剂中的无扰状态)。在该模型中，随机行走网格中的位置只能被占据一次(自回避)。

如果高分子链处于 θ 溶剂中，$R_g \propto N^{1/2}$[式(5-6)]。如果高分子链处于良溶剂中，分子链会进一步地溶胀，$R_g \propto N^v$ 且 $v > 1/2$(图 5-5)，v 为排除体积参数。这里给出更一般化的高分子链的回转半径和形状因子表达：

$$\langle R_g^2 \rangle = \frac{1}{2(N+1)^2} \sum_{m=0}^{N} \sum_{n=0}^{N} \langle (R_m - R_n)^2 \rangle = \frac{b^2}{2(N+1)^2} \sum_{m=0}^{N} \sum_{\substack{n=0 \\ m>n}}^{N} |m-n|^{2v}$$

$$= \frac{b^2}{(N+1)^2} \int_0^N \mathrm{d}m \int_0^m (m-n)^{2v} \mathrm{d}n = \frac{b^2 N^{2v}}{(2v+1)(2v+2)} \tag{5-10}$$

$$P_0(q) = \frac{1}{(N+1)^2} \sum_{m=0}^{N} \sum_{n=0}^{N} \exp\left(-\frac{1}{6}|m-n|^{2v} b^2 q^2\right)$$

$$= \frac{1}{(N)^2}\left[N + 2\sum_{k=0}^{N}(N-k)\exp\left(-\frac{1}{6}b^2 q^2 k^{2v}\right)\right]$$

$$= 2\int_0^x (1-x)\exp\left(-\frac{1}{6}b^2 q^2 N^{2v} x^{2v}\right) \mathrm{d}x$$

$$= \frac{U^{1/2v}\Gamma(1/2v) - \Gamma(1/v) - U^{1/2v}\Gamma(1/2v, U) + \Gamma(1/v, U)}{vU^{1/v}} \tag{5-11}$$

其中

$$\begin{cases} \Gamma(a,x) = \int_x^{\infty} t^{a-1}\exp(-t)\mathrm{d}t \\ \Gamma(a) = \int_0^{\infty} t^{a-1}\exp(-t)\mathrm{d}t \\ U = \frac{q^2 b^2 N^{2v}}{6} = (2v+1)(2v+2)\frac{q^2 R_g^2}{6} \end{cases} \tag{5-12}$$

式中，$\Gamma(x)$ 为伽马函数，在高 q 区域，$P_0(q)$ 正比于 $q^{-1/v}$。Flory 对分子链在良溶剂中的 v 做了近似估算，分子链的熵正比于 R^2/Nb^2(De Gennes, 1979)，排斥能正比于单位体积内单体对的数目 $b^3 N^2/R^3$，则当自由能取极小值时，对应 $R \propto N^{3/5}$，也就是说在高分子链的自回避行走模型中，$v = 3/5$。图 5-6 展示了回转半径为 5 nm 的随机行走和自回避随机行走分子链的理论散射曲线。

(a) 随机行走　　　　　　　　(b) 自回避随机行走

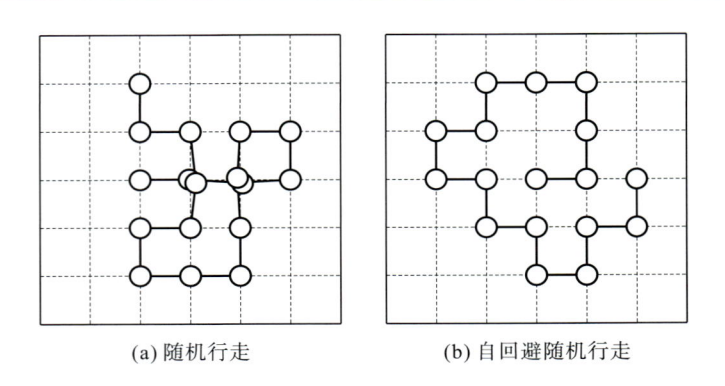

图 5-5　随机行走与自回避随机行走

图片来源：https://compphys.quantumtinkerer.tudelft.nl/proj2-polymers/

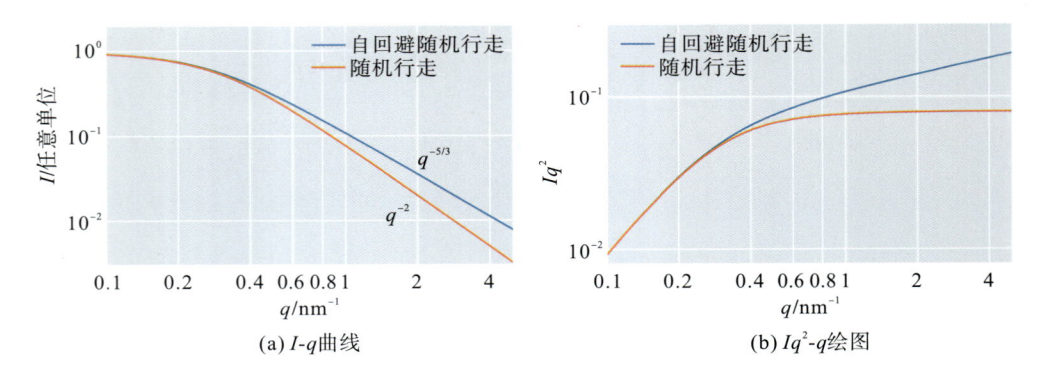

(a) I-q曲线　　　　　　　　(b) Iq^2-q绘图

图 5-6　随机行走和自回避随机行走分子链的理论散射曲线

随机行走模型是式(5-11)的特殊情况。在不良溶剂中，高分子链坍塌为致密球体，其散射行为符合均匀球形粒子的散射。当 $\nu=1$ 的时候(如聚电解质)，$R_g=b^2N^2/12$，形状因子正比于 q^{-1}，此时符合长细棒粒子的散射行为[参见式(4-20)]。图 5-7 总结了高分子链在不同溶剂中的形态、回转半径和散射特征。

$\langle R^2 \rangle^{1/2} \propto N^{3/5}$　　　$\langle R^2 \rangle^{1/2} \propto N^{1/2}$　　　$\langle R^2 \rangle^{1/2} \propto N^{1/3}$
$\langle R_g^2 \rangle^{1/2} \propto N^{3/5}$　　　$\langle R_g^2 \rangle^{1/2} \propto N^{1/2}$　　　$\langle R_g^2 \rangle^{1/2} \propto N^{1/3}$
$P(q) \propto q^{-5/3}$　　　$P(q) \propto q^{-2}$　　　$P(q) \propto q^{-4}$

(a) 良溶剂　　　　　　(b) θ溶剂　　　　　　(c) 不良溶剂

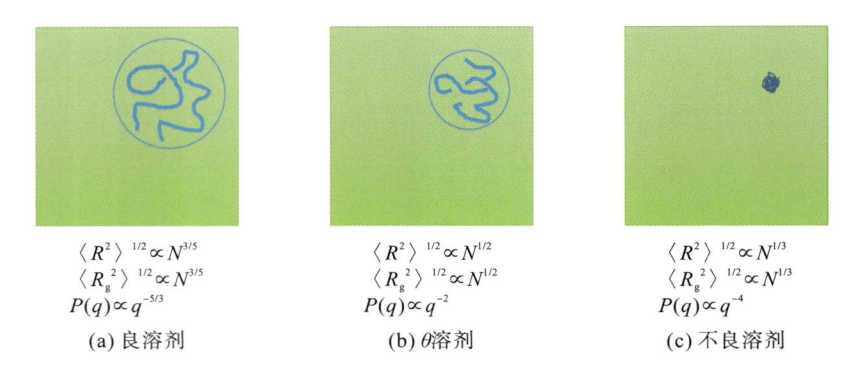

图 5-7　溶剂中高分子链的回转半径与散射特征

5.3　星形和环形分子链

一个星形分子链由 n_A 条等同的聚合度为 N 的高斯链组成（图 5-8），那么在计算 $\exp[-iq(R_m-R_n)]$ 平均值的时候，需要考虑 R_m、R_n 在同一条子链以及不在同一条子链上的两种情况：

$$P_0(q)_{\text{star}} = \frac{1}{n_A}\langle\exp[-iq(R_m-R_n)]\rangle_1 + \left(1-\frac{1}{n_A}\right)\langle\exp[-iq(R_m-R_n)]\rangle_2 \tag{5-13}$$

式中，$1/n_A$ 和 $(1-1/n_A)$ 分别为高斯链内和高斯链间的作用概率，n_A 越大，高斯链间的作用概率就越大；第一项的平均值部分与式(5-9)的 Debye 函数相关；第二项的平均值部分进一步表述为

$$\langle\exp[-iq(R_m-R_n)]\rangle_2 = \frac{1}{N}\int_0^N\left[\exp\left(-\frac{1}{6}nb^2q^2\right)\right]^2 dn = \left[\frac{1-\exp(-q^2R_g^2)}{q^2R_g^2}\right]^2 \tag{5-14}$$

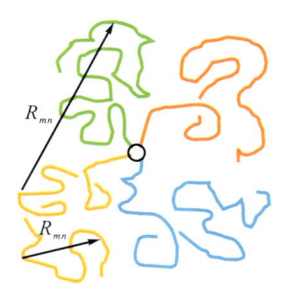

图 5-8　星形分子链

星形分子链的形状因子写为

$$\begin{aligned}P_0(q)_{\text{star}} &= \frac{1}{n_A}f_D(q^2R_g^2) + \left(1-\frac{1}{n_A}\right)\left[\frac{1-\exp(-q^2R_g^2)}{q^2R_g^2}\right]^2 \\ &= \frac{1}{n_A^2 N^2}\left\{n_A N^2 f_D(q^2R_g^2) + n_A(n_A-1)N^2\left[\frac{1-\exp(-q^2R_g^2)}{q^2R_g^2}\right]^2\right\}\end{aligned} \tag{5-15}$$

星形分子链散射曲线的计算结果如图 5-9 所示。随着 n_A 的增加，分子链间的散射概率增加，特别是星形分子链中心区域的物质密度增加，因此散射曲线的斜率偏离-2；当 n_A 很大的时候，斜率会趋于-4，散射特征类似于致密的刚性粒子。从 Iq^2-q 绘图中，可以明显地看出这种转变[图 5-9(b)]。

(a) I-q曲线　　　　　　　　　　　　(b) Iq^2-q绘图

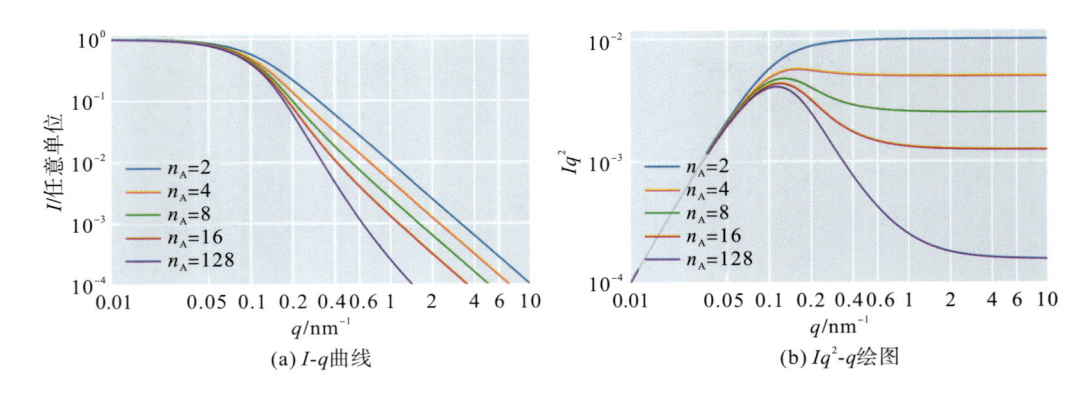

图 5-9　星形聚合物(每条子链的 R_g = 10 nm)的理论散射曲线

相比于线性分子链，环形分子链会局限在更小的空间，回转半径也更小($\langle R_{g,ring}^2 \rangle$ = $Nb^2/12$)。对于环形分子链上的任意两点，有两条路径定义二者之间的距离(图 5-10)。因此两点间距离的均方为

$$\langle R_{mn}^2 \rangle = b^2 |m-n| \left(1 - \frac{|m-n|}{N}\right) \tag{5-16}$$

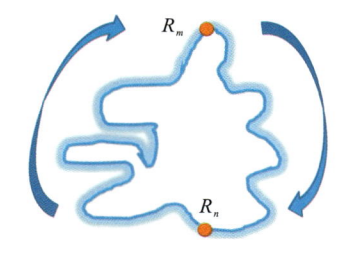

图 5-10　环形分子链示意图

环形分子链的形状因子进而表达为(Zimm and Stockmayer，1949)

$$\begin{aligned} P(q)_{ring} &= \frac{1}{N^2} \sum_{m,n}^{N} \exp\left[-\frac{b^2 q}{6} b^2 |m-n|\left(1-\frac{|m-n|}{N}\right)\right] \\ &= \frac{1}{N^2} \left\{ N + 2\sum_{k}^{N}\left(1-\frac{k}{N}\right)\exp\left[-\frac{b^2 q^2 k^2}{6}\left(1-\frac{k}{N}\right)\right]\right\} \\ &= 2\int_0^x (1-x)\exp\left[-\frac{1}{6}b^2 q^2 Nx(1-x)\right]\mathrm{d}x \\ &= \int_0^1 \exp\left[-\frac{1}{6}b^2 q^2 Nx(1-x)\right]\mathrm{d}x \end{aligned} \tag{5-17}$$

积分后得到

$$\begin{cases} P(q)_{ring} = D(X)/X \\ D(X) = \exp(-X^2)\int_0^X \exp(t^2)dt \\ X = \sqrt{q^2b^2N/24} = \sqrt{q^2R_{g,ring}^2/2} \end{cases} \quad (5\text{-}18)$$

式中，$D(X)$ 表示一个积分项。

环形分子链、星形分子链和高斯链的散射曲线如图 5-11 所示。在高 q 区域，环形分子链的衰减斜率趋于 -4。由于环形分子链的闭合性，其质量较为集中，因此与高斯链和星形分子链的散射差别迥异。

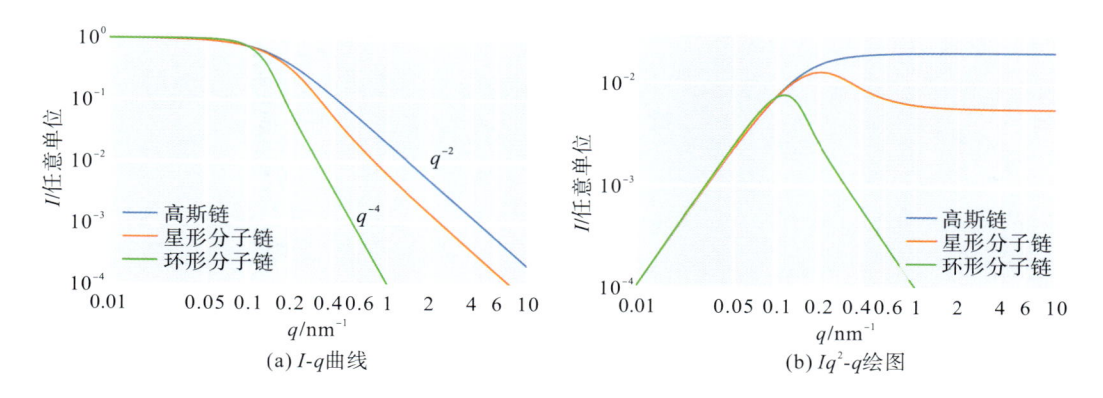

图 5-11　高斯链、星形($n_A = 10$)分子链、环形分子链的理论散射曲线($R_g = 10$ nm)

5.4　半柔性分子链

Pedersen 等(1996)使用蒙特卡罗方法并且引入排除体积效应，计算得到了半柔性分子链的形状因子，也称为蠕虫状链模型。在这个模型中，考虑了链的截面半径 R、伸直长度 L，以及描述分子链刚性结构长度的参数 b，也称为库恩(Kuhn)长度。在 b 的统计尺度范围内，分子链保持棒状刚性结构($b \gg R$)，b 参数的大小反映了分子链的刚性程度；在 b 的统计尺度范围之外，分子链具有柔性特征(图 5-12)。

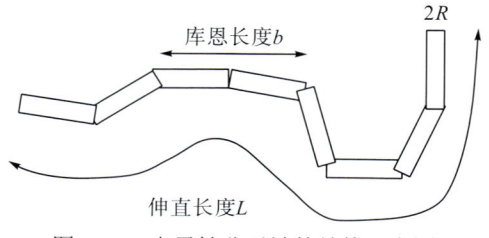

图 5-12　半柔性分子链的结构示意图

蠕虫状链模型将柔性分子链与棒状刚性粒子模型统一在一个表达式内，但二者并不是简单的加和，需要在表达式中引入交叉项 χ 和 Γ 来修正二者的交叉散射，表达式如下：

$$P_{worm}(q,L,b) = [(1-\chi(q,L,b))P_{chain}(q,L,b) + \chi(q,L,b)P_{rod}(q,L)]\Gamma(q,L,b) \quad (5\text{-}19)$$

式中，P_{rod} 为棒状结构的形状因子，参见式(4-16)；若截面半径 R 非常小（如线性分子链的截面半径），则参见式(4-20)。考虑到自回避效应，P_{chain} 的经验表达式如下（$L \gg b$，令 $u = L/b$）：

$$P_{chain}(q,L,b) = P_{exv}(q,L,b) + \frac{C(u)}{u}\left[\frac{4}{15} + \frac{7}{15x} - \left(\frac{11}{15} + \frac{7}{15x}\right)\mathrm{e}^{-x}\right] \quad (5\text{-}20)$$

$$P_{exv}(q,L,b) = w(qR_g)P_{Debye}(q,L,b) + \left[1 - w(qR_g)\right]\left[C_1(qR_g)^{-1/\nu} + C_2(qR_g)^{-2/\nu} + C_3(qR_g)^{-3/\nu}\right] \quad (5\text{-}21)$$

式中，$C_1 = 1.220$，$C_2 = 0.4288$，$C_3 = -1.651$，$\nu = 0.6$。函数 $w(qR_g)$ 是一个经验交叉项，其与蠕虫状链模型中柔性链的伸直长度 L、库恩长度 b 的关系由式(5-22)描述：

$$w(qR_g) = \left[1 + \tanh(u - C_4)/C_5\right]/2 \quad (5\text{-}22)$$

其中，$C_4 = 1.523$，$C_5 = 0.1477$。

德拜函数 $P_{Debye}(q, L, b)$ 由式(5-23)给出：

$$P_{Debye}(x) = \frac{2}{x^2}(\mathrm{e}^{-x} + x - 1), \quad x = q^2 R_g^2 \quad (5\text{-}23)$$

式中，R_g 是考虑了排除体积效应后分子链的回转半径，表述为

$$\begin{cases} R_g = \langle R_g^2 \rangle^{\frac{1}{2}} \\ \langle R_g^2 \rangle = \alpha^2(u)\langle R_g^2 \rangle_0 \\ \langle R_g^2 \rangle_0 = \frac{Lb}{6}\left[1 - \frac{3}{2u} + \frac{3}{2u^2} - \frac{3}{4u^3}(1 - \mathrm{e}^{-2u})\right] \end{cases} \quad (5\text{-}24)$$

伸展系数 $\alpha^2(u)$ 的经验表达式为

$$\alpha^2(u) = \left[1 + \left(\frac{u}{3.12}\right)^2 + \left(\frac{u}{8.67}\right)^3\right]^{0.058} \quad (5\text{-}25)$$

当存在 $L > 10b$ 时，函数 $C(u)$ 表达式为

$$C(u) = 3.06/u^{0.44} \quad (5\text{-}26)$$

蠕虫状链模型中包含有三个散射特征：大尺度的柔性链（低 q），具有随机行走或自回避随机行走结构；中尺度的刚性棒结构（中 q），具有 q^{-1} 的散射行为；小尺度的棒截面结构（高 q），具有振荡峰特征。

蠕虫状链模型的计算结果如图 5-13 所示。

(1) 曲线在低 q 的拐点由 π/R_g 决定，其中 R_g 是蠕虫状链的回转半径。参数 L 和 b 共同决定了低 q 的拐点，但通常 $L \gg b$，所以 L 起主导作用。如果蠕虫状链很长（大于几百纳米），那么很有可能无法探测到 $q < 1/R_g$ 的 Guinier 平台区，只能在低 q 区间看到具有 $q^{-1/\nu}$ 特征的衰减曲线。

(2) 在 $\pi/b < q < \pi/R$ 区间，散射曲线呈 q^{-1} 特征的衰减行为（长细棒的 Guinier 区）。局域结构参数 R 决定了曲线在高 q 区间的拐点（π/R）。由于受信噪比、散射本底、多分散性、

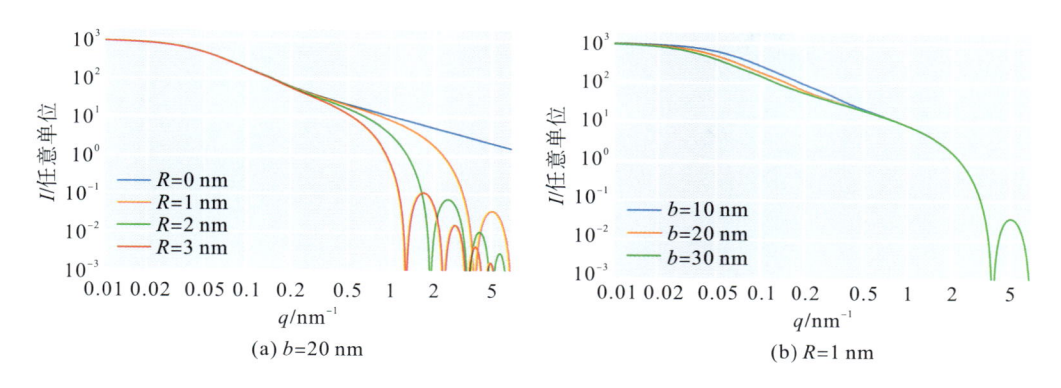

测试 q 范围的影响，通常 $q > \pi/R$ 区间的振荡峰是不可见的。

图 5-13 蠕虫链状模型的计算曲线（链的总长度 $L = 300$ nm）

5.5 球 形 胶 束

球形胶束是两亲分子在溶液中自组装形成的一种典型结构。以水溶液中胶束为例，疏液性的链段形成致密的球心，亲液性的链段形成疏松的球冠，从球心的表面向溶液中伸展。球形胶束中同时包含有刚性粒子和柔性粒子。具有高斯链结构的胶束如图 5-14 所示。

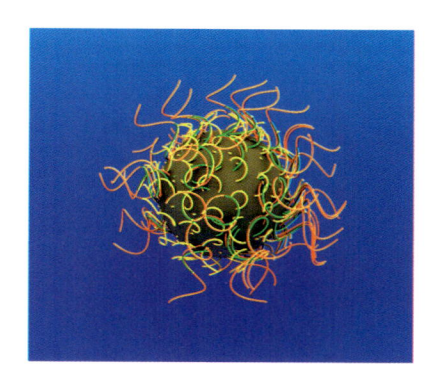

图 5-14 球形胶束结构示意图

胶束的散射强度等于球心的散射 $N_{agg}^2 V_{core}^2 \Delta\rho_{core}^2 P_{core}$、高斯链的散射 $N_{agg} V_{chain}^2 \Delta\rho_{chain}^2 P_{chain}$、球心和高斯链的交叉项 $N_{agg}^2 V_{core} V_{chain} \Delta\rho_{core} \Delta\rho_{chain} P_{core\text{-}chain}$ 以及高斯链间的交叉项 $N_{agg}(N_{agg}-1) V_{chain}^2 \Delta\rho_{chain}^2 P_{chain\text{-}chain}$ 之和（Pedersen et al., 1996）：

$$\begin{aligned} P_{mic}(q) = & N_{agg}^2 V_{core}^2 \Delta\rho_{core}^2 P_{core}(q, R_{core}) + N_{agg} V_{chain}^2 \Delta\rho_{chain}^2 P_{chain}(q, R_g) \\ & + 2 N_{agg}^2 V_{core} V_{chain} \Delta\rho_{core} \Delta\rho_{chain} P_{chain\text{-}core}(q) \\ & + N_{agg}(N_{agg}-1) V_{chain}^2 \Delta\rho_{chain}^2 P_{chain\text{-}chain}(q) \end{aligned} \tag{5-27}$$

式中，N_{agg} 为胶束的聚集数，也表示共有 N_{agg} 个高斯链从球形粒子表面伸出[式(5-27)第二项]；$\Delta\rho_{core}$ 和 $\Delta\rho_{chain}$ 分别为球心和分子链相对周边溶液的散射长度密度差；V_{core} 和 V_{chain} 分别为一个嵌段聚合物分子的疏液链段和亲液链段的体积(可由分子量和密度计算得到)，致密球心的体积为 $N_{agg}V_{core}$；R_{core} 和 R_g 分别为球心半径和球冠中分子链的回转半径。归一化的球形粒子[式(4-3)]和高斯链[式(5-9)]的形状因子已在前文做了推导，这里为了胶束模型的完整性，统一给出它们的表达式：

$$P_{core}(q,R_{core})=j^2(qR_{core}) \tag{5-28}$$

$$j(qR_{core})=\frac{3[\sin(qR_{core})-qR_{core}\cos(qR_{core})]}{(qR_{core})^3} \tag{5-29}$$

$$P_{chain}(q,R_g)=\frac{2[\exp(-x)-1+x]}{x^2} \tag{5-30}$$

式中，$x=R_g^2 q^2$。在交叉项中，$P_{core\text{-}chain}$ 和 $P_{chain\text{-}chain}$ 分别表达为

$$P_{core\text{-}chain}(q)=j(q,R_{core})\varphi(qR_g)\frac{\sin[q(R_{core}+R_g)]}{q(R_{core}+R_g)} \tag{5-31}$$

$$\varphi(qR_g)=\frac{1-\exp(-q^2R_g^2)}{q^2R_g^2} \tag{5-32}$$

$$P_{chain\text{-}chain}(q)=\varphi^2(qR_g)\left[\frac{\sin[q(R_{core}+R_g)]}{q(R_{core}+R_g)}\right]^2 \tag{5-33}$$

当 q 趋于 0 的时候

$$\begin{aligned}P_{mic}(q\to 0)&=N_{agg}^2 V_{core}^2 \Delta\rho_{core}^2+2N_{agg}^2 V_{core}V_{chain}\Delta\rho_{core}\Delta\rho_{chain}+N_{agg}^2 V_{chain}^2 \Delta\rho_{chain}^2\\&=N_{agg}^2(V_{core}\Delta\rho_{core}+V_{chain}\Delta\rho_{chain})^2\end{aligned} \tag{5-34}$$

对于更一般的情况，考虑到几何效应以及分子链的排除体积参数 v，则球冠的衰减密度函数写为(图 5-15)：

$$\begin{cases}\varphi(r)=\phi_{chain}(r/R_{core})^{-\alpha}, & R_{core}<r<(R_{core}+t)\\ \alpha=(D-1)(3v-1)/2v\end{cases} \tag{5-35}$$

式中，t 为球冠的厚度；D 由球冠外表面的曲率决定，计算得到的衰减指数 α 如表 5-1 所示。

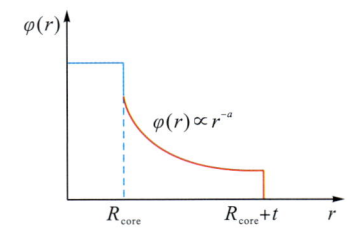

图 5-15 具有衰减球冠密度的球形胶束

表 5-1 溶液中高分子链排除体积参数 v、维数 D 和衰减指数 α 的关系

v	$\alpha_{球}$ $D=3$	$\alpha_{棒}$ $D=2$	$\alpha_{片}$ $D=1$	应用条件
1/3	0	0	0	坍缩分子链
1/2	1	1/2	0	随机行走分子链
3/5	4/3	2/3	0	自回避随机行走分子链
1	2	1	0	伸展分子链（聚电解质）

进而球冠的散射振幅表达为

$$\begin{cases} f_{\text{corona}}(q,t) = \dfrac{1}{C}\displaystyle\int_{R_{\text{core}}}^{R_{\text{core}}+t} 4\pi r^2 r^{-\alpha}\dfrac{\sin(qr)}{qr}\mathrm{d}r \\ C = \begin{cases} \dfrac{4\pi}{3-\alpha}[(R_{\text{core}}+t)^{3-\alpha} - R_{\text{core}}^{3-\alpha}] & (\alpha \neq 2) \\ 4\pi[\ln(R_{\text{core}}+t) - \ln(R_{\text{core}})] & (\alpha = 2) \end{cases} \end{cases} \quad (5\text{-}36)$$

总散射强度为

$$\begin{aligned} P_{\text{micelle}}(q) =& N_{\text{agg}}^2 V_{\text{core}}^2 \Delta\rho_{\text{core}}^2 P_{\text{core}}(q,R_{\text{core}}) + N_{\text{agg}} V_{\text{chain}}^2 \Delta\rho_{\text{chain}}^2 P_{\text{chain}}(q,b,L) \\ &+ 2N_{\text{agg}}^2 V_{\text{core}} V_{\text{chain}} \Delta\rho_{\text{core}} \Delta\rho_{\text{chain}} j(q,R_{\text{core}}) f_{\text{corona}}(q,t) \\ &+ N_{\text{agg}}(N_{\text{agg}}-1) V_{\text{chain}}^2 \Delta\rho_{\text{chain}}^2 f_{\text{corona}}^2(q,t) \end{aligned} \quad (5\text{-}37)$$

式中，$P_{\text{chain}}(q, L, b)$ 为蠕虫状链的形状因子，用于描述球冠中一个分子链的散射[参见式(5-20)]。关于球形胶束模型的应用参见 16.2 节。

第 6 章　分形纳米粒子模型

云不只是球体，山不只是圆锥，海岸线不是圆形，树皮不是那么光滑，闪电传播的路径更不是直线。它们是什么呢？它们都是简单而又复杂的"分形"。

——伯努瓦·曼德勃罗（Benoit B. Mandelbrot，1924—2010）

6.1　质　量　分　形

在特定的散射区间，散射强度正比于 $q^{-\alpha}$。例如，细棒粒子的 $\alpha=1$，薄片粒子的 $\alpha=2$，球形粒子的 $\alpha=4$。这种幂律关系表明，散射粒子的维数与 α 具有对应关系。在分形几何学中，物体的分形维数并不要求等于整数。实际上，物体的维数不等于整数的情况，才是我们面对的真实世界。小到纳米粒子，大到血管、树枝、地面、山峰，均具有不规则的表面或几何形态。

分形理论是曼德勃罗于 20 世纪 70 年代创立的。所谓分形结构，就是把一个物体局部放大后，它的形状与物体整体的形状是相似的，再次放大则依然相似，即在某个尺度区间内具有自相似性（图 6-1）。如果把线段、正方形、正方体的边两等分，那么分别得到 2 条线段、4 个正方形、8 个立方体，即 2^1、2^2、2^3，则它们的维数分别为 1、2、3。

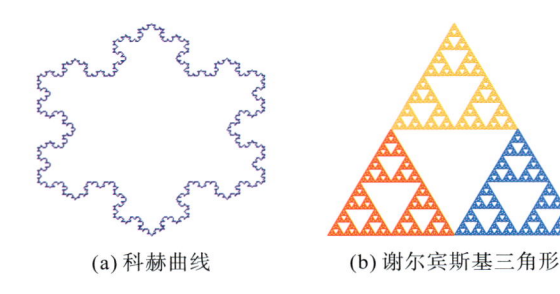

(a) 科赫曲线　　　　(b) 谢尔宾斯基三角形　　　　(c) 门格尔海绵

图 6-1　几种典型的分形结构

分形维数可以这样定义，把一个物体的边分成 m 份，进而把这个物体拆分成 N 个碎片，且 $N=m^D$，这里的 D 就是维数。按照这个方法，可计算出图 6-2 中科赫（Koch）曲线的分形维数，$D=\log N/\log m=\log 4/\log 3=1.26$；谢尔宾斯基三角形和门格尔海绵的分形维数分别为 1.585 和 2.73。如果把科赫曲线中三角形的上顶角的角度逐渐缩小，那么分形维数将逐渐增加；当这个夹角为 0 的时候，每次迭代之后中间突出一条线段，最终科赫曲线会布满所在区域的整个平面（三角形）——一维结构转变成了二维结构。

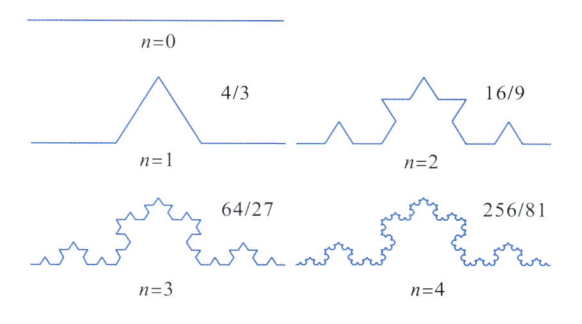

图 6-2　生成科赫曲线的方法

现在考虑一个 3 维分形结构，它由 N 个半径为 r_0 的初级粒子构建，则在一个更大的半径为 r 的球体内，r 被分成了 r/r_0 份（图 6-3），那么根据分形的定义：

$$N(r) = \left(\frac{r}{r_0}\right)^{D_m} \tag{6-1}$$

式中，D_m 为质量分形维数。在半径 r 内，粒子（分形结构）的质量为

$$m(r) = m_0 r^{D_m} \tag{6-2}$$

当 $D_m=3$ 时，对应均匀致密结构；当 $1 \leqslant D_m < 3$ 时，表明在半径为 r 的球体内，物质没有填充整个空间，D_m 越小，结构越开放；当 $D_m=1$ 时，对应棒状结构。根据 3.4 节的 Babinet 原理，质量分形同样适用于描述多孔材料中的孔洞分形，即孔洞的网络结构，如图 6-4 所示。

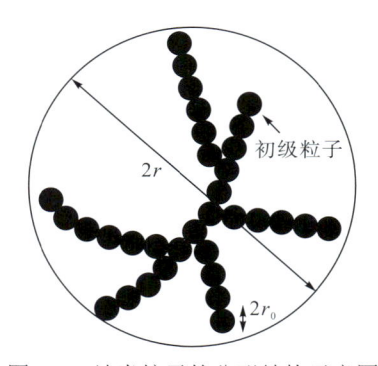

图 6-3　纳米粒子的分形结构示意图

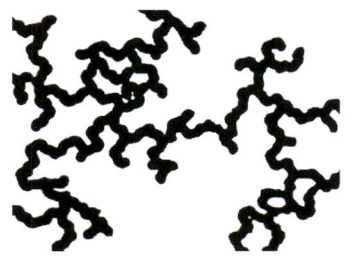

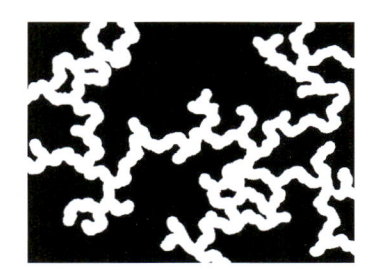

(a) 质量分形　　　　　　　　　(b) 孔洞分形

图 6-4　质量分形和孔洞分形结构示意图

结合分布函数 $g(r)$（参见 3.5 节）和初级粒子数量密度 n，$N(r)$ 还可以表述为

$$N(r) = n\int_0^r g(r)4\pi r^2 \mathrm{d}r \tag{6-3}$$

进而推导出

$$n\int_0^r [g(r)-1]4\pi r^2 \mathrm{d}r = \left(\frac{r}{r_0}\right)^{D_{\mathrm{m}}} - n\frac{4\pi}{3}r^3 \tag{6-4}$$

$$\mathrm{d}N(r) = ng(r)4\pi r^2 = \frac{D_{\mathrm{m}}}{r_0}\left(\frac{r}{r_0}\right)^{D_{\mathrm{m}}-1} \tag{6-5}$$

$$ng(r) = \frac{D_{\mathrm{m}}}{4\pi r_0^{D_{\mathrm{m}}}} r^{D_{\mathrm{m}}-3} \tag{6-6}$$

由于 $D_{\mathrm{m}}<3$，当 r 增大时，$ng(r)$ 趋于零，这显然是不合理的。为了解决这个问题，引入指数因子 $\exp(-r/\xi)$，其中的 ξ 表示质量分形结构的上截止尺度，那么

$$n[g(r)-1] = \frac{D_{\mathrm{m}}}{4\pi r_0^{D_{\mathrm{m}}}} r^{D_{\mathrm{m}}-3} \exp\left(-\frac{r}{\xi}\right) \tag{6-7}$$

针对不同的散射系统，ξ 可以表示一个粒子团聚体的尺寸，也可以表示无序结构中的关联长度。把式(6-7)代入式(3-43)，得到(Teixeira，1988)

$$S(q) = 1 + 4\pi n\int_0^\infty r^2(g(r)-1)\frac{\sin(qr)}{qr}\mathrm{d}r$$

$$= 1 + \frac{D_{\mathrm{m}}}{r_0^{D_{\mathrm{m}}}}\int_0^\infty r^{D_{\mathrm{m}}-1}\exp\left(-\frac{r}{\xi}\right)\frac{\sin(qr)}{qr}\mathrm{d}r$$

$$= 1 + \frac{1}{(qr_0)^{D_{\mathrm{m}}}}\frac{D_{\mathrm{m}}\Gamma(D_{\mathrm{m}}-1)}{[1+(q\xi)^{-2}]^{(D_{\mathrm{m}}-1)/2}}\sin[(D_{\mathrm{m}}-1)\arctan(q\xi)] \tag{6-8}$$

式中，$\Gamma(x)$ 是伽马函数，当 q 趋于零的时候，利用三角函数的泰勒展开，得到

$$S(q\to 0) = 1 + \Gamma(D_{\mathrm{m}}+1)\left(\frac{\xi}{r_0}\right)^{D_{\mathrm{m}}}\left[1 - \frac{D_{\mathrm{m}}(D_{\mathrm{m}}+1)}{6}q^2\xi^2\right] \tag{6-9}$$

类比式(3-58)，分形粒子的回转半径为

$$R_{\mathrm{g}}^2 = \frac{D_{\mathrm{m}}(D_{\mathrm{m}}+1)}{2}\xi^2 \tag{6-10}$$

当 q 趋于无穷大时

$$S(q\to\infty) = 1 + \frac{D_m\Gamma(D_m-1)\sin[\pi(D_m-1)/2]}{(qr_0)^{D_m}} \tag{6-11}$$

如果 $qr_0\gg 1$，则 $S(q)$ 趋于 1，散射强度等于所有初级粒子散射强度的叠加。当 $1/\xi\ll q\ll 1/r_0$ 时，初级粒子的形状因子近似等于 1（Guinier 区），则散射强度为

$$I(q) = nV_{\mathrm{p}}^2\Delta\rho^2 D_{\mathrm{m}}\Gamma(D_{\mathrm{m}}-1)\sin[\pi(D_{\mathrm{m}}-1)/2](qr_0)^{-D_{\mathrm{m}}} \tag{6-12}$$

因此

$$I(q) \propto q^{-D_{\mathrm{m}}} \tag{6-13}$$

也就是说，散射曲线的幂指数等于团聚粒子的分形维数。式(6-8)的计算结果如图 6-5 所示。

(a) $r=1$ nm, $D_m=2$

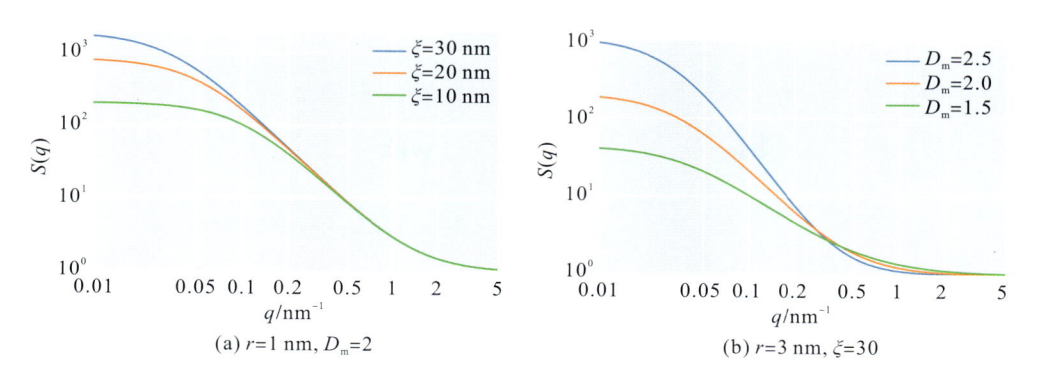

(b) $r=3$ nm, $\xi=30$

图 6-5 具有分形特征粒子团聚体的结构因子

材料（流体）的流变、吸附、输运、力学、电学性能受到内部团聚纳米粒子分形网络结构的显著影响。如图 6-6 所示，相比于高分形维数的团聚纳米粒子，分形维数小的纳米粒子具有更加"开放"的结构，比表面积更大，与周边介质的相互作用更强。在应用团聚纳米粒子的质量分形小角散射理论时，需要注意两点：①满足 $I(q) \propto q^{-D_m}$ 的数据区间至少跨越半个数量级；②尽可能掌握更多的已知信息，例如初级粒子的尺寸和浓度、粒子的相互作用等，再结合小角散射质量（孔洞）分形理论进行数据分析。

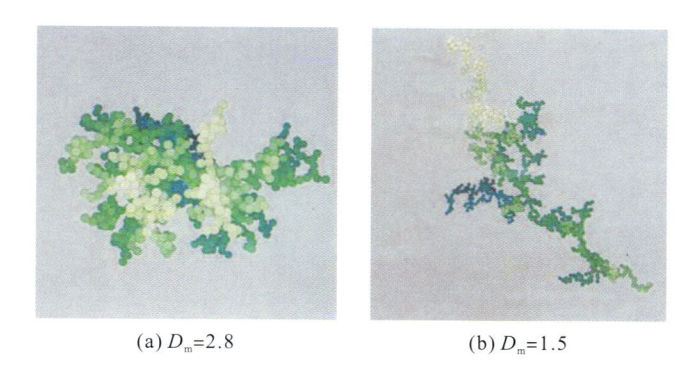

(a) $D_m=2.8$

(b) $D_m=1.5$

图 6-6 具有质量分形结构的纳米粒子团聚体

6.2 表面分形

Porod 定理表明，具有明锐、光滑界面的散射体系，在高 q 区间散射正比于 q^{-4}。对于一个具有粗糙表面的粒子，在一定尺度范围内表现出自相似的结构，也可以用表面分形的理论来处理这类问题。

如果一个物体的表面积是 S，使用特征面积为 r^2 的小平面去测量 S。如果物体的表面是光滑的，那么小平面的数量正比于 r^{-2}；如果物体的表面是粗糙的，那么小平面的数量正比于 r^{-D_s}，S 正比于 $r^2 r^{-D_s}$，那么

$$S(r)=S_0 r^{2-D_s} \tag{6-14}$$

D_s 取值范围为 2~3。D_s=2 时,对应于光滑界面;D_s=3 时,S 的界面高度折叠,界面区域会填充所在空间(例如高度折叠的餐巾纸)。

表面分形的关联函数表达为(Bale and Schmidt,1984):

$$\gamma_0(r \to 0) = 1 - \frac{S\Delta\rho^2}{4V\langle\eta^2\rangle}r = 1 - \frac{\Delta\rho^2}{4V\langle\eta^2\rangle}v_s(r) \tag{6-15}$$

式中,$v_s(r)$ 为粗糙界面区的体积,结合式(6-14),式(6-15)表达为

$$\gamma_0(r \to 0) = 1 - \frac{\Delta\rho^2 S_0}{4V\langle\eta^2\rangle}r^{3-D_s} \tag{6-16}$$

对于两相系统:

$$\gamma_0(r \to 0) = 1 - \frac{S_0}{4V\varphi(1-\varphi)}r^{3-D_s} \tag{6-17}$$

将式(6-17)代入式(3-39),积分后得到

$$\begin{aligned}I(q) &= \pi\Delta\rho^2 \frac{S_0}{V} D_m \Gamma(5-D_s)\sin[\pi(3-D_s)/2]q^{-(6-D_s)} \\ &= Kq^{-(6-D_s)}\end{aligned} \tag{6-18}$$

当 D_s=2 时,式(6-18)还原为 Porod 定理。由于 D_s 取值在 2~3,在对数坐标系下,散射曲线的衰减斜率在 −4~−3。

需要注意的是,对于一组多分散纳米粒子,其中小粒子的 Guinier 区与大粒子的 Porod 区叠加后,散射曲线的斜率会发生改变,对数坐标下的斜率会偏离 −4,甚至等于 −3。因此,不能仅通过斜率判断散射粒子是否具有粗糙的界面结构。

6.3 多层级粒子

在现实的研究体系中,常常含有不同尺度、多种形态的结构(粒子)。该类体系的散射特征不显著(不具有振荡峰),其散射强度在向高 q 衰减的过程中,通常表现出不同的衰减指数,有时还会出现弥散的散射峰。Beaucage(1995,1996)发展了一种描述多层级粒子散射曲线的方法,称为指数-幂率联合模型,也称为博卡吉(Beaucage)模型,其利用 Guinier 定理描述低 q 区间的散射,利用 Porod 定理描述高 q 区间的散射,并引入误差函数 erf(x) 实现高 q、低 q 区间的平滑过渡,基本形式如下:

$$I(q) = G\exp\left(-\frac{q^2 R_g^2}{3}\right) + \frac{B}{q^D}\left[\mathrm{erf}\left(\frac{qR_g}{6^{1/2}}\right)\right]^{3D} \tag{6-19}$$

式中,R_g 为纳米粒子的回转半径;$G=NV_p^2\Delta\rho^2$;当 D=4 的时候,$B=2\pi\Delta\rho^2 S/V$。在图 6-7 中,可以清晰地看到在低 q 区间,误差函数项对 q^{-D} 具有强烈的衰减作用。

第6章 分形纳米粒子模型

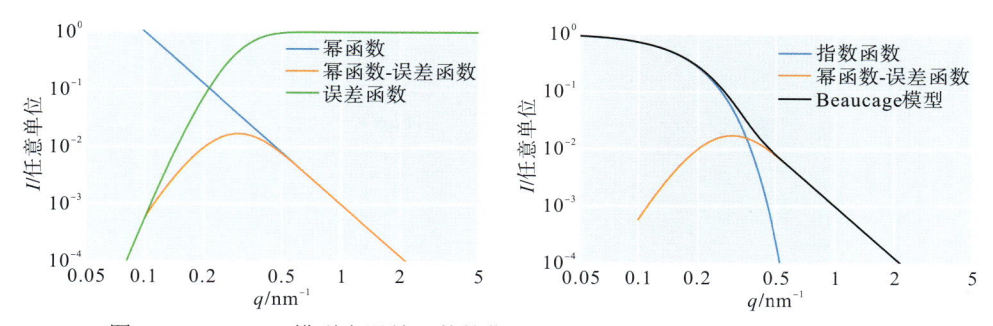

图 6-7 Beaucage 模型中误差函数的作用（$G=1$，$B=0.001$，$R_g=10$ nm，$D=3$）

对于一个三层级纳米粒子系统，初级纳米粒子的回转半径为 R_s，中等尺寸纳米粒子的回转半径为 R_{sub}（$R_{sub} \geq R_s$），大尺寸纳米粒子的回转半径为 R_g。对式(6-19)进行扩展，博卡吉模型可用于描述该三层级结构粒子系统，其散射强度表述为

$$I(q) = G\exp\left(-\frac{q^2 R_g^2}{3}\right) + \frac{B}{q^D}\exp\left(-\frac{q^2 R_{sub}^2}{3}\right)\left[\mathrm{erf}\left(\frac{qkR_g}{6^{1/2}}\right)\right]^{3D}$$

$$+ G_s\exp\left(-\frac{q^2 R_s^2}{3}\right) + \frac{B_s}{q^{D_s}}\left[\mathrm{erf}\left(\frac{qk_s R_s}{6^{1/2}}\right)\right]^{3D_s} \quad (6\text{-}20)$$

式中，k 为经验参数（近似等于 1），如果 $D>3$，则 k 等于 1。式(6-20)中的第二项，多了一个 $\exp(\cdot)$ 指数项，这是因为中 q 区间对应的结构存在上下截止尺寸，其低 q 的截止尺寸由误差函数描述，高 q 的截止尺寸由 $\exp(\cdot)$ 指数项描述。

对于多级结构，更一般化的散射强度表述为

$$I(q) = \sum_{i=1}^{n}\left\{\exp\left(-\frac{q^2 R_{g,i}^2}{3}\right) + \frac{B}{q^{D_i}}\exp\left(-\frac{q^2 R_{g,i+1}^2}{3}\right)\left[\mathrm{erf}\left(\frac{qkR_{g,i}}{6^{1/2}}\right)\right]^{3D_i}\right\} \quad (6\text{-}21)$$

式中，下标 i 为结构级次。式(6-20)和式(6-21)看似烦琐，但实际上，理解每个参数的物理意义后，该模型反而十分容易处理。这是因为每一级的结构参数都是独立的。需要注意的是，在数据分析过程中应使用分级拟合方法，逐级拟合 I-q 曲线（参见第 14 章）。假设初级粒子的回转半径为 2 nm，这些粒子在空间中聚集成回转半径为 20 nm、分形维数为 1.5 的团聚体，根据式(6-20)计算的散射曲线如图 6-8 所示。

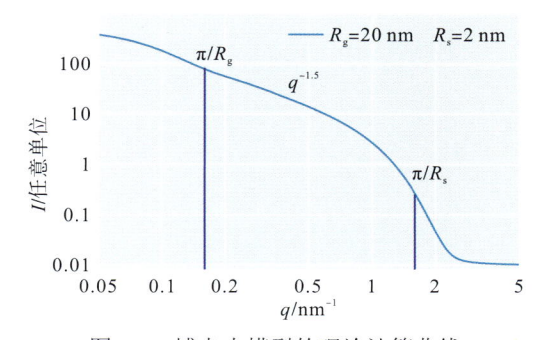

图 6-8 博卡吉模型的理论计算曲线

注：$G=500$，$B=2$，$G_s=5$，$P=1.5$，$P_s=4$，$B_g=0.01$。

Hammouda(2010)提出了另外一种指数-幂律联合模型,可用于处理由非球形纳米粒子(也包括球形纳米粒子)构成的多层级体系,基本形式表达为

$$\begin{cases} I(q) = G\exp\left(-\dfrac{q^2 R_g^2}{3-s}\right), & q \leqslant q' \\ I(q) = \dfrac{D}{q^d}, & q \geqslant q' \end{cases} \tag{6-22}$$

为了保证 Guinier 区和 Porod 区的数据是连续的,要求

$$\begin{cases} q' = \dfrac{1}{R_g}\left[\dfrac{(d-s)(3-s)}{2}\right]^{1/2} \\ D = \dfrac{G}{R_g^{(d-s)}}\exp\left(-\dfrac{d-s}{2}\right)\left[\dfrac{(d-s)(3-s)}{2}\right]^{(d-s)/2} \end{cases} \tag{6-23}$$

式中,$d>s$,$s<3$。结合式(4-21)可知,对于球形纳米粒子,$s=0$;对于棒状纳米粒子,$s=1$;对于片状纳米粒子,$s=2$。如果散射体系由两种不同尺寸的球形纳米粒子组成,其散射强度为

$$\begin{cases} I(q)_{11} = G_1 \exp(-q^2 R_{g1}^2/3), & q \leqslant q_1' \\ I(q)_{12} = D_1/q^{d_1}, & q \geqslant q_1' \end{cases} \tag{6-24}$$

$$\begin{cases} I(q)_{21} = G_2 \exp(-q^2 R_{g2}^2/3), & q \leqslant q_2' \\ I(q)_{22} = D_2/q^{d_2} + B_g, & q \geqslant q_2' \end{cases} \tag{6-25}$$

式中,下标 1 和下标 2 分别对应大尺寸和小尺寸纳米粒子或纳米结构。

综上所述,多层级粒子模型的应用十分广泛——特别适合分析无法使用简单粒子模型表达的复杂散射体系,可以得到特征尺寸(回转半径),也可以得到散射曲线的幂率衰减行为(q^{-D}),结合质量/孔洞分形、表面分形理论,分子链的幂率散射特征,进而能获取丰富的结构信息。需要注意的是,博卡吉模型和哈蒙达(Hammouda)模型均属经验公式,数学研究中,它们可用于拟合任何单调衰减形态的小角散射曲线。因此,在数据分析时,务必充分结合已知的样品信息,并能从多角度印证分析结论。

第 7 章　不规则粒子模型

我们的宇宙是由简单规则生成的，但结果却是无限多样的。

——斯蒂芬·沃尔夫勒姆(Stephen Wolfram，1959—)

7.1　随机两相体系

不规则粒子体系也可以看作一种特殊的粒子，只是无法用常规的几何结构来描述。如图 7-1 所示，在随机两相体系中，如果其中一相的体积含量大（多相），另一相的体积含量小（少相），那么少相弥散分布在多相之中；如果两相的体积含量相当，那么两相具有网络连通性。

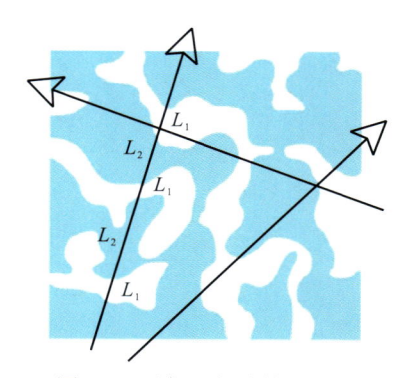

图 7-1　随机两相结构示意图

在 3.4 节，已经推导出了任意两相体系的散射强度：

$$I(q) = 4\pi\varphi(1-\varphi)\Delta\rho^2 \int_0^\infty r^2 \gamma_0(r) \frac{\sin(qr)}{qr} \mathrm{d}r \tag{7-1}$$

这里定义一关联长度(a)，表示随机两相体系的特征尺寸，两相的平均弦长分别为 L_1 和 L_2，那么

$$\frac{1}{a} = \frac{1}{L_1} + \frac{1}{L_2} \tag{7-2}$$

a 近似等于少相的平均弦长。

根据关联长度，归一的关联函数可表述为

$$\gamma_0(r) = \exp(-r/a) \tag{7-3}$$

把式(7-3)代入式(7-1)得到

$$I(q) = \frac{8\pi\varphi(1-\varphi)\Delta\rho^2 a^3}{(1+a^2q^2)^2} = \frac{I_0}{(1+a^2q^2)^2} \tag{7-4}$$

该表达式具体的积分过程比较复杂，不在此详述。式(7-4)也被称为 DAB 模型，由 Debye、Anderson、Brumberger 三人在 20 世纪 50 年代提出(Debye et al.，1957)，用于描述具有明锐界面的随机两相体系。在高 q 区间，散射强度呈 q^{-4} 衰减；低 q 区间，散射强度趋于 I_0；曲线的转折点由关联长度 a 决定。DAB 模型的计算结果如图 7-2 所示。

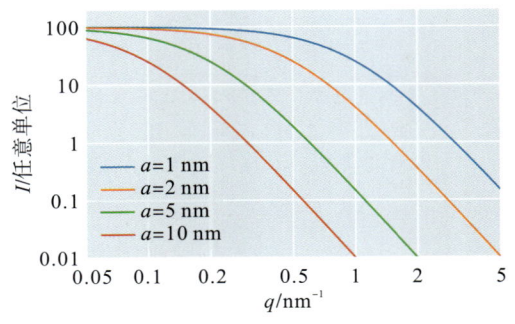

图 7-2　DAB 模型计算结果(I_0=100)

对 DAB 模型做一个简单的拓展，可用于描述多层级粒子体系的散射。这里假设一种多孔材料，内部存在大、小尺寸的孔洞，特征尺寸分别为 a 和 b，且 $a \gg b$，那么散射强度可以表述为

$$I(q) = \frac{I_1}{(1+a^2q^2)^2} + \frac{I_2}{(1+b^2q^2)^2} + B_g \tag{7-5}$$

该式的理论计算结果如图 7-3 所示。根据式(3-52)，可知 I_0 正比于孔洞的体积含量，因此如果小孔洞的体积含量较小，那么其散射信号很有可能淹没在实验本底中。

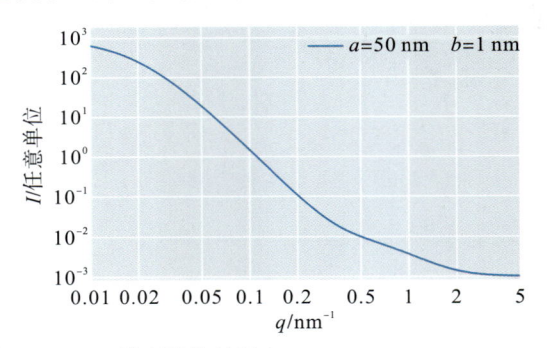

图 7-3　DAB 模型计算结果(I_1=1000，I_2=0.01，B_g=0.001)

7.2　周期随机两相体系

在随机两相模型中，相畴之间不存在(准)周期性排布，因此散射曲线中不存在相干散

射峰。在随机两相模型的基础上,如果近邻相畴存在周期性距离 d,那么归一化的关联函数可以写为

$$\gamma_0(r) = \exp(-r/\xi) \frac{\sin(2\pi r/d)}{2\pi r/d} \tag{7-6}$$

当 r 趋于 0,式(7-6)等于 1。把式(7-6)代入式(7-1),积分得到(Teubner and Strey,1987)

$$I(q) = \frac{8\pi\varphi(1-\varphi)\Delta\rho^2/\xi}{\left(\frac{1}{\xi^2}+\frac{4\pi^2}{d^2}\right)^2 + 2\left(\frac{1}{\xi^2}-\frac{4\pi^2}{d^2}\right)q^2 + q^4}$$

$$= \frac{I_0}{(\xi^{-2}+k^2)^2 + 2(\xi^{-2}-k^2)q^2 + q^4} \tag{7-7}$$

其中,$k=2\pi/d$。根据一元二次方程的性质可知,当 $\xi^{-2}-k^2<0$,即 $d<2\pi\xi$,式(7-7)存在最大值,对应的峰位:

$$q_{\max} = \sqrt{k^2 - \xi^{-2}} \tag{7-8}$$

式(7-7)即周期性随机两相模型,由托伊布纳(Teubner)和施特赖(Strey)于 1987 年提出(与朗道自由能理论相符),也被称为 Teubner-Strey 模型。该模型可用于描述双连续相微乳液和嵌段聚合物的相分离结构,如图 7-4(Mihailescu et al.,2011)所示。Teubner-Strey 模型的理论散射曲线计算结果如图 7-5 所示。可以看出,相畴平均距离越近,相干散射峰越显著。当 d 接近或大于 $2\pi\xi$ 时,相干散射峰消失。

图 7-4 双连续相结构示意图

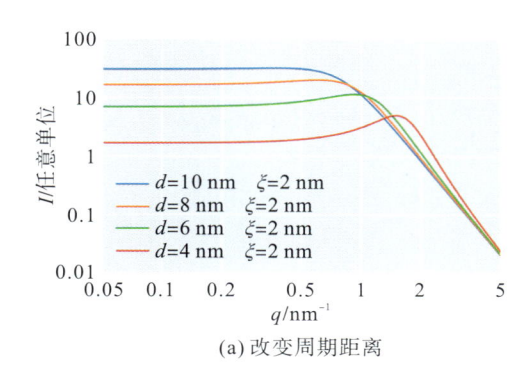

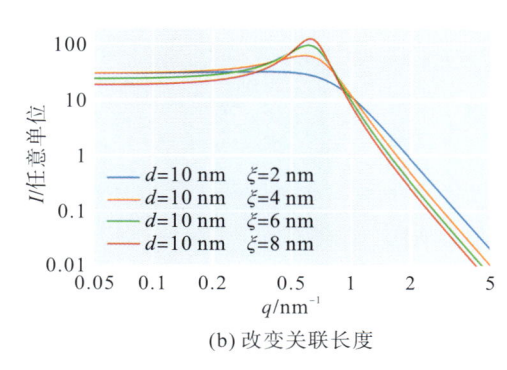

(a) 改变周期距离

(b) 改变关联长度

图 7-5 Teubner-Strey 模型计算结果

7.3 浓度涨落

奥恩斯坦-策尼克(Ornstein-Zernike)模型主要用于分析溶液样品的关联长度，具有洛伦兹函数形式(Stanley，1971)：

$$I(q) = \frac{I_0}{1+\xi^2 q^2} \tag{7-9}$$

式中，ξ 为关联长度。例如，对应高分子半稀溶液中分子链的缠结距离（平均网目尺寸）(Hammouda，2016)、混合溶液的相分离结构(Almásy et al.，2000)。Ornstein-Zernike 模型中，散射强度在低 q 区间趋于水平，在高 q 区间呈 q^{-2} 衰减；当 q 趋于 0 时，式(7-9)还原为 Guinier 定律。模型的计算结果如图 7-6 所示。Ornstein-Zernike 模型可进一步拓展为更一般的形式：

$$I(q) = \frac{I_0}{1+(\xi q)^m} + B_g \tag{7-10}$$

式中，B_g 为本底；m 为散射曲线在高 q 区间的衰减幂指数。

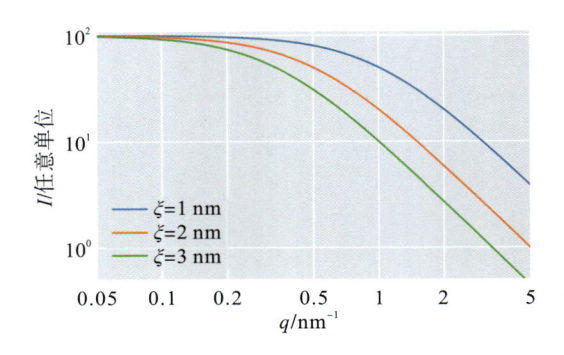

图 7-6 Ornstein-Zernike 模型的理论散射曲线($I_0 = 100$)

综上所述，不规则粒子模型在小角散射数据分析中应用广泛，所获取的关联长度、准周期距离、分形维数等特征参数，代表了散射体系的统计平均结构。该模型适合研究纳米结构的复杂网络，以及难以定义几何形态的纳米粒子，例如双相网络结构（嵌段聚合物、水凝胶、陶瓷）、混合溶剂的相结构，以及两亲分子在溶液中的缔合结构等(D'Arrigo et al.，2009；Krakovský and Székely，2010；Tian et al.，2014；Fang et al.，2023)。

第 8 章 粒子间的相互作用

电和磁的实验中最明显的现象是，处于彼此距离相当远的物体之间的相互作用。因此，把这些现象化为科学形式的第一步就是，确定物体之间作用力的大小和方向。

——詹姆斯·克拉克·麦克斯韦（James Clerk Maxwell，1831—1879）

8.1 结构因子与作用势

3.5 节已经推导出了各向同性系统的结构因子：

$$S(q) = 1 + 4\pi n \int_0^\infty r^2 (g(r)-1) \frac{\sin(qr)}{qr} dr \tag{8-1}$$

这里引入总关联函数：

$$h(r) = g(r) - 1 \tag{8-2}$$

进一步把 $h(r)$ 写为

$$h(r) = c(r) + n \int c(|r-r'|) h(r') dr' \tag{8-3}$$

式中，$c(r)$ 为直接关联函数，表示两个粒子之间的关联；积分项是间接关联函数，表示这两个粒子通过其他粒子而发生的关联。该式由 Ornstein 和 Zernike（1914）提出，简称为 OZ 方程，其傅里叶变换形式为

$$\mathcal{F}[h(r)] = \mathcal{F}[c(r)] + \mathcal{F}[c(r)]\mathcal{F}[h(r)] \tag{8-4}$$

式（8-4）用到了卷积的积分性质。结合式（8-1）得到

$$S(q) = 1 + n\mathcal{F}[h(r)] = \frac{1}{1 - n\mathcal{F}[c(r)]} \tag{8-5}$$

通过以上分析可知，结构因子 $S(q)$ 与 $\mathcal{F}[c(r)]$ 有关 [$c(r)$ 的傅里叶变换]，$c(r)$ 与粒子间的作用势 $u(r)$ 有关，因此 $S(q)$ 与 $u(r)$ 有关。然而，OZ 方程中存在 $h(r)$ 和 $c(r)$ 两个未知量，需要引入闭合近似关系才能对 $S(q)$ 进行求解。在小角散射研究领域，常见的粒子间相互作用势有三种，分别是硬球作用势、黏性硬球作用势、库伦排斥作用势（图 8-1）。

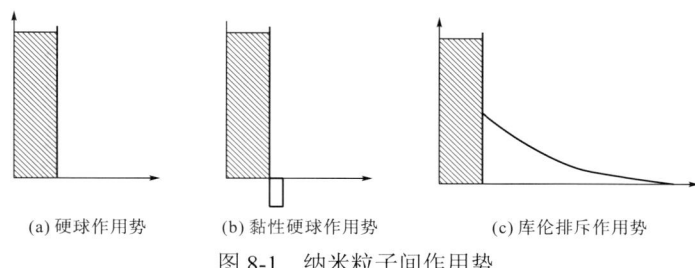

(a) 硬球作用势　　(b) 黏性硬球作用势　　(c) 库伦排斥作用势

图 8-1　纳米粒子间作用势

8.2 硬球相互作用

Percus 和 Yevick(1958)提出了一种描述粒子间短程排斥作用的近似,即 PY 近似:

$$c(r) = \{1 - \exp[\beta u(r)]\}g(r) \tag{8-6}$$

其中

$$u(r) = \begin{cases} \infty, & 0 < r \leq D \\ 0, & r > D \end{cases} \tag{8-7}$$

式中,D 为硬球直径($2R_{HS}$),当粒子间距离 $r > D$ 时,$u(r)=0$。对式(8-6)进行傅里叶变换,再代入式(8-5)得出

$$\begin{cases} S_{HS}(q, R_{HS}, v) = \dfrac{1}{1 + 24vG(A)/A} \\ G = \dfrac{\alpha}{A^2}(\sin A - A\cos A) + \dfrac{\beta}{A^3}[2A\sin A + (2 - A^2)\cos A - 2] \\ \quad + \dfrac{\gamma}{A^5}\{-A^4\cos A + 4[(3A^2 - 6)\cos A + (A^3 - 6)\sin A + 6]\} \end{cases} \tag{8-8}$$

其中

$$A = 2qR_{HS} \qquad \alpha = \frac{(1+2v)^2}{(1-v)^4}$$

$$\beta = -\frac{6v(1+v/2)^2}{(1-v)^4} \qquad \gamma = \frac{v(1+2v)^2}{2(1-v)^4}$$

式中,R_{HS} 为硬球半径,R_{HS} 大于或等于纳米粒子的实际半径;v 为硬球体积比例(图 8-2)。

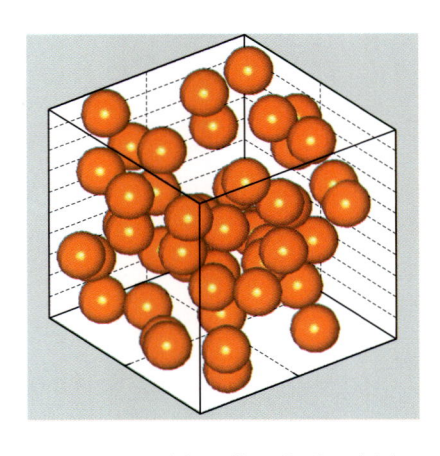

图 8-2 硬球相互作用体系示意图

硬球相互作用形状因子的计算结果如图 8-3 所示。硬球体积比例 v 越大,硬球作用越显著,结构因子中的振荡峰就越尖锐;当硬球体积含量小于 5%的时候,振荡峰几乎不可

见。结构因子振荡峰的峰位由 R_{HS} 决定，第一个峰位(q_{max})对应的距离($2\pi/q_{max}$)等于硬球距离(直径)，相当于体系中的近邻纳米粒子存在一个 $2R_{HS}$ 的周期距离(周期)。

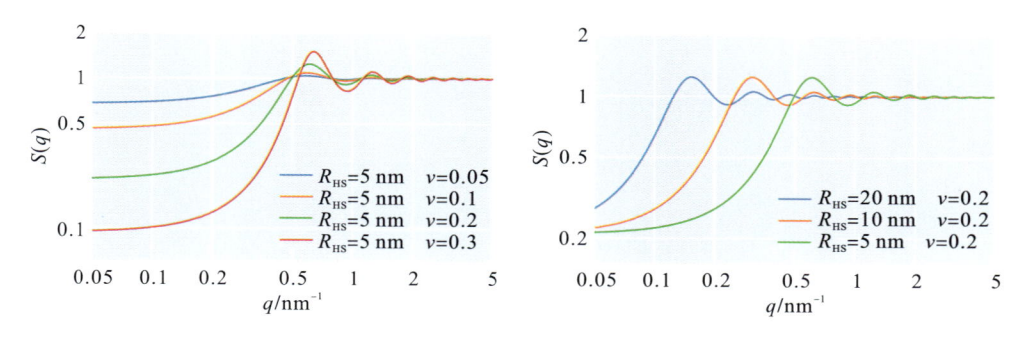

图 8-3　硬球相互作用体系结构因子的理论曲线

8.3　黏性硬球相互作用

Baxter(1968)提出了一种描述具有吸引作用的黏性硬球相互作用势，即在硬球排斥相互作用的基础上，在硬球的表面增加一个 δ 函数类型的吸引势(图 8-4)，表述为

$$u(r) = \begin{cases} \infty, & 0 < r \leq D \\ \ln \dfrac{12\tau\Delta}{D+\Delta}, & D < r \leq D+\Delta \\ 0, & r > D+\Delta \end{cases} \tag{8-9}$$

由于该式描述的是短程吸引作用，因此要求 Δ 远小于 D，粒子间吸引作用的大小(黏性)由参数 τ 决定。联合式(8-5)、式(8-6)、式(8-9)得到

$$\begin{cases} S_{\text{SHS}}(q, R_{\text{HS}}, v, \tau) = \dfrac{1}{1-C(q)} \\ C(q) = \dfrac{2\eta\lambda}{A}\sin A - 2\dfrac{\eta^2\lambda^2}{A^2}(1-\cos A) - \dfrac{24\eta}{A^6}\{aA^3(\sin A - A\cos A) \\ \qquad\qquad + \beta A^2[2A\sin A - (A^2-2)\cos A - 2] \\ \qquad\qquad + \dfrac{\eta\alpha}{2}[(4A^3-24A)\sin A - (A^4-12A^2+24)\cos A + 24]\} \end{cases} \tag{8-10}$$

其中

$$A = 2qR_{\text{HS}} \qquad\qquad \eta = v\left(\dfrac{2R_{\text{HS}}+\Delta}{2R_{\text{HS}}}\right)^3$$

$$\varepsilon = \tau + \dfrac{\eta}{1-\eta} \qquad\qquad \gamma = v\dfrac{1+\eta/2}{3(1-\eta)^2}$$

$$\lambda = \frac{6}{\eta}\left(\varepsilon - \sqrt{\varepsilon^2 - \gamma}\right) \qquad \mu = \lambda\eta(1-\eta)$$

$$\beta = -\frac{3\eta(2+\eta)^2 - 2\mu(1+7\eta+\eta^2) + \mu^2(2+\eta)}{2(1-\eta)^4}$$

$$\alpha = \frac{(1+2\eta-\mu)^2}{(1-\eta)^4}$$

在计算过程中，令 Δ 趋于零，因此结构因子仅是 τ、v、R_{HS} 的函数。

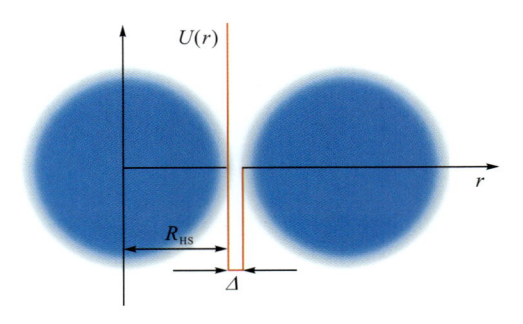

图 8-4　黏性硬球相互作用体系的结构因子

黏性硬球相互作用中，吸引力等于粒子之间范德瓦耳斯力(色散力、诱导力、取向力)的总和，排斥力源于粒子的空间位阻。式(8-10)的计算结果如图 8-5 所示。黏性硬球与硬球相互作用结构因子的区别主要体现在低 q 区间。τ 值越小，粒子间的吸引相互作用越显著，因此粒子易于聚集，导致低 q 区间的散射强度增加，且振荡峰更加明锐。

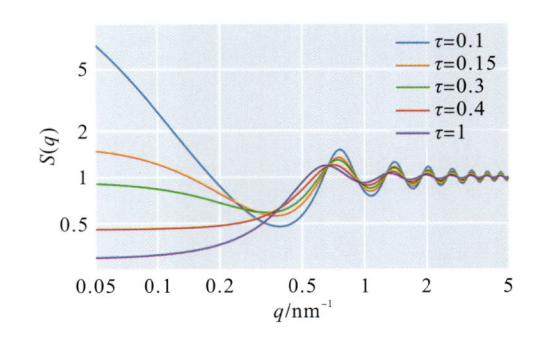

图 8-5　黏性硬球相互作用体系结构因子的理论曲线

8.4　静电排斥相互作用

根据胶体化学以及表界面物理理论，溶液中带有电荷的纳米粒子之间的排斥相互作用势表达为

第 8 章 粒子间的相互作用

$$u(r) = \begin{cases} \infty, & r < D \\ \dfrac{e^2 Z^2}{4\pi\varepsilon(1+\kappa R_{HS})^2} \dfrac{\exp[-\kappa(r-2R_{HS})]}{r}, & r > D \end{cases} \quad (8\text{-}11)$$

式中，ε 为溶剂的介电常数(水的 ε 等于 78.36 F/m)；Z 为粒子所带电荷数量；r 为粒子之间的距离($r \geqslant 2R_{HS}$)；κ 为德拜长度的倒数。根据平均球近似和闭合关系近似，Hayter 和 Penfold(1981)推导出了静电排斥粒子体系的结构因子，这种方法适用于中、高粒子浓度的体系，但是不适用于低浓度粒子体系(体积百分比小于 0.1)。为了解决这个问题，Hansen 和 Hayter(1982)使用粒子的平均距离作为粒子的直径，得到适用于所有浓度体系的结构因子。利用这种方法得到的结构因子也被称为修正的平均球近似(rescaled mean spherical approximation，RMSA)结构因子(Pandey and Tripathi，1992)，表达为

$$S_{RMSA}(q, R_{HS}, \eta, Z, c) = \dfrac{1}{1 - 24\eta a(K)} \quad (8\text{-}12)$$

式中，$K=qD$；D 为粒子的直径；η 为粒子的体积比例；c 为电解质浓度；$a(K)$ 写为

$$\begin{aligned} a(K) = & A(\sin K - K\cos K)/K^3 \\ & + B[(2/K^2 - 1)K\cos K + 2\sin K - 2/K]/K^3 \\ & + \eta A[24/K^3 + 4(1 - 6/K^2)\sin K - (1 - 12/K^2 + 24/K^4)K\cos K]/2K^3 \\ & + C(k\cosh k \sin K - K\sinh k \cos K)/K(K^2 + k^2) \\ & + F[k\sinh k \sin K - K(\cos k \cos K - 1)]/K(K^2 + k^2) \\ & + F(\cos K - 1)/K^2 - \gamma \exp(-k)(k\sin K + K\cos K)/K(K^2 + k^2) \end{aligned} \quad (8\text{-}13)$$

式中，$k = \kappa D$；A、B、C、F 为常数。

RMSA 结构因子由多个参数决定，其中最敏感的参数是 R_{HS} 和 η，前者决定了峰位，后者对峰形和峰位都有影响，计算结果如图 8-6 所示。当 η 等于 0.01 时，结构因子几乎是一条直线，因此这种稀疏散射体系的结构因子可以忽略[$S(q)=1$]。

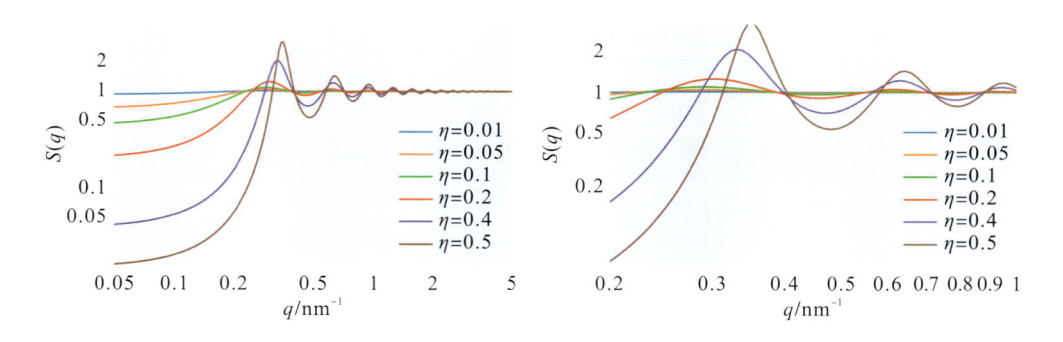

图 8-6 RMSA 结构因子($R_{HS} = 10$ nm，$T = 298$ K，$Z = 40$，$c = 0.1$ mol/L)

电解质浓度和粒子所带电荷数也对形状因子有一定的影响，但是并不显著。计算结果如图 8-7 和图 8-8 所示。溶液中电解质对带电粒子具有静电屏蔽作用，因此电解质浓度越高，粒子之间的静电排斥作用就越弱，进而导致结构因子的振荡峰较为宽化，且向高 q 方

向移动。粒子所带电荷越多，则粒子之间的排斥越显著，因此结构因子的振荡峰更明锐，且向低 q 方向移动。

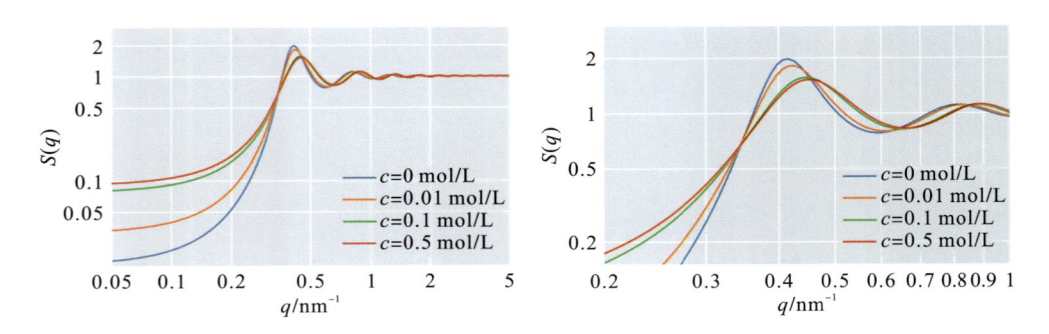

图 8-7 RMSA 结构因子（R_{HS}=7 nm，η=0.3，T=298 K，Z=40）的理论曲线

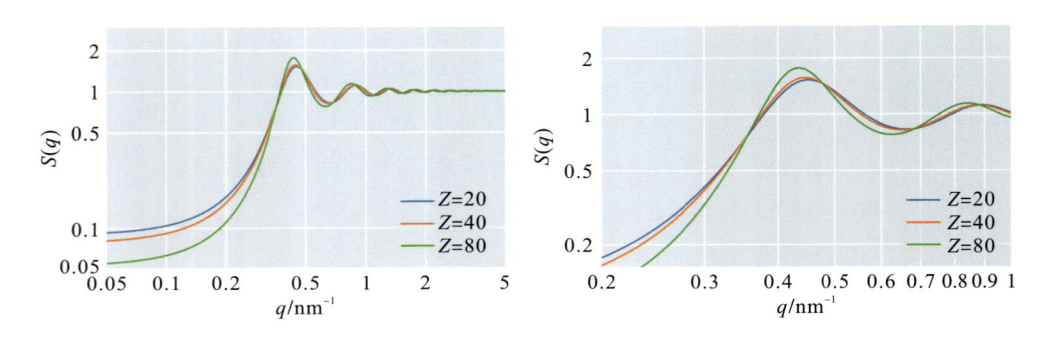

图 8-8 RMSA 结构因子（R_{HS}=7 nm，η=0.3，T=298 K，c=0.3 mol/L）的理论曲线

综上所述，硬球相互作用、黏性硬球相互作用、静电排斥相互作用结构因子是描述纳米粒子空间分布的常用模型。硬球相互作用适合描述微乳液、嵌段聚合物的相结构，粒子的空间距离大于或等于硬球相互作用直径（$2R_{HS}$）；黏性硬球相互作用适合描述具有范德瓦耳斯力吸引作用的粒子体系，粒子间表现出聚集行为和空间排斥，例如反胶束间的吸引相互作用；静电排斥相互作用适合描述胶体溶液中带电纳米粒子之间的静电排斥作用，可用于分析胶体粒子的稳定性。

第3篇 实　　践

要想成为一个有智慧的人，你必须拥有多个模型。而且，你必须将你的经验，无论是间接的，还是直接的，都放到构成这些模型的网格上。

——查理·芒格（Charlie Thomas Munger，1924—2023）

第 9 章　样品准备与本底扣除

在科学实验中有一个不言而喻的共识：没有本底，就没有信号。①

9.1　测　量　流　程

国际标准化组织 2015 年发布了关于 SAXS 粒度分析的标准 Particle Size Analysis—Small-angle X-ray Scattering，并于 2020 年做了修订[ISO 17867：2020（E）]。我国第一个关于小角散射的国家标准《超细粉末粒度分布的测定　X 射线小角散射法》（GB/T 13221—91），发布于 1991 年。2020 年，国家市场监督管理总局和国家标准化管理委员会发布了《无损检测　中子小角散射检测方法》（GB/T 38944—2020），中国复合材料学会发布了《纤维内微孔分布的测定—小角 X 射线散射法》（T/CSCM 05-2020)团体标准。

小角散射的测量流程在上述标准中已做了详细介绍，这里不再赘述。相比于 SANS 测量，SAXS 的测量流程相对来说更简单一些。为了保持内容的完整性和连贯性，以 SANS 为例（图 9-1）对测量要点做以下概述。

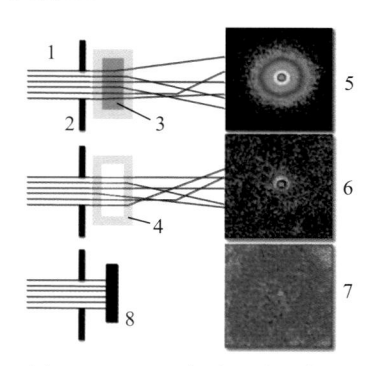

图 9-1　SANS 实验测量示意图

1.入射中子束；2.样品光阑；3.样品；4.样品池；5.样品散射信号；6.空样品散射信号测量；7.谱仪本底信号；8.镉片

（1）先测量样品本底的散射，如空气、样品池、溶剂、胶带等，再测量样品的散射；测量样品和本底的透过率；测量环境背景(使用中子强吸收材料镉片，挡住入射束)散射，其主要来自环境杂散中子及电子学噪声。

（2）对于恒定入射束流，可把散射强度对时间归一；若入射束流强度是波动的，则应对测量时间内前束流监视器的计数归一。

（3）中子探测器的每个像素点的探测效率会略有差别，需要测量一个具有各向同性散射

---

① 此句出处未知，但可视为科学研究中的一种共识。

信号的样品(例如 H_2O 或 PMMA[①])，利用其实验数据对各像素点的效率进行修正。

(4)在实际测量中，应根据设备的状态、射线源的状态和最近的基准实验数据(水、空气散射、束流参数等)，调整、优化测试步骤。

实验者如果只关注尺寸、形态以及相对数量的变化，那么绝对强度的标定不是必需的；而要获得纳米粒子数量、界面面积的绝对数值或者推算散射长度密度的数值，则需要测量绝对强度。绝对强度校准方法有两种，一是标准样品法，二是直穿束法。这里只介绍方便用户实践操作的标准样品法，即测量已知宏观散射截面的标准样品，然后将实验样品数据对标准样品数据进行归一，即可获得绝对强度 I_s^{abs}：

$$I_s^{abs}(q) = \left(\frac{I_s(q)}{I(q=0)_{std}}\right)\left(\frac{d_{std}}{d_s}\right)\left(\frac{d\Sigma(q=0)}{d\Omega}\right)_{std} \tag{9-1}$$

式中，$I(q=0)_{std}$ 为标准样品在 $q=0$ 处的散射强度；d_s 为样品的厚度；d_{std} 为标准样品的厚度；最后一项为标样的宏观散射截面(cm^{-1})，参见式(3-5)。式(9-1)的散射强度已对透过率归一。由于纯水易于获取、操作方便，且具有"水平"的散射特征，因此不论对于 SAXS 还是 SANS 实验，纯水(约 1 mm 厚)都是最常用的绝对强度标样。需要注意的是，对于精度要求较高的 SANS 绝对强度标定，由于非弹性散射和多重散射效应，水是二级标样，其可由单晶钒、氘代/非氘代共混聚合物等一级标样校准(Lindner, 2002)。

9.2 样 品 要 求

9.2.1 SANS 实验

中子透过样品后的衰减程度正比于总宏观微分散射截面 Σ_{total}、样品厚度 d 以及入射中子通量(强度)I_{in}，因此透过率为

$$T = \frac{I_{out}}{I_{in}} = \exp(-\Sigma_{total}d) \tag{9-2}$$

式中，I_{out} 为透过样品的中子通量(直穿束)；Σ_{total} 包括相干散射截面、非相干散射截面和吸收截面，其中的非相干散射不含有结构信息，在空间中是各向同性的，会导致散射本底增加。实验者总是希望控制样品的厚度，以获得更高的中子散射强度。样品的厚度越大，则发生散射的中子越多，但是厚度增加也会导致透过率降低，因此存在一个最佳厚度对应最大的散射强度。散射强度正比于厚度与透过率的乘积：

$$I \propto d\exp(-\Sigma_{total}d) \tag{9-3}$$

对式(9-3)求导，即可得出当 $d=1/\Sigma_{total}$ 时，散射强度最大，相应的透过率 $T=1/e=37\%$。需要注意的是，当样品的中子相干散射截面远大于非相干散射截面和吸收截面时，选择上述最优厚度 $1/\Sigma_{total}$ 将导致出现多重散射现象，影响测试结果准确性。此时应降低样品厚度，

[①] PMMA，聚甲基丙烯酸甲酯，又称有机玻璃或亚克力。

使透过率达到 90% 左右。

厚度为 1 mm、1.5 mm 和 3 mm 轻水的透过率分别为 0.52、0.38 和 0.14，因此，1.5 mm 是其最佳测量厚度。在实际测试中，可选择厚度（光程）为 1 mm 或 2 mm 的商业石英比色皿装载 H_2O 溶液样品。1mm 厚重水（D_2O）的透过率为 0.93，因此使用重水往往会带来意想不到的效果，一是改变了体系的衬度，二是提高了中子透过率。二氧化硅的相干散射截面远大于其非相干散射截面和吸收截面。厚度为 0.5 mm、1 mm 和 3 mm 二氧化硅的透过率分别为 0.96、0.92 和 0.78。中子在空气中每飞行 1 m，则被吸收 1%，即透过率为 0.99，因此保持中子导管和探测器腔体的真空度是十分必要的。将常压 ^{4}He 充入 1m 长的导管，其透过率为 0.996，然而 ^{3}He 若处于同样的情形，则其透过率约为 10^{-7}。另外需要注意的是，原子核典型的吸收截面在 0.1～10 barn（$1barn=10^{-24}cm^2$），然而天然硼和硼-10 的吸收截面分别高达 768 barn 和 3835 barn，镉和钆的吸收截面分别高达 2520 barn 和 49700 barn，因此它们通常用作中子吸收材料（屏蔽体、束流阻挡器等）。如果样品中含有一定比例的高吸收截面的元素，那么散射信号会很弱。

SANS 实验中，样品的典型厚度在 0.5～0 mm，不需要对固态样品的表面做特殊处理，除非样品的表面结构对实验信号有影响。通常情况下，1～2 mm 厚的金属、陶瓷、聚合物、溶液样品均能满足测试要求。样品的横向尺寸略大于样品光阑尺寸即可，典型的样品光阑直径为约 10 mm。若已知某一厚度样品的透过率为 T_0，厚度增加 m 倍，则透过率变为 T_0^m，基于此关系可以对样品的透过率做出快速估算。

9.2.2 SAXS 实验

SAXS 溶液样品通常装载于薄壁（10 μm）毛细管内（直径为 0.5～2 mm）或封装在双层聚酰亚胺（Kapton）胶带内测试，约 500 μL 的溶液样品可满足测试需求。上海同步辐射光源的 BL19U2 线站的最小溶液样品用量为 60 μL，为了保证测量的成功率以及排除意外情况，建议至少准备 200 μL。对溶液样品进行稀释、超声、离心、加热等操作，均有可能改变其内部纳米粒子的结构，因此需要详细记录样品的制备条件。

对于粉末样品，需要用胶带或铝箔封装固定在光路上，厚度约为 0.1 mm 即可。相比于 SANS，SAXS 测试对金属和陶瓷样品的厚度要求较为苛刻，最优的 SAXS 测量厚度为

$$t_0 = 1/\mu \tag{9-4}$$

式中，μ 为材料的线性吸收系数，此时的透过率为 37%[参见式(9-3)]。如果样品太厚，X 射线无法穿透样品。常见物质的最佳 SAXS 测量厚度列于表 9-1。原子序数越高，则最优的 SAXS 测量厚度越小。因此应用 SANS 测量金属、陶瓷、岩石的片状样品会更加方便。将金属样品打磨至最佳 SAXS 测量厚度并不容易，很多时候会造成局部的破损。这种情况下，只需要找到一块约 3 mm×3 mm 的完整区域即可进行 SAXS 测试。利用短波长 X 射线（Mo 靶或同步辐射光源）有利于测试更厚的金属样品。以 Fe 为例，若使用 Cu-$K_{\alpha2}$ 辐射（λ = 0.154 nm），最优测量厚度为 4 μm；若使用 Mo-K_α 辐射（λ = 0.071 nm），最优厚度为 33 μm。

表 9-1 常见物质的最佳 SAXS 测量厚度

物质	厚度/μm	
	Cu-K_α	Mo-K_α
Be	3584	18041
C	966	7111
Mg	149	1398
Al	76	718
Fe	4	33
Ni	25	24
Cu	21	22
Zn	23	25
Pb	4	7
水	976	8307
乙醇	1964	15249
二氧化硅	110	1018
聚乙烯	2547	17975

9.3 扣除本底散射

9.3.1 基本方法

本底散射信号来自外源本底和内禀本底。散射实验中所说的本底特指外源本底(简称为"本底")。任何散射实验,都希望尽可能地降低本底散射。小角散射实验的本底信号可能来自空气散射、狭缝寄生散射、封装样品的材料(样品池)、环境设备和光路上的窗口、电子学噪声、直穿束的"尾部"。对于 SANS,还需要特别考虑散射大厅的环境本底,周边谱仪的屏蔽、运行情况均可能贡献本底信号。

正确地扣除本底散射信号是小角散射实验不可回避的问题。对于固态样品,本底就是空气的散射;对于带有衬底的样品,本底就是衬底的散射;对于粉末样品,本底就是封装材料(胶带、铝箔等)的散射;对于液态(胶体、高分子、生物大分子溶液)样品,本底就是溶剂、缓冲液(含毛细管、比色皿的散射)的散射;若只测试溶剂的散射,那么本底就是容器的散射。设计散射实验的时候,本底也是一个特殊的样品。

如图 9-1 所示,实测样品的散射信号包含样品池散射、空气散射和本底信号,因此样品的散射强度为

$$I_s = \frac{I_{s+bs} - I_e}{T_{s+bs}} - \frac{I_{bs} - I_e}{T_{bs}} \tag{9-5}$$

式中,I_{s+bs} 和 T_{s+bs} 分别为样品和样品池的散射强度和透过率;I_{bs} 和 T_{bs} 分别为样品池的散射强度和透过率;I_e 为环境背景的散射强度。这些物理量既可以是二位面探测器上某个像素点的计数,也可以是一维的 I-q 曲线。在应用式(9-5)之前,散射强度应先对探测器的死时间和探测效率进行修正,再对测量时间归一或前监视器计数归一。

第9章 样品准备与本底扣除

在 SAXS 测试中，通常 I_e 可以忽略。假设前后电离室计数分别为 M 和 N，那么样品透过率为 N/M，再把散射强度对 M 归一（I/M），那么式(9-5)写为

$$I_s = \frac{I_{s+bs}}{N_{s+bs}} - \frac{I_{bs}}{N_{bs}} \tag{9-6}$$

因此对于一组具有相同曝光时间的样品和样品池，只需要知道后监视器计数，即可使用式(9-6)扣除本底散射。图 9-2 展示了通过扣除毛细管的本底散射，获取纯水的 SAXS 数据。

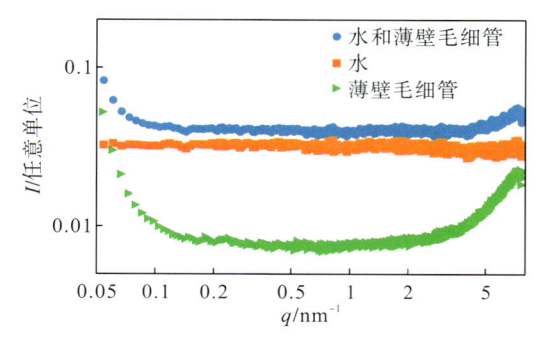

图 9-2 通过扣除毛细管散射获取纯水的 SAXS 实验数据

通常需要把本底散射的测试设为最高优先级，进而可以判断出光路准值是否正常、入射束强度是否正常、样品池是否有污染等，可以避免把本底散射误认作为样品散射。若本底散射异常，需要及时作出判断，找出原因。虽然在数据还原的时候，理论上可以扣除本底散射，但是由于透过率的测试偏差、样品厚度的偏差、样品封装材料厚度的偏差、入射束强度的波动以及数据的统计性问题，可能导致本底扣除效果不会特别理想。

9.3.2 溶液样品

溶液样品的本底散射就是溶剂(含样品池或毛细管)的散射。对于生物大分子溶液样品，缓冲液的散射就是本底散射。如果所测样品是一组稀溶液样品，那么所有样品可以共用一个本底散射(溶剂和毛细管)。由于稀溶液样品的透过率与溶剂几乎一致，式(9-5)进一步简化为

$$I_s = I_{s+bs} - I_{bs} \tag{9-7}$$

不论是具有强散射还是弱散射能力的溶液样品，其散射强度和溶液的散射强度在高 q 区间几乎重合。利用这种性质，可以方便地扣除溶液样品的本底散射。

需要注意的是，式(9-7)中 I_{s+bs} 和 I_{bs} 前的系数仅近似等于 1。这是因为样品与溶剂的透过率并不完全相同，并且散射强度也存在测量误差。聚苯乙烯-聚丙烯酸(PS-PAA)胶束和溶剂的散射曲线如图 9-3 所示，数据采集于上海同步辐射光源的 BL19U2 线站。在未扣除本底前，在低 q 区间，样品的散射强度明显高于溶剂的散射强度，但是在高 q 区间，散射强度几乎重合。可使用式(9-8)扣除散射本底：

$$I_s = fI_{s+bs} - I_{bs} \tag{9-8}$$

式中，f 为一个接近 1 的系数。如图 9-4 所示，当 $f = 1.02$ 时，可以得到较为理想的本底扣除效果。

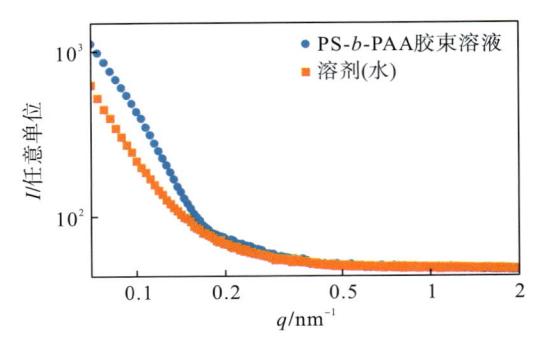

图 9-3　PS-PAA 胶束和溶剂的散射曲线

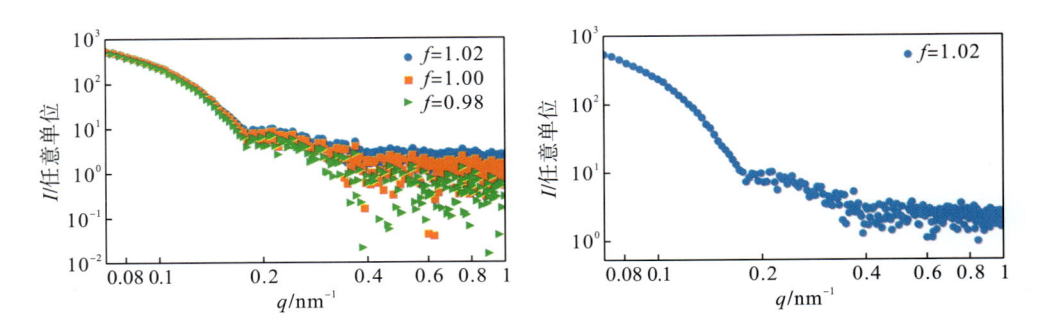

图 9-4　PS-PAA 胶束溶液 SAXS 数据的本底扣除

对于某些溶液样品，特别是在高 q 区间的样品信号与本底信号十分接近的时候，扣除散射本底时务必格外谨慎。笼状铀酰过氧化物的 SAXS 数据如图 9-5（Zhang et al.，2019）所示，扣除溶剂散射后才可以清晰地展示出球壳纳米粒子的振荡峰。如果没有合理地扣除溶剂散射，将无法得到正确的实验数据和分析结果。

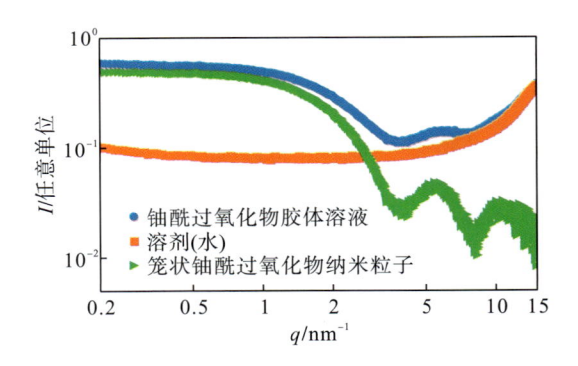

图 9-5　笼状铀酰过氧化物胶体溶液 SAXS 数据的本底扣除

9.3.3 固体样品

固体样品的本底的扣除方法依据式(9-5)或者式(9-6)。对于固态粉末样品，测量过程中需要封装在样品池，本底散射主要来自 3M 胶带、Kapton 膜、Al 箔等封装材料。如图 9-6 所示，3M 胶带在高 q 区间存在一个弥散的宽峰，该散射信号会叠加在介孔 WO_2 粉体的散射信号之上，将其扣除之后，才可得到 WO_2 粉体的散射。

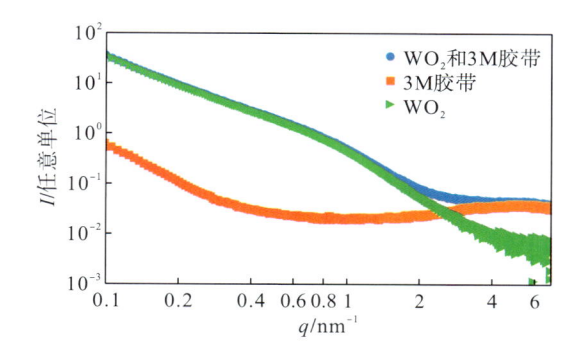

图 9-6　介孔 WO_2 粉体 SAXS 数据的本底扣除

相比于本底，固态样品的透过率较小，某些时候在原始数据中，可能存在本底散射强度高于样品散射强度的情况。因此在扣除固态样品的本底时，需要特别关注透过率。图 9-7 展示了 He 离子注入的 Li_4SiO_4 颗粒(直径约为 1 mm)和 3M 封装胶带的原始散射曲线，在高 q 区间，本底的散射强度高于样品的散射强度。该实验数据采集自 SAXSPace 散射仪，实验曲线左侧的平台对应衰减后直穿束的强度，对其进行归一，然后按照式(9-6)即可扣除封装胶带的散射(图 9-8)。对于类似固态样品，若使用同步辐射 SAXS 测试，需要对后电离室计数归一；若使用 SANS 谱仪，需要同步测试样品透过率，然后对透过率归一。

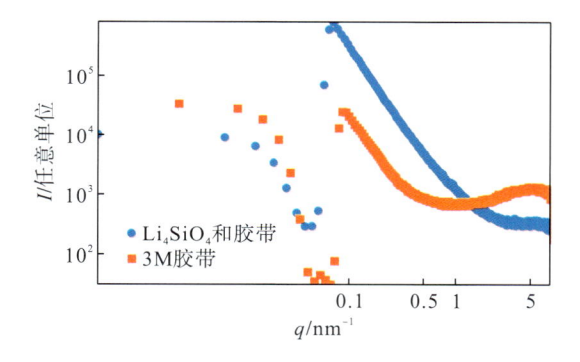

图 9-7　Li_4SiO_4 颗粒和封装胶带的原始 SAXS 数据

(a) 透射束强度归一

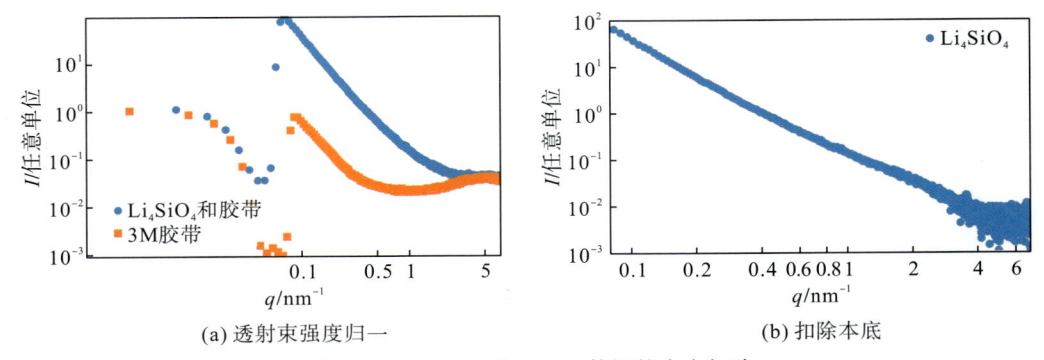

(b) 扣除本底

图 9-8 Li_4SiO_4 颗粒 SAXS 数据的本底扣除

双层 3M 胶带(40 μm)、双层 Kapton 膜(25 μm)、薄壁毛细管(10 μm 壁厚)、双层 Al 箔(20 μm)的散射如图 9-9 所示。实验数据采集自 SAXSpace 散射仪,曝光时间 5 min。在高 q 区间,双层 3M 胶带的散射最强,其次是双层 Kapton 膜。如果粉末样品特征结构的散射信号出现在高 q 区间,且散射强度较弱,那么可以使用 Al 箔作为封装材料。Al 箔在高 q 的散射信号较弱,趋于水平,且能耐受高温,适合做原位变温测试,因此对 SAXS 和 SANS 实验,均是一种良好的封装材料。此外,也可以使用毛细管封装固体粉末样品、凝胶样品或含有液体的样品。尽管在高 q 区间,毛细管的散射略高于 Al 箔,但毛细管在低 q 区间依然具有近似水平的散射特征。作为对比,图 9-9 也展示了真空(约 10 Pa)的散射。3M 胶带的散射强度比真空状态下的散射强度高两个数量级。

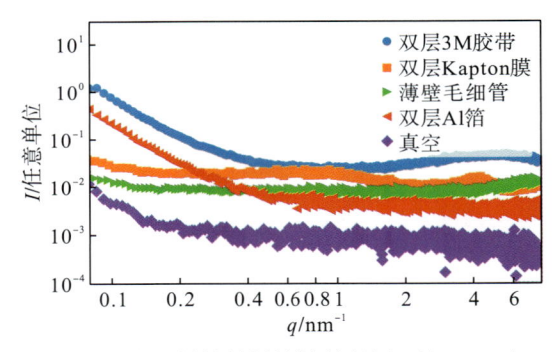

图 9-9 常用封装材料的散射(曝光时间 5 min)

综上所述,在科学实验中有一个不言而喻的共识:没有本底,就没有信号。本底包含了丰富的信息,只要实验时间允许,尽量在实验周期内多测本底;如果发现本底异常,要尽快排查出原因。对于溶液样品测试,应留意封装容器对本底的贡献。若所有溶液样品共用一个毛细管,那么上一个样品可能会污染毛细管的表面,而影响下一个样品的本底扣除;若一组样品封装在不同的毛细管内,那么毛细管的尺寸偏差会影响本底扣除。此外,本底扣除过程中,除了掌握基本方法外,还应灵活运用。例如,为了研究分散在固体中纳米粒子的结构,有时可以把不含纳米粒子的固体样品的散射直接当作本底扣除,这种处理方法要求目标纳米粒子的特征散射信号与固态样品基体的散射信号是独立的。

第 10 章 纳米粒子的尺寸分布

每个基本定律都有例外，但是你仍然需要定律，否则你所拥有的只是毫无意义的观察。

——杰弗里·韦斯特（Geoffrey West，1940—）

10.1 正态与对数正态分布

与考试成绩、身高、年降水量分布类似，很多情况下纳米粒子也表现出正态分布特征（高斯分布）：

$$f(R)_{\text{normal}} = \frac{1}{\sigma\sqrt{2\pi}}\exp\left(-\frac{(R-\mu)^2}{2\sigma^2}\right) \tag{10-1}$$

式中，μ 为纳米粒子系综的统计平均半径；σ 为标准差。68%的纳米粒子位于均值的一个标准差以内（$\mu\pm\sigma$），95%的纳米粒子位于均值的两个标准差（$\mu\pm2\sigma$）以内；距离均值尺寸越远的纳米粒子，其概率密度越低（图10-1）。

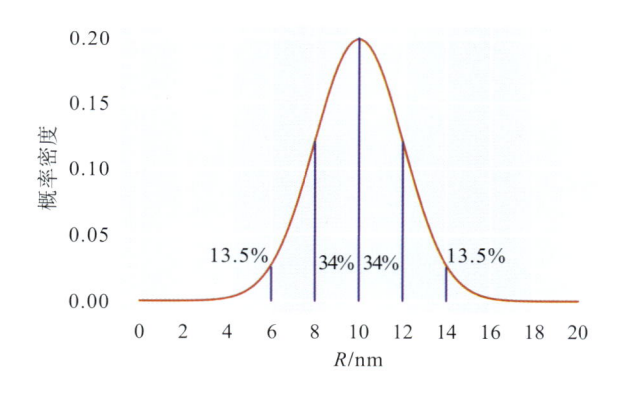

图 10-1　纳米粒子半径 R 的正态分布（μ=10 nm，σ=2 nm）

并不是所有粒子的尺寸分布都符合正态分布。在数学研究中，中心极限定理决定了一个随机事件是否满足正态分布。该定理说明，如果纳米粒子的尺寸是由如下条件决定的，那么它的分布就是正态分布：①它是由至少 20 个随机变量相加的结果；②各个随机变量是相互独立的；③每个随机变量的方差都是有限的；④每个随机变量对结果都有一定的贡献（不由少数几个随机变量决定）。也就是说，凡是多个独立随机变量相加的事件，结果就会是正态分布。

不论是"自上而下"还是"自下而上"的纳米粒子制备方法，决定其尺寸的因素是非常多的，比如浓度、温度、黏度、pH、布朗运动、热涨落、碰撞等参数和过程，自由能、熵、扩散等热力学、动力学因素，以及流动、筛分、前驱体的尺寸等，这些变量的叠加，均可能导致纳米粒子的尺寸呈现高斯分布。

如果纳米粒子的尺寸不是由独立随机事件相加决定，而是由随机事件相乘决定的，那么它的数量分布符合对数正态分布：

$$f(R)_{\text{log normal}} = \frac{1}{\sigma R\sqrt{2\pi}} \exp\left(-\frac{(\ln R - \ln \mu)^2}{2\sigma^2}\right) \tag{10-2}$$

式中，μ 为纳米粒子系综的统计中值半径；σ 为对数标准差。与正态分布不同，这里的 σ 没有单位。在对数分布中，纳米粒子的众数（模）半径等于 $\mu\exp(-\sigma^2)$，平均半径等于 $\mu\exp(\sigma^2/2)$；众数半径（模半径）、中值半径、平均半径的关系如图 10-2 所示。

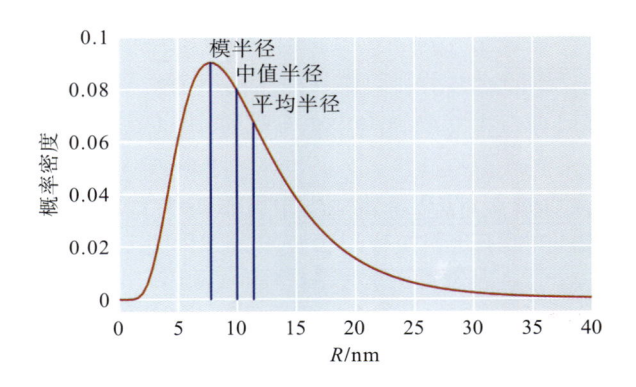

图 10-2　纳米粒子尺寸（R）的对数正态分布（μ=10 nm，σ=0.5）

对数正态分布不再具有对称的形态，而是出现一个较长的"尾巴"，也就是极端事件的概率比正态分布会高一些。这意味着，出现大尺寸纳米粒子的概率比正态分布高很多。由于该分布考虑到了更多的大尺寸纳米粒子对散射强度的贡献，且散射强度对粒子系统中大尺寸的纳米粒子更加敏感（正比于粒子尺寸的 6 次方），因此在小角散射数据分析中，对数正态分布比正态分布的适用性更加广泛。

对数正态分布中存在一些相对"极端"的事件，但在幂率分布中，会出现数量可观的"极端"事件。如果一个事件中的随机变量不是相互独立的，而是相互影响或者达成紧密的关联，那将符合幂率分布——事件发生的概率与事件大小的某个负指数成正比（x^{-a}）。幂率分布的"尾巴"比对数正态分布的"尾巴"更长。在对数坐标下，幂率分布呈线性衰减，而正态或对数正态分布则快速衰减。论文的引用次数、城市的人口分布、森林的大火、书籍的销量、地震等级等都符合幂率分布。如果纳米粒子的形成过程中，产生了某种联动效应，比如熟化（ostwald ripening）、水解、团聚、絮凝、凝胶化、自组装，那么很有可能出现纳米粒子尺寸的幂率分布。对于这种情况，粒子的尺寸会超出小角散射的测量范围，粒子也有可能形成分形结构，需要使用分形与多层级纳米粒子模型来处理。

除了正态分布和对数正态分布以外，还有一些特殊的分布函数和分析方法用于描述纳米粒子的多分散性。例如 Schulz-Zimm（舒尔茨·齐姆）分布和 Gamma（伽马）分布常用于描述高分子链的尺寸、分子量的分散性。想进一步了解粒子尺寸的分布的读者请参阅书后的参考文献 Flory（1936）、Kohlbrecher 和 Breßler（2022）、Kohlbrecher（2023）。

10.2 稀疏体系

对于稀疏粒子体系，其散射强度等于所有纳米粒子散射强度的叠加。式(3-50)已经推导出了稀疏体系中单分散球形粒子的散射强度，假设球形纳米粒子的尺寸满足某种分布，那么散射强度表述为

$$I(q) = \Delta\rho^2 \left\langle V_p^2 P_0(q) \right\rangle$$
$$= \Delta\rho^2 \int_0^\infty \left(\frac{4\pi}{3}R^3\right)^2 N(R) P_0(q, R) \mathrm{d}R \tag{10-3}$$

式中，n 为单位体积内粒子的数量；$N(R)\mathrm{d}R = nf(R)\mathrm{d}R$ 为在 $R\sim(R+\mathrm{d}R)$ 区间粒子的数量；$P_0(q, R)$ 为归一化的球形粒子的形状因子，根据式(4-2)：

$$P_0(q) = [3j_1(qR)/qR]^2 = \frac{9[\sin(qR) - qR\cos(qR)]^2}{(qR)^6} \tag{10-4}$$

当分布函数作用于 $P_0(q, R)$ 后，必然导致振荡峰的"模糊"化，"模糊"程度由标准差决定。图 10-3 展示了正态分布和对数正态分布中标准差对散射曲线形状散射强度的影响。在正态分布中，若标准差超过平均值的 20%，则球形粒子形状因子的振荡峰几乎消失。接下来通过研究案例说明多分散性对散射曲线的影响（"模糊"效应）。

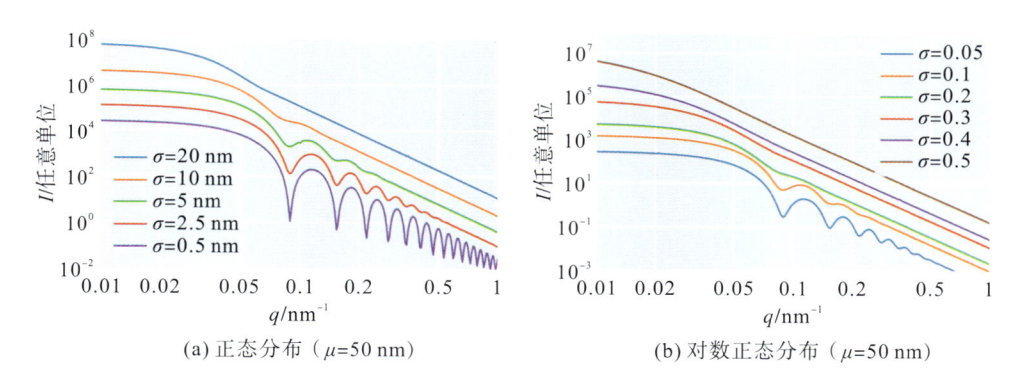

(a) 正态分布（$\mu=50$ nm）

(b) 对数正态分布（$\mu=50$ nm）

图 10-3 典型分布的标准差对球形粒子散射曲线的影响

使用共沉淀结合磁分离方法，制备超顺磁 γ-Fe_2O_3 胶体溶液。透射电子显微表明，γ-Fe_2O_3 纳米粒子的平均直径约为 10 nm（图 10-4）。胶体溶液的 SAXS 数据如图 10-5(a) 所示，散射曲线没有表现出振荡峰。图 10-5(a) 中黑色实线表示球形粒子对数正态分布模型的拟合曲线，拟合得到的中值半径为 4.56 nm，对数标准差为 0.25，粒子的尺寸分布 $f(R)$ 如图 10-5(b) 所示。

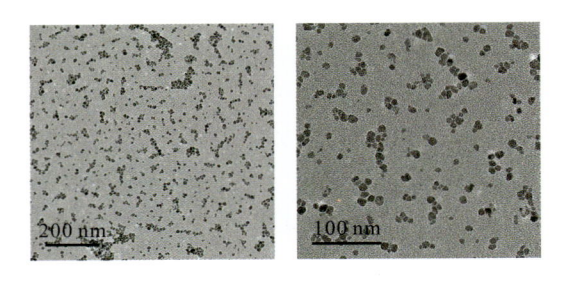

图 10-4　γ-Fe$_2$O$_3$胶体纳米粒子的透射电子显微照片

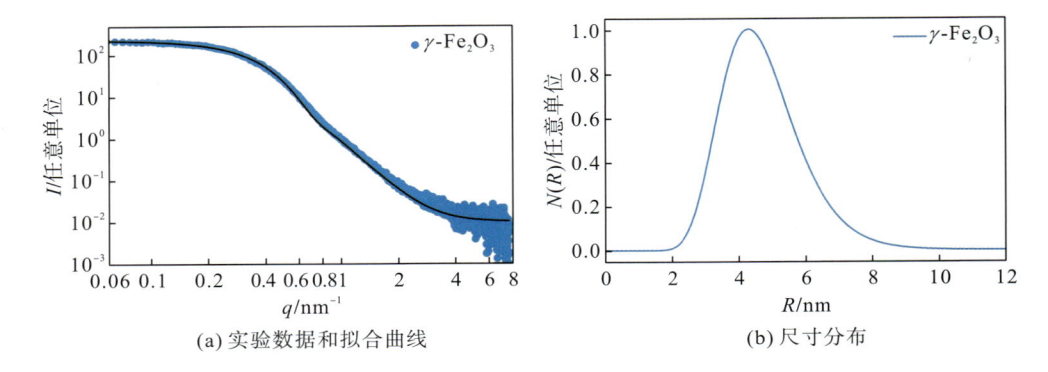

(a) 实验数据和拟合曲线

(b) 尺寸分布

图 10-5　γ-Fe$_2$O$_3$纳米粒子的 SAXS 数据模型拟合

10.3　稠密体系

3.5 节给出了粒子系统散射强度的推导公式。为了方便读者阅读，这里再次给出相关表达式，并做进一步归纳整理，着重体现粒子的多分散性和取向特性。由式(3-41)可知，任意粒子系的散射强度表达为

$$I(q) = \frac{1}{V}\left\langle \left\{\sum_{i=1}^{N} e^{-iq\cdot r_i} \int_{V_{\text{particle}}} \rho(u)e^{-iq\cdot u} du\right\}\left\{\sum_{j=1}^{N} e^{iq\cdot r_j} \int_{V_{\text{particle}}} \rho(v)e^{iq\cdot v} dv\right\} \right\rangle \quad (10\text{-}5)$$

进一步写为

$$\begin{aligned}
I(q) &= \frac{N}{V}\left\langle \int_{V_{\text{particle}}} \rho(u)e^{-iq\cdot u} du \int_{V_{\text{particle}}} \rho(v)e^{iq\cdot v} dv \left\{1 + \frac{1}{N}\sum_{i=1}^{N}\sum_{\substack{j=1\\j\neq i}}^{N} e^{iq\cdot(r_j-r_i)}\right\}\right\rangle \\
&= \frac{N}{V}\left\langle \iint_{V_{\text{particle}}} \rho(u)\rho(v)e^{-iq\cdot(u-v)} du dv\right\rangle \\
&\quad + \frac{N}{V}\left\langle \int_{V_{\text{particle}}} \rho(u)e^{-iq\cdot u} du \int_{V_{\text{particle}}} \rho(v)e^{iq\cdot v} dv (S(q)-1)\right\rangle
\end{aligned} \quad (10\text{-}6)$$

式中，第一项表示粒子的取向平均和尺寸平均的形状因子；$S(q)$表示具有空间取向的结构因子。令 $f(q)$表示粒子的散射振幅，那么式(10-6)表述为

第 10 章 纳米粒子的尺寸分布

$$I(q) = \Delta\rho^2 \langle V_p^2 f^2(q)\rangle \left[1 + \frac{\langle f(q)\rangle^2}{\langle f^2(q)\rangle}(S(q)-1)\right] \tag{10-7}$$

其中，$\langle V_p^2 f^2(q)\rangle = \langle V_p^2 P_0(q)\rangle$ 表示所有粒子多分散性和取向性的平均。式(10-7)的推导过程参见第 3.5。

若系统中粒子的多分散性较小(标准差小)，且粒子具有球对称特性，那么 $\langle f^2(q)\rangle = \langle f(q)\rangle^2$，式(10-7)可表达为单分散近似，即

$$I(q) = \Delta\rho^2 \langle V_p^2 P_0(q,R)\rangle S(q) \tag{10-8}$$

若粒子的分散性较小，且粒子的各向异性也不显著，此时可以近似认为结构因子与粒子的取向无关，那么散射强度可表达为解耦近似，即

$$I(q) = \Delta\rho^2 \langle V_p^2 P_0(q)\rangle [1 + \beta(q)(S(q)-1)] \tag{10-9}$$

式中

$$\beta(q) = \langle f(q)\rangle^2 / \langle f^2(q)\rangle$$

若体系中粒子的近邻尺寸一致，那么散射强度表述为(局域单分散近似)，即

$$I(q) = \Delta\rho^2 \int N(R)V^2(R)F^2(q,R)S(q,R)dR \tag{10-10}$$

以 Elastollan 1180A 聚醚型聚氨酯为例，在 185℃加热样品，然后进行水冷淬火处理。使用 SAXSpace 散射仪测量样品，样品厚度为 1 mm；样品探测器距离为 317 mm；所测 q 范围为 0.06~7 nm^{-1}。扣除散射本底，并消除线光源的"模糊"效应，得到的散射曲线如图 10-6(a)所示。硬段相之间存在相干散射作用，因此在 0.5 nm^{-1} 位置出现一宽化的相干散射峰。假设硬段相畴为多分散的球形粒子，且粒子间的相互作用是各向同性的，那么可使用式(10-8)拟合 I-q 曲线，其中 $S(q)$ 为 PY 硬球相互作用结构因子(参见 8.2 节)。拟合的硬段相畴尺寸分布如图 10-6(b)所示。需要注意的是，由于拟合参数较多，应首先拟合高 q 区间(0.7~2 nm^{-1})的散射数据，获得硬段相畴的尺寸分布；再拟合低 q 区间(0.06~0.70 nm^{-1})的散射数据，获得硬球体积分数和硬球相互作用半径；最后整体拟合(参见 14.3 节)。总体来说，如果粒子的多分散性越大、各向异性越显著，那么相干散射峰就越"模

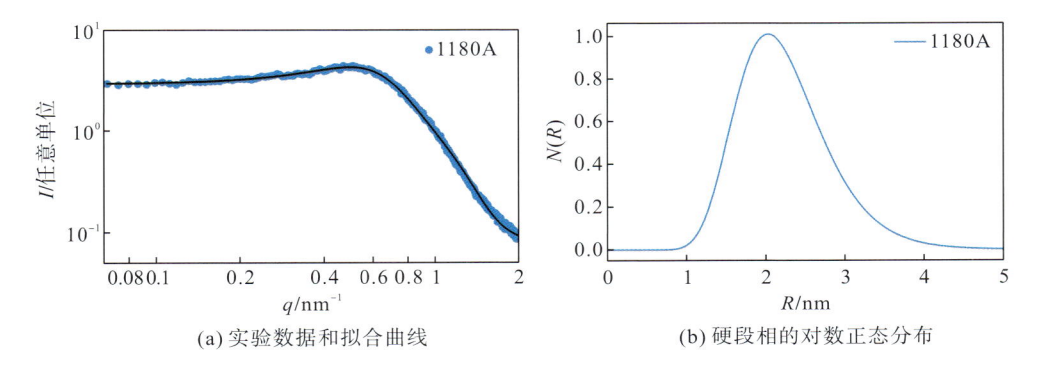

(a) 实验数据和拟合曲线

(b) 硬段相的对数正态分布

图 10-6 1180A 聚醚型聚氨酯的 SAXS 数据模型拟合

糊"。想深入了解相关理论知识的读者请参阅文献 Kotlarchyk 和 Chen(1983)、Pedersen(1994)、Pedersen(2002)。

综上所述,现实世界中,不存在理想的纳米粒子单分散体系,因此小角散射数据分析过程中,不可避免地涉及尺寸分布问题。熟练掌握常见的尺寸分布模型,是获得精细数据分析结果的前提。对于准单分散体系或者分散性较小的多分散体系,有利于得到具有特征信号(散射曲线存在振荡峰、平台、拐点)的散射数据,通常应用尺寸分布模型可以得到理想的分析结果。而对于分散性较大的多分散体系,小角散射数据分析结果的置信度会有所下降,这是因为:①散射曲线没有表现出特征的拐点和振荡峰,难以获得准确的拟合数据;②大尺寸粒子的特征散射信号可能超出了测量极限(参见 12.1 节);③小尺寸粒子的散射信号淹没在大尺寸粒子或者本底的散射信号中;④纳米粒子的尺寸分布杂乱无章,不满足已知的分布模型。

除了本章阐述的模型拟合分析方法,最大熵、期望最大化、蒙特卡罗等无模型或半模型拟合方法也常用于处理小角散射数据。相比于模型拟合,这些方法不依赖于事先假设的尺寸分布,适合处理具有不规则尺寸分布的多分散体系。在实际研究中,应根据纳米粒子的分散性、散射数据的特点及研究的具体需求,选择合适的分析方法。对于纳米粒子尺寸分布较为简单的研究体系,使用经典的模型拟合法就可以高效地获取理想的分析结果;而对于分布较为复杂或者不确定的研究体系,无模型或半模型拟合方法可以提供更具有统计意义的尺寸分布信息。

第 11 章 谱仪分辨率的"模糊"效应

正态分布的美妙之处在于它可以用简单的数学公式来描述自然界中的复杂现象,这使得我们能够更好地理解和掌握自然界中的规律和原则。

——约翰·纳什(John Nash,1928—2015)

11.1 针孔准直 SANS

11.1.1 谱仪分辨率对散射曲线的影响

小角散射实验数据可能受到谱仪分辨的影响而发生一定程度的畸变。以稳态中子源的针孔准直(pinhole collimation)SANS 谱仪为例,中子速度选择器的波长分辨率通常为 8%~15%;中子同时受到准直几何、像素单元尺寸以及重力的影响,而具有一定的几何发散度。在数学上,可用高斯函数来描述 SANS 谱仪的 q 分辨。谱仪分辨率(q 分辨率)——波长分辨率和几何分辨率的叠加——对散射曲线的作用,等于理论散射强度对谱仪分辨函数的卷积:

$$I(\langle q \rangle) = \int_{-\infty}^{+\infty} \frac{1}{\sigma_q \sqrt{2\pi}} \exp\left(-\frac{(q-\langle q \rangle)^2}{2\sigma_q^2}\right) I(q) \mathrm{d}q \tag{11-1}$$

式中,$I(q)$ 为理论散射强度。SANS 实验测量到的实验数据是经过谱仪分辨函数"模糊"化的数据。

图 11-1 展示了不同峰形函数与高斯函数的卷积。谱仪分辨的作用具体表现为相干散射峰、衍射峰或形状因子振荡峰的"模糊"化,即"峰"不高、"谷"不低、峰形宽化。注意图 11-1 中两个尖锐的近邻峰,与 Gauss 函数卷积后,转变成一个弥散的宽峰。MSU-H(一种介孔二氧化硅)样品的散射数据如图 11-2 所示,SAXS 数据采集自匈牙利自

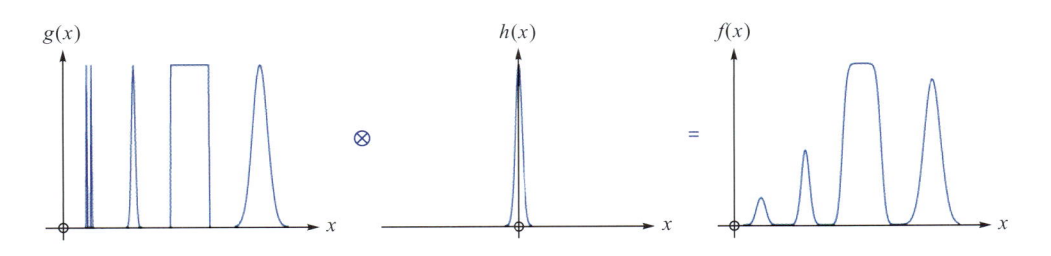

图 11-1 函数 $g(x)$ 与高斯函数 $h(x)$ 的卷积示意图

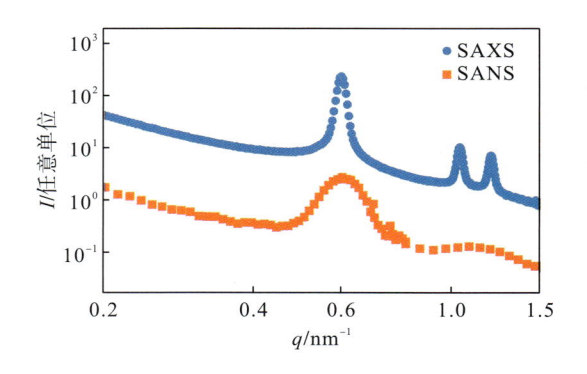

图 11-2 MSU-H 的 SAXS 和 SANS 数据

然科学研究中心的 CREDO 谱仪；SANS 数据来自瑞士 PSI 的 SANS-1 谱仪。在 SAXS 数据中，出现了两个近邻衍射峰（1～1.3 nm^{-1}）；而由于 SANS 谱仪 q 分辨的影响，SANS 数据中仅出现一宽化的散射峰（Tian et al.，2018a）。

11.1.2 几何分辨率和波长分辨率

谱仪分辨的计算与分析可以评价谱仪的性能指标，还可以用于数据拟合。在式（11-1）的计算中，关键是提前获知散射矢量的均方差 σ_q^2。对 $q=4\pi\sin\theta/\lambda$ 先求微分再平方：

$$\Delta q^2 = \left(\frac{4\pi}{\lambda}\right)^2 \Delta\theta^2 + q^2\left(\frac{\Delta\lambda}{\lambda}\right)^2 - 2\frac{4\pi}{\lambda}\frac{\Delta\lambda}{\lambda}q\Delta\theta \tag{11-2}$$

进而推导出散射矢量的均方差等于几何分辨率与波长分辨率的均方差之和：

$$\sigma_q^2 = \langle(q-\langle q\rangle)^2\rangle = \langle\Delta q^2\rangle = \left(\frac{4\pi}{\lambda}\right)^2\langle\Delta\theta^2\rangle + q^2\frac{\langle\Delta\lambda^2\rangle}{\lambda^2}$$

$$= \left(\frac{4\pi}{\lambda}\right)^2\sigma_\theta^2 + q^2\frac{\sigma_\lambda^2}{\lambda^2} = [\sigma_q^2]_{\text{geo}} + [\sigma_q^2]_{\text{wav}} \tag{11-3}$$

当 $q=0$ 时，几何分辨率表示直穿中子束的发散度：

$$[\sigma_q^2]_{\text{geo}} = \sigma_q^2(q=0) = \left(\frac{4\pi}{\lambda}\right)^2\sigma_\theta^2 \tag{11-4}$$

通过几何光路计算出发散角与准直参数的关系：

$$\varphi = \frac{R_3}{L_2} = \frac{1}{L_2}\left(\frac{L_2}{L_1}R_1 + \frac{L_2+L_1}{L_1}R_2 + \Delta r_3\right) = 2\theta \tag{11-5}$$

式中，L_1 为准直距离；L_2 为探测器距离；R_1 为源光阑半径；R_2 为样品光阑半径；r_3 为径向探测器单元分辨率；R_3 为探测器上中子束斑的半径（图 11-3）。

第 11 章 谱仪分辨率的"模糊"效应 95

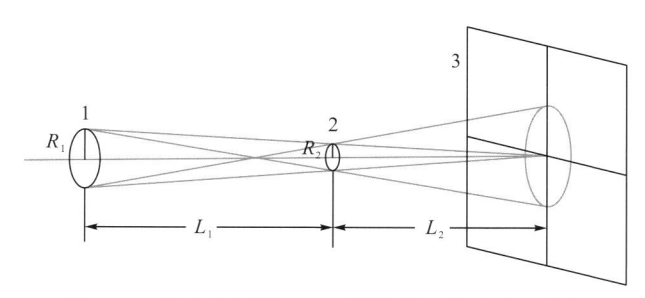

图 11-3 稳态中子源 SANS 谱仪的几何光路示意图
1.源光阑；2.样品光阑；3.探测器；R_1.源光阑半径；R_2.样品光阑半径；L_1.准直距离；L_2.探测器距离

发散角的均方差表达为

$$\sigma_\varphi^2 = 4\langle\theta^2\rangle = 4\sigma_\theta^2$$
$$= \frac{1}{L_2^2}\left[\left(\frac{L_2}{L_1}\right)^2\langle R^2\rangle_1 + \left(\frac{L_2+L_1}{L_1}\right)^2\langle R^2\rangle_2 + \langle\Delta r^2\rangle_3\right] \tag{11-6}$$

根据连续函数的平均值定义，可以计算出中括号内的平均项：

$$\langle R^2\rangle_1 = \int_0^{2\pi}\int_0^{R_1}\frac{r^2 r\mathrm{d}r\mathrm{d}\varphi}{r\mathrm{d}r\mathrm{d}\varphi} = \frac{R_1^2}{2}, \quad \langle R^2\rangle_2 = \frac{R_2^2}{2}, \quad \langle\Delta r^2\rangle_3 = 2\langle\Delta x^2\rangle_3 = \frac{x_3^2}{6} \tag{11-7}$$

式中，x_3 为正方形像素的尺寸。进而几何分辨表述为

$$[\sigma_q^2]_{\mathrm{geo}} = \left(\frac{4\pi}{\lambda}\right)^2\sigma_\theta^2 = \left(\frac{2\pi}{\lambda}\right)^2\sigma_\varphi^2$$
$$= \left(\frac{2\pi}{\lambda}\right)^2\left[\frac{R_1^2}{2L_1^2} + \left(\frac{L_2+L_1}{L_2L_1}\right)^2\frac{R_2^2}{2} + \frac{x_3^2}{6L_2^2}\right] \tag{11-8}$$

中子飞行时会受到重力作用而向下方偏离，导致竖直方向的 σ_{qy}^2 会略高于水平方向的 σ_{qx}^2，二者分别表达为

$$[\sigma_{qy}^2]_{\mathrm{geo}} = \left(\frac{2\pi}{\lambda}\right)^2\left[\frac{R_1^2}{4L_1^2} + \left(\frac{L_2+L_1}{L_2L_1}\right)^2\frac{R_2^2}{4} + \frac{y_3^2}{12L_2^2} + A^2(\langle\lambda^4\rangle - \langle\lambda^2\rangle^2)\right] \tag{11-9}$$

$$[\sigma_{qx}^2]_{\mathrm{geo}} = \left(\frac{2\pi}{\lambda}\right)^2\left[\frac{R_1^2}{4L_1^2} + \left(\frac{L_2+L_1}{L_2L_1}\right)^2\frac{R_2^2}{4} + \frac{x_3^2}{12L_2^2}\right] \tag{11-10}$$

式中，$A = L_2(L_1+L_2)gm^2/(2h^2)$（g 为重力加速度；m 为中子的质量；h 为普朗克常量）；y_3 为竖直方向像素的尺寸(Hammouda，2016)，通常 $x_3 = y_3$。中子波长越长，重力对几何分辨的影响就越大。但总体来说，重力对谱仪分辨率的影响微弱，故可将水平和竖直方向的几何分辨统一表述为式(11-8)。

速度选择器分辨率($\Delta\lambda/\lambda$)的物理意义是波长分布的半峰全宽(full width at half maximum，FWHM)，为了计算波长分布的均方差，可以近似认为经过速度选择器的中子具有高斯分布(也可近似为三角分布)：

$$f(\lambda) = \frac{1}{\sigma_\lambda\sqrt{2\pi}}\exp\left(-\frac{(\lambda-\lambda_0)}{2\sigma_\lambda^2}\right) \tag{11-11}$$

则 $\Delta\lambda/\lambda_0 = 2\sqrt{2\ln 2}\sigma_\lambda$，进而波长分辨表达为

$$[\sigma_q^2]_{\text{wav}} = q^2 \frac{\sigma_\lambda^2}{\lambda^2} = \frac{1}{8\ln 2}\left(\frac{\Delta\lambda}{\lambda}\right)^2 q^2 \quad (11\text{-}12)$$

最终谱仪分辨率表达为

$$\sigma_q^2 = \left(\frac{2\pi}{\lambda}\right)^2 \sigma_\varphi^2 + \frac{1}{8\ln 2}\left(\frac{\Delta\lambda}{\lambda}\right)^2 q^2 \quad (11\text{-}13)$$

以绵阳研究堆的"狻猊"SANS 谱仪为例，不同几何参数下，σ_q/q 的理论计算结果如图 11-4 所示。尽管 σ_q 是随着 q 的降低而降低的，但是相对不确定度 σ_q/q 却是增加的。在低 q 时，几何分辨率起主导作用；在高 q 时，波长分辨率起主导作用。

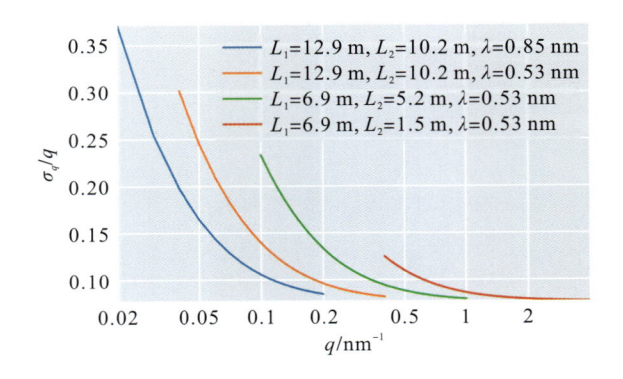

图 11-4 "狻猊"谱仪的相对 q 分辨率

准单分散 PMMA 球形纳米粒子胶体溶液的 SANS 数据如图 11-5 所示。拟合实线考虑了谱仪分辨率的影响，虚线对应理论散射曲线，拟合半径为 38.5 nm，对数标准差等于 0.05(Tian et al., 2018b)；而如果不考虑 q 分辨率，拟合半径等于 35.7 nm，且振荡峰附近 q 范围的拟合效果不理想。需要说明的是，如果样品的散射曲线本身就很平滑——没有特征的峰或者拐点，那么针孔准直 SANS 谱仪的 q 分辨并不会导致理论散射曲线的形状发生显著变化，因此可以忽略 q 分辨率的影响。

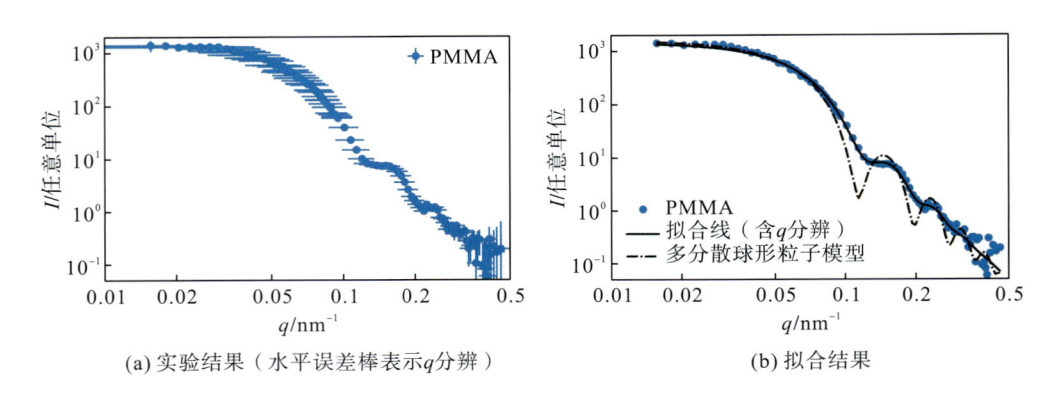

(a) 实验结果（水平误差棒表示 q 分辨）   (b) 拟合结果

图 11-5 PMMA 胶体溶液的 SANS 数据

11.2 线光源 SAXS

对于实验室 SAXS 仪器，使用线光源可以大幅提升散射信号的强度和测试效率，但同时导致 q 分辨率下降，数据还原过程必须消除线光源的影响。如图 11-6 所示，被辐射样品(线光源)的中心为 O 点，一维探测器上任意一点 q 相对样品长度方向各点的散射角是不一致的，从样品 y 点散射到 q 点的射线的散射矢量数值表示为

$$q_y = \sqrt{q^2 + y^2} \tag{11-14}$$

$$y = Y\frac{2\pi}{L\lambda} \tag{11-15}$$

式中，Y 为样品上某一点到样品中心的距离；L 为样品到探测器的距离；λ 为 X 射线波长；y 为倒易空间中的长度(与 q 的单位一致)。

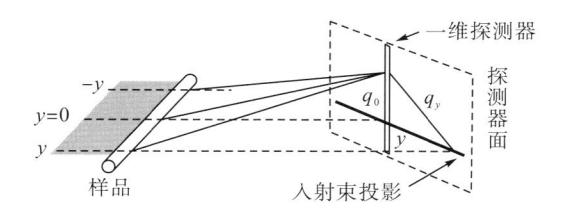

图 11-6　线光源长度方向各点对探测器上 q 点的散射几何

同理，在线光源的厚度方向，从 x 点散射到 q 点的射线的散射矢量数值表示为

$$q_x = q - x \tag{11-16}$$

对于样品上的任意一点 (x, y)，对一维探测器上 q 点的散射矢量表述为

$$q(x, y) = \sqrt{(q-x)^2 + y^2} \tag{11-17}$$

假设沿线光源长度和厚度方向归一化的 X 射线强度分布为 $v(x)$ 和 $w(y)$：

$$\int_{-\infty}^{+\infty} v(x)\mathrm{d}x = \int_{-\infty}^{+\infty} w(y)\mathrm{d}y = 1 \tag{11-18}$$

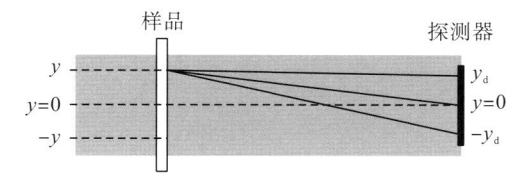

图 11-7　探测器的宽度效应

$v(x)$ 和 $w(y)$ 是可以实验测量的。进一步，考虑到一维探测器具有一定的宽度，如图 11-7 所示，那么 y 方向上新的归一化强度分布函数为

$$W(y) = \int_{-l/2}^{l/2} w(y - y_d) \mathrm{d}y_d \tag{11-19}$$

式中，l 为探测器的宽度。式(11-19)表示 $w(y)$ 对矩形函数（表示探测器的宽度）的卷积，其结果是使得线光源的"模糊"效应进一步增加。进而弥散的散射强度 $I_s(q)$ 表述为

$$I_s(q) = \int_{-\infty}^{+\infty} \int_{-\infty}^{+\infty} v(x) W(y) I(\sqrt{(q-x)^2 + y^2}) \mathrm{d}x \mathrm{d}y \tag{11-20}$$

线光源可以导致理论散射曲线发生显著的畸变。消除线光源"模糊(smeared)"效应——即通过式(11-20)计算出 $I(q)$，比较常用的方法是 Lake 迭代法(Lake，1967)。

模拟结果表明，线光源的"模糊"效应主要源于入射束的长度（y 方向），入射束的厚度和探测器的宽度对总"模糊"效应的贡献是可以忽略的(Goldenberg，2012)。以 SAXSpace 线光源散射仪为例，样品位置束流长度为 20 mm、厚度约为 0.2 mm。由于束斑厚度是长度的 1%，因此可不考虑入射束厚度导致的"模糊"效应。该散射仪所测准单分散 SiO_2 胶体(LUDOX TM，质量分数为 1%)的散射曲线如图 11-8(a)所示，实验曲线的振荡峰较为弥散，消除"模糊"效应后，形状因子的振荡峰更加清晰，整体散射强度以及高 q 区间的斜率 $-\alpha(I \propto q^{-\alpha})$ 也显著增加。标样山嵛酸银(AgBe)具有多级衍射峰，线光源导致所有衍射峰的"左肩"抬高，峰形不对称，消除"模糊"效应后，峰形变得更加尖锐和对称。对于点光源 SAXS 谱仪，一般情况不需要考虑 q 分辨对实验数据的影响。上海同步辐射光源的 BL16B1 线站和 BL19U2 线站的典型光斑尺寸分别为 0.35 mm×0.58 mm 和 0.05 mm×0.35 mm，可近似为理想的点光源。

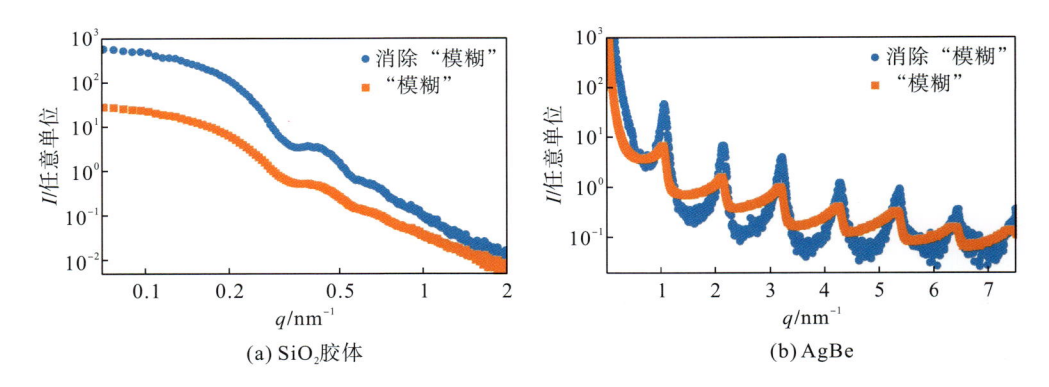

(a) SiO_2 胶体

(b) AgBe

图 11-8 线光源的"模糊"效应

第12章 纳米粒子的测量极限

测量极限是实验设备的一个重要指标,它决定了实验的精度和可靠性。

——马克斯·普朗克(Max Planck,1858—1947)

12.1 尺寸的测量极限

12.1.1 周期结构

小角散射实验中,纳米粒子的尺寸测量极限与所获取的 q 区间、谱仪分辨率、束流强度有关,同时也会受到多分散性、散射衬度等因素的影响。对于片层状黏土、有序介孔材料等具有良好周期性的样品,可以根据衍射峰位,直接使用 Bragg 公式($\lambda=2d\sin\theta$)或者 $2\pi/q_{peak}$ 计算出周期距离(Yin et al., 2024)。由于小角散射 q 区间的上限通常在 $5\sim10\ \mathrm{nm}^{-1}$,因此最小可探测到 1 nm 左右的周期距离。图 12-1 展示了一种新疆膨润土的 SAXS 数据(采集于 SAXSpace 散射仪)。原始样品的(001)晶面的衍射峰位于 $6.2\ \mathrm{nm}^{-1}$,对应 1 nm 的晶面距离;使用聚铝团簇柱撑后,(001)衍射峰向低 q 方向移动,(001)晶面距离显著增加,(002)衍射峰也清晰可见;进一步煅烧后,衍射峰位向高 q 略有移动,说明晶面间距收缩。

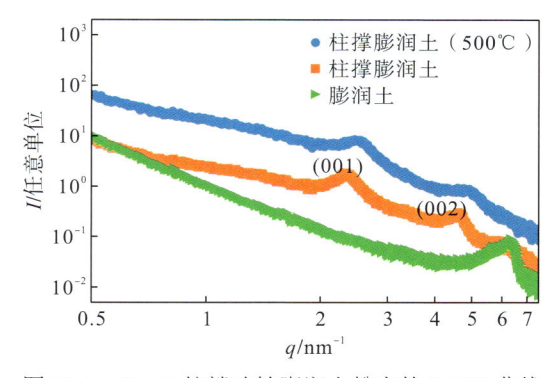

图 12-1 Ce-Al 柱撑改性膨润土粉末的 SAXS 曲线

在小角散射数据的低 q 端,可以通过 $2\pi/q_{peak}$ 估算出长周期距离。高分子的结晶、嵌段聚合物的相分离、纳米粒子的组装体等均可能出现准长周期结构,其在散射数据中对应较为宽化的相干散射峰。然而,此时的结构因子会受到形状因子的干扰,有的时候很难确定相干散射峰的峰位。理论上,可测量的最长周期距离等于 $2\pi/q_{min}$,但实际上小于该值。这是因为无法仅通过 q_{min} 确定可测量的最小峰位。

12.1.2 纳米粒子

由于富勒烯是目前已知的具有最小尺寸的纳米粒子之一,因此这里使用其作为标样,验证小角散射的尺寸测量下限。富勒烯 C_{60} 和 C_{70} 溶液的 SANS 数据如图 12-2 所示,数据采集于绵阳研究堆的"狻猊"SANS 谱仪。为了降低常规有机溶剂中 H 的非相干散射,即降低溶剂的 SANS 本底,使用 CS_2 作为溶剂。根据 Guinier 公式,拟合得到 C_{60} 和 C_{70} 的回转半径分别为 0.40(2)nm 和 0.43(1)nm[①]。该数值比理论计算数值略大(C_{60} 的理论回转半径为 0.35 nm),说明富勒烯表面存在 CS_2 溶剂化层(Affholter et al.,1993;Avdeev et al.,2010)。小角散射可以区分 C_{60} 和 C_{70} 纳米粒子的尺寸,具有约 0.01 nm 的分辨能力。

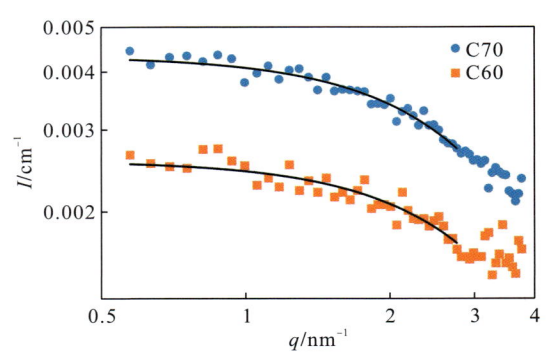

图 12-2 富勒烯 C_{60} 和 C_{70} 胶体纳米粒子(5 mg/mL,CS_2 溶剂)的 SANS 数据

富勒烯溶液的测量结果说明小角散射可探测到半径为约 0.5 nm 的粒子。接下来的例子说明在某些情况下,小角散射可在约 0.5 nm 的尺度研究原子基团的组装行为。锕系元素或其结构单元可组装形成具有特定结构的纳米粒子。将硝酸铀酰溶液与过量过氧化氢混合,然后按比例与氢氧化锂溶液混合,监测混合溶液的 SAXS 数据(SAXSpace 散射仪)随时间的演化,如图 12-3 所示。随着反应时间的增加,在高 q 区域逐渐出现特征振荡峰;使用球壳模型,可以拟合得到笼状铀酰过氧化物的几何尺寸,内球半径和壳层厚度分别为

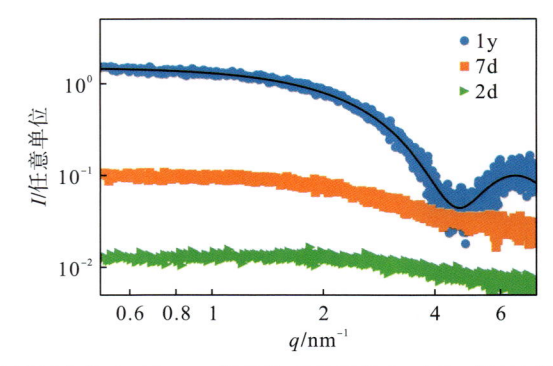

图 12-3 铀酰过氧化物(Li^+ 与 UO_2^{2+} 的物质的量比为 8)随时间演化的 SAXS 曲线

[①] 本书用 0.40(2)、0.43(1)这种方式表示拟合误差,即 0.40±0.02、0.43±0.01,后同。

第 12 章 纳米粒子的测量极限

0.54 nm 和 0.25 nm，对应 U_{24} 笼状粒子，如图 12-4 所示（Zhang et al.，2019）。该研究案例得益于 X 射线对重金属的敏感性，以及铀酰过氧化物的特殊几何结构。

图 12-4 笼状铀酰过氧化物 U_{24} 的结构示意图

给定测试 q 区间 $[q_{min}, q_{max}]$，纳米粒子的尺寸测量上限取决于 q_{min} 的数值大小。若纳米粒子不具有周期结构，可探测的尺寸上限不能通过 $2\pi/q_{min}$ 估算。假设粒子的最大尺寸为 D_{max}（对于球形粒子，D_{max} 表示直径），依据香农采样定理，实验获取的 q_{min} 必须小于 π/D_{max}，才可确保信息不丢失。具体的理论公式参见 Svergun 等（2013）的著作。这里通过 Debye 散射公式（Debye，1915）对这个问题再做一个简单的分析。对于一个由 N 个全同原子组成的纳米粒子，其空间取向平均的散射强度为

$$I(q) = \sum_{i=1}^{N}\sum_{j=1}^{N} f_i f_j \frac{\sin(qr_{ij})}{qr_{ij}}$$

$$= Nf^2 + f^2 \sum_{i}^{N}\sum_{j\neq i}^{N} \frac{\sin(qr_{ij})}{qr_{ij}} = Nf^2 + f^2 \sum_{n=1}^{M} \frac{B_n \sin(qr_n)}{qr_n} \tag{12-1}$$

式中，B_n 表示距离为 r_n 的原子对数量；$\sin(qr_n)/qr_n$（sinc 函数）的理论计算曲线如图 12-5 所示。小的 r_n 对应"高频"组态，决定高 q 区域的散射信号；大的 r_n 对应"低频"组态，决定低 q 区域的散射信号。假设一个粒子的最大尺寸为 D_{max}，那么为了获得该尺寸，必然要求 $q_{min}D<\pi$（π 是 sinc 函数的第一个根），即 $q_{min}<\pi/D_{max}$。为了获得一个直径为 50 nm 的球形粒子的尺寸，要求 $q_{min}<0.06\ \text{nm}^{-1}$。在 I-q 曲线中，π/D_{max} 对应散射曲线的"下拐"位置，如图 12-6 所示。如果拟使用 Guinier 近似分析粒子的尺寸，那么则要求 q_{min} 的数值进一步降低，即 $q_{min}<1/R$。

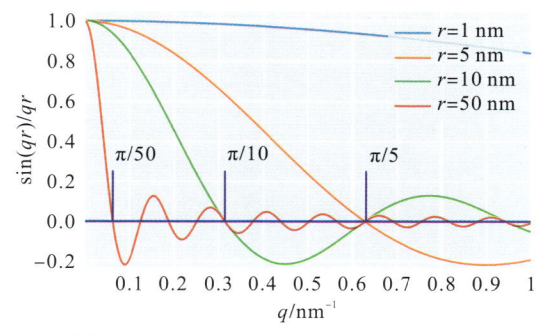

图 12-5 $\sin(qr)/qr$ 与 q、r 的关系曲线

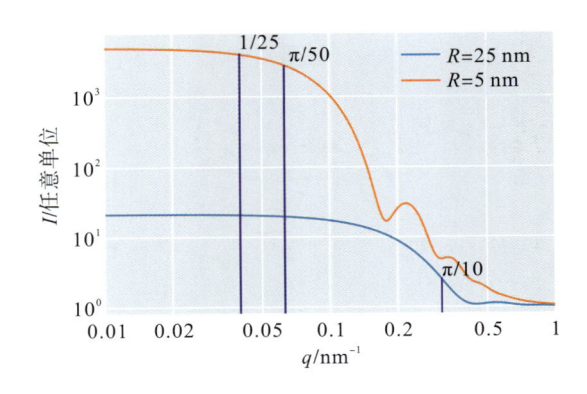

图 12-6　直径为 50 nm 和 10 nm 球形粒子的模拟散射曲线（正态分布，$\sigma/R=0.1$）

常规小角散射的 q_{min} 通常在 0.05 nm^{-1} 附近，可测量的最大粒子尺寸为 60 nm，最大长周期距离为 120 nm。在进行小角散射实验的时候，尽量为样品选择一个"舒适"的测试区间，或者根据谱仪的 q 区间，选择、设计"舒适"的样品。通常来说，[0.1 nm，1 nm] 的测试区间受直穿束发散度、寄生散射、本底的影响小，数据质量高，是常规小角散射谱仪最典型的测试区间，适合研究直径（最大尺寸）在 30 nm 以下的粒子。

12.2　浓度的测量下限

小角散射实验的粒子浓度测量下限是一个很有实际意义的问题，特别在溶液样品的实验设计中尤为重要。因为有些溶液样品在稍高浓度下就产生显著的吸引或排斥相互作用，有些样品量太少，有些物质因溶解性差而无法制备高浓度的样品。然而，浓度过低将导致散射信号太弱，无法获得有统计意义的实验数据。

理论上，散射强度正比于散射粒子与介质的散射长度密度差的平方（衬度），还正比于粒子的体积含量乘以粒子的体积（或者粒子的数量密度乘以粒子体积的平方），参见式(3-69)。因此粒子浓度的小角散射测量下限主要取决于衬度和粒子的尺寸。除此之外，还与 X 射线或中子辐射的性质有关。下面针对有机纳米粒子和无机纳米粒子进行讨论分析。

使用准单分散 LUODX TM 和 SM 二氧化硅纳米粒子悬浮液为对象，验证无机纳米粒子的小角散射浓度测量下限。SAXS 数据采集于上海同步辐射光源的 BL19U2 线站。对于 TM(25 nm) 样品，十万分之一的质量浓度依然可以在低 q 区域获得理想的散射曲线，形状因子的第一振荡峰清晰可见，但第二振荡峰几乎与本底重合。对于 SM(7 nm) 样品，千分之一的质量分数可得到平滑的散射曲线（低 q 端曲线上翘，样品存在团聚），但形状因子的振荡峰（1.1~1.2 nm^{-1}）消失（图 12-7）。TM 二氧化硅纳米粒子悬浮液的 SANS 数据如图 12-8 所示（"狨猊"谱仪），该数据没有扣除水的非相干散射本底。浓度为 0.5% 的样品的第一振荡峰几乎与水的非相干散射本底重合。需要注意的是，使用重水作为溶剂可以降低 H 的非相干散射，但有时会降低与无机纳米粒子的散射长度密度差（参见 13.1 节）。

第12章 纳米粒子的测量极限

(a) LUDOX TM（25 nm）

(b) SM（7 nm）

图 12-7　二氧化硅纳米粒子悬浮液的 SAXS 数据（不同浓度）

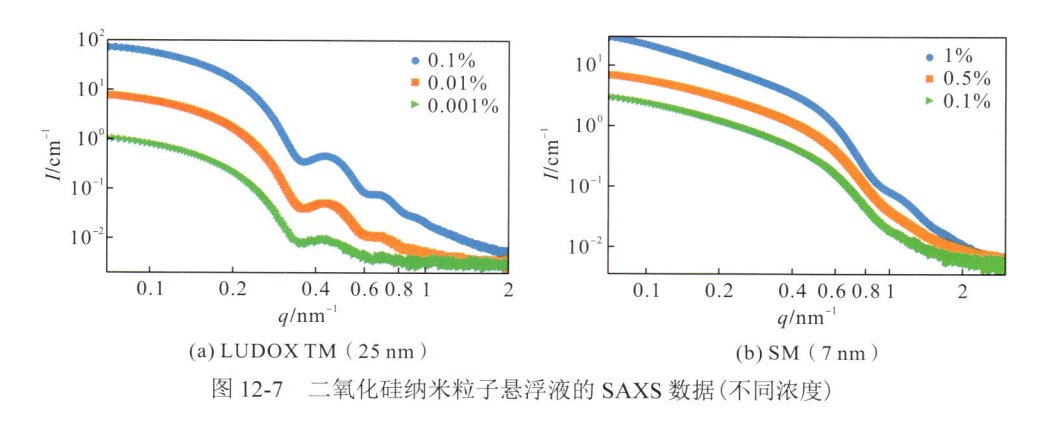

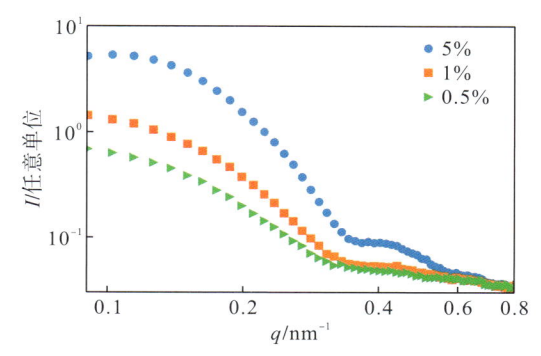

图 12-8　二氧化硅纳米粒子悬浮液（LUDOX TM）的 SANS 数据

2 mg/mL、5 mg/mL、10 mg/mL、20 mg/mL 硝化细菌纤维素溶液（溶剂是 DMF）的 SAXS 数据（SAXSpace 散射仪，曝光时间 20 min）如图 12-9 所示，其中 2mg/mL 样品的数据点较为离散、统计性差。随着浓度的增加，散射曲线逐渐平滑，浓度为 10 mg/mL 样品的实验数据可以满足数据分析要求。2mg/mL、10mg/mL、20mg/mL、50mg/mL 聚氨酯溶液（溶剂是氘代丙酮）的 SANS 实验数据如图 12-10 所示，数据采集自"狻猊"SANS 谱仪。2 mg/mL 样品的 I-q 曲线几乎水平，统计误差较大，当浓度大于 10 mg/mL 时，可以得到理想的实验数据。

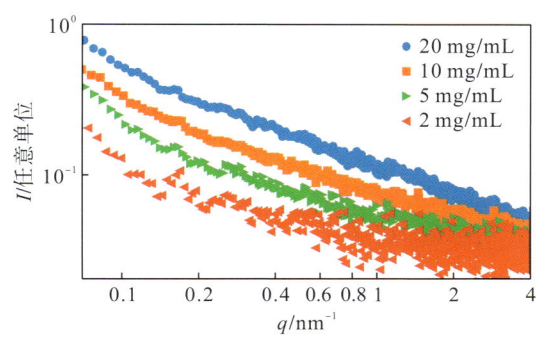

图 12-9　硝化细菌纤维素溶液的 SAXS 数据

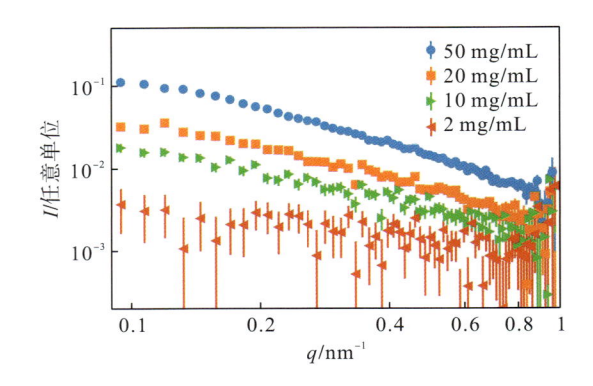

图 12-10　聚氨酯溶液(溶剂是氘代丙酮)的 SANS 数据

通过以上实验数据，可以得出如下结论。

(1) 在 SAXS 实验中，对于较大的无机粒子(>20 nm)，测试下限约为 0.01 mg/mL；对于约 5 nm 的无机粒子，测试下限约为 1 mg/mL；高分子、蛋白质溶液的浓度测试下限约为 5 mg/mL。

(2) 在 SANS 实验中，粒子浓度测量下限一般在 0.5%(5 mg/mL)左右，某些样品可以达到 0.1%(Liu et al.，2018)；使用氘代试剂可以有效降低 H 的非相干散射本底。

(3) 在更低的粒子浓度下，也有可能获得有效实验数据(取决于实验目的)，但会损失一些细节的结构信息。

(4) 开展溶液样品的小角散射实验，最好准备一组浓度梯度样品。如果配制样品的浓度远高于浓度下限，则需要考虑高浓度条件下纳米粒子之间是否会产生相互作用。

12.3　时间的测量下限

样品的测量时间下限取决于两个因素：一是入射束的强度，二是样品的散射能力。通常来说，SANS 的曝光时间以分或小时为计量单位；实验室 SAXS 的曝光时间以分为计量单位；同步辐射 SAXS 的曝光时间以秒或毫秒为计量单位。在美国的先进光子源，配合使用高时间分辨率的探测器，某些样品的单次曝光时间可缩短至 100 ns 以内(Bagge-Hansen et al.，2015)，非常适合研究纳米尺度结构的快速动态演化过程。

上海同步辐射光源的 BL19U2 线站样品的光子通量优于 4×10^{12} phs/s，典型溶液样品曝光时间为 1 s。以纯水为对象，可以得到更短的单次曝光数据。图 12-11 展示了曝光时间为 10 ms、50 ms、100 ms、1000 ms 的水(装载于 1.5mm 直径的毛细管中,壁厚为 0.01 mm)的散射数据。随着曝光时间缩短，曲线的平滑性逐渐下降；在 10 ms 曝光条件下，数据点较为离散。能否在约 10 ms 的曝光时间下获得有效的样品数据，取决于样品的散射强度。片状 Laponite 纳米粒子悬浮液 10 ms 曝光时间的散射数据如图 12-12(a)所示，由于样品的散射强度明显高于本底(水)，因此可以约 10 ms 的时间分辨率研究 Laponite 纳米粒子或类似无机纳米粒子在溶液中的动力学演化行为(胶体稳定性、絮凝、溶胶-凝胶转变)。

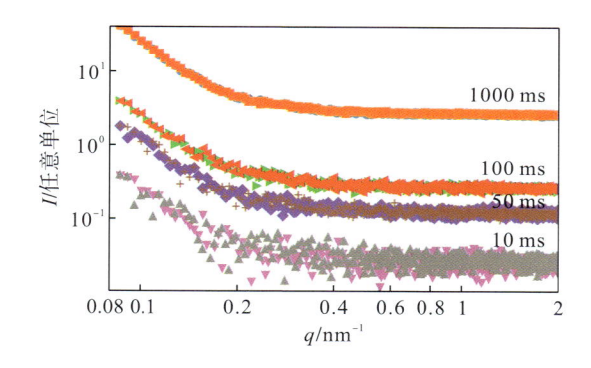

图 12-11　不同曝光时间纯水(包含毛细管)的 SAXS 数据

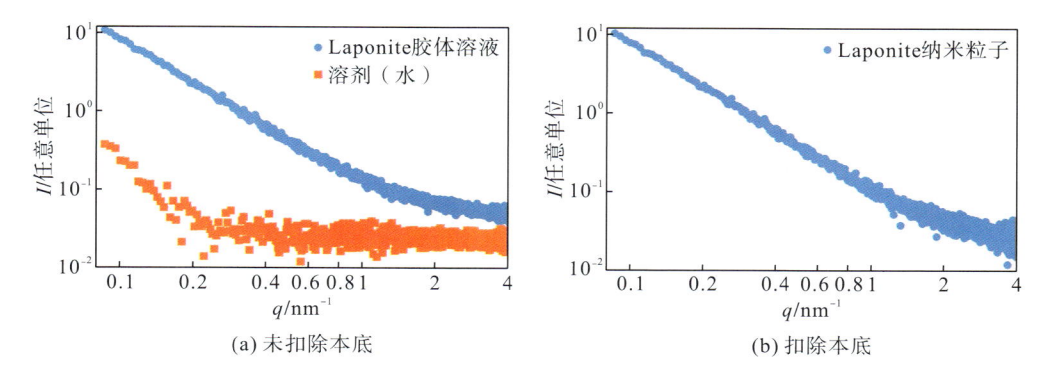

图 12-12　Laponite 胶体溶液的 SAXS 数据(10 ms 曝光时间)
(a) 未扣除本底　　(b) 扣除本底

同步辐射 SAXS 结合混合-停流(stopped-flow mixing)原位测试,可用于研究纳米粒子、大分子的动态演变,通过瞬时的散射数据获知体系的反应速率、组装过程和机理。混合-停流测量方法如图 12-13 所示,将待测液体装入两个(或三个)进样容器,快速混合后,在观测区进行高时间分辨率的 SAXS 测试。该技术在胶体、胶束、超分子、表面活性剂自组装研究领域具有重要应用(Grillo,2009)。

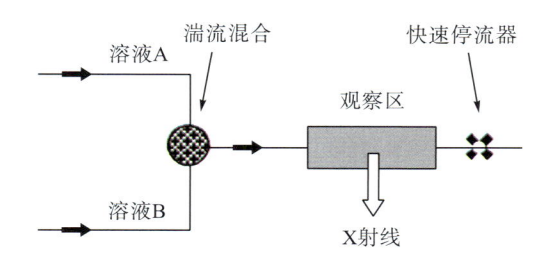

图 12-13　混合-停流 SAXS 测量示意图

接下来通过两个案例展示混合-停流 SAXS 技术的应用(BL19U2 线站)。聚苯乙烯-聚丙烯酸(PS-PAA,5 mg/mL,pH = 7)胶束与碳酸铀酰氨(AUC,5 mg/mL)以 9∶1 的体积比进行混合-停流 SAXS 测试，单次曝光时间为 1 s，连续曝光 120 次。以 20 s 的时间间隔绘制 SAXS 数据，如图 12-14 所示。随着混合时间的增加，I-q 曲线中逐渐出现振荡峰，表明碳酸铀酰被 PAA 分子链吸附（数据分析参见 16.2 节），富集在球形胶束表面；混合 100 s 后，散射曲线形态基本保持不变，表明体系趋于稳定，PAA 对碳酸铀酰离子具有良好的亲和性。将牛血清白蛋白（BSA）与 pH = 2 的缓冲液按 1∶2 的体积配比进行混合-停流 SAXS 测试，单次曝光时间为 20 ms，连续曝光时间为 600 ms。以 100 ms 的时间间隔绘制散射曲线，如图 12-15 所示。与酸性缓冲液混合后，Guinier 近似分析表明 BSA 粒子的回转半径由 3.8 nm（100 ms）增加到 7.4 nm（600 ms）。使用常规的小角散射测试方法，无法获得上述实验结果。

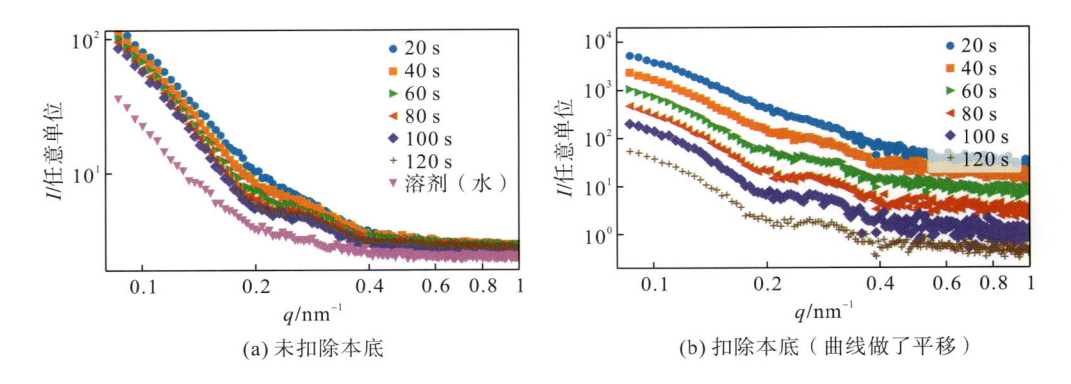

(a) 未扣除本底

(b) 扣除本底（曲线做了平移）

图 12-14 PS-PAA 胶束溶液与碳酸铀酰的混合-停流 SAXS 数据

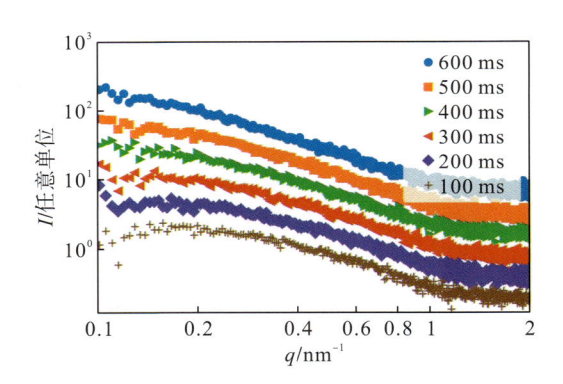

图 12-15 牛血清白蛋白与酸性缓冲溶液的混合-停流 SAXS 数据

第13章 散射衬度调控

一个人必须内心仍有混沌，才能孕育出一颗跳舞的星星。

——弗里德里希·威廉·尼采（Friedrich Wilhelm Nietzsche，1844—1900）

13.1 增强散射衬度

根据式(3-50)，如果研究体系的散射衬度($\Delta\rho^2$)过小，那么散射强度就很弱，导致很难或者无法获得有效的实验数据。这里以聚氧化乙烯(PEO)的轻水和重水溶液为例，计算 PEO 与溶剂的中子散射衬度 $\Delta\rho^2$(参见 3.2 节)。

H_2O 分子的散射长度：

$$b_{H_2O} = 2b_H + b_O = [2 \times (-0.374) + 1 \times 0.5805] \times 10^{-12} \text{cm}$$
$$= -0.1675 \times 10^{-12} \text{cm} \tag{13-1}$$

一个 H_2O 分子的体积：

$$v_{H_2O} = \frac{M_{H_2O}}{d_{H_2O}N_A} = \frac{18}{1.0 \times 6.02 \times 10^{23}} = 29.9 \times 10^{-24} \text{cm}^3 \tag{13-2}$$

进而得到轻水的散射长度密度：

$$\rho_{H_2O} = \frac{b_{H_2O}}{v_{H_2O}} = \frac{-0.1675 \times 10^{-12}}{29.9 \times 10^{-24}} = -0.56 \times 10^{10} \text{cm}^{-2} \tag{13-3}$$

与此类似，计算出重水的散射长度密度($b_D = 6.67$ fm $= 0.667 \times 10^{-12}$ cm)：

$$\rho_{D_2O} = \frac{b_{D_2O}}{v_{D_2O}} = 6.33 \times 10^{10} \text{cm}^{-2} \tag{13-4}$$

PEO 的重复结构单元是 CH_2—CH_2—O，其散射长度为

$$b_{EO} = 2b_C + 4b_H + b_O = 0.414 \times 10^{-12} \text{cm} \tag{13-5}$$

PEO 的重复单元体积为

$$v_{EO} = \frac{M_{EO}}{d_{PEO}N_A} = \frac{44}{1.08 \times 6.02 \times 10^{23}} = 67.7 \times 10^{-24} \text{cm}^3 \tag{13-6}$$

进而得出 PEO 的散射长度密度等于 0.61×10^{10} cm^{-2}。则 PEO 与轻水和重水的衬度为

$$(\Delta\rho)^2 = \begin{cases} (\rho_{PEO} - \rho_{H_2O})^2 = 1.37 \times 10^{20} \text{cm}^{-4} \\ (\rho_{PEO} - \rho_{D_2O})^2 = 32.7 \times 10^{20} \text{cm}^{-4} \end{cases} \tag{13-7}$$

由此可见，相比于 PEO 轻水溶液，PEO 重水溶液的散射衬度提升了 24 倍。在 SANS 实验中，经常使用氘代溶剂替换非氘代溶剂，以提升高分子溶液体系的散射衬度。常见物质的

散射长度密度如表 13-1 所示。与 PEO 的情况相反，四氧化三铁在轻水中具有良好的衬度。

表 13-1　常见物质的中子散射长度密度

物质	化学式	$\rho/10^{10}\text{cm}^{-2}$
铁	Fe	7.97
铜	Cu	6.65
铝	Al	2.09
钛	Ti	−1.95
锰	Mn	−2.90
四氧化三铁	Fe_3O_4	6.96
二氧化硅	SiO_2	3.47
轻水	H_2O	−0.56
重水	D_2O	6.33
聚氧化乙烯	$(C_2H_4O)_n$	0.61
氘代聚氧化乙烯	$(C_2D_4O)_n$	6.46
甲苯	C_7H_8	0.94
氘代甲苯	C_7D_8	5.66

下面通过几个具体的实例，进一步说明如何通过氘代溶剂提升研究体系的散射衬度。Estane 5703p（简称 Estane）是一种商业聚酯型聚氨酯，其硬段富集相和软段富集相的中子散射衬度较低，因此散射信号很弱。当把样品浸入氘代甲苯中后，氘代甲苯会溶胀软段相，进而提升体系的散射衬度。图 13-1 展示了干燥状态和溶胀状态样品的 SANS 实验结果。该实验在绵阳研究堆的"狻猊"谱仪开展，样品装载于光程为 2 mm 的石英比色皿中，样品探测器距离 5.25 m，中子平均波长 0.53 nm，单次曝光时间为 10 min。随着溶胀时间的增加，样品的散射强度逐渐增加，8 h 后逐渐达到溶胀饱和；相比于干燥样品，溶胀后样品的散射能力提升了 50 倍以上。

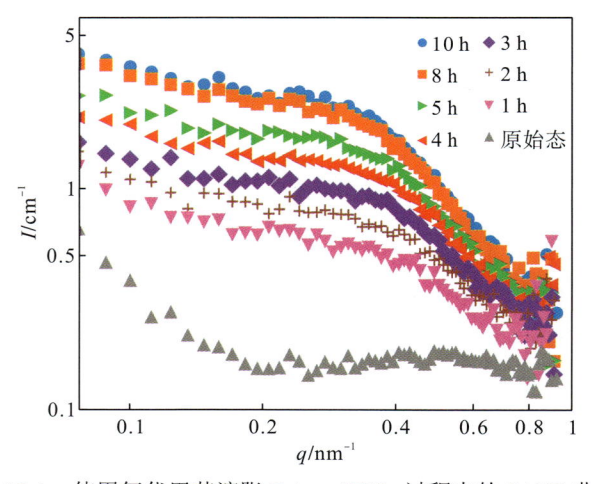

图 13-1　使用氘代甲苯溶胀 Estane 5703p 过程中的 SANS 曲线

第 13 章　散射衬度调控

对于 SAXS，虽然不能通过使用氘代溶剂调控体系的散射衬度，但是可以通过改变蔗糖溶液的浓度（常用于生物大分子样品）或溶剂的种类来改变体系的散射衬度。例如，2 mol/L 蔗糖水溶液与蛋白质的 X 射线散射长度密度相当。直径为 100(±3) nm 聚苯乙烯（PS，1%）纳米粒子悬浮液（采购于 Thermo Fisher Scientific 公司）的 SAXS 实验在上海同步辐射光源的 BL19U2 线站开展，样品探测器距离等于 5.74 m，入射 X 射线波长为 0.103 nm。水与 PS 的 X 射线散射长度密度相当，分别为 9.42×10^{10} cm^{-2} 和 9.59×10^{10} cm^{-2}，仅相差 1.8%，因此 PS 纳米粒子胶体溶液的散射强度较弱。乙醇的散射长度密度较低（7.57×10^{10} cm^{-2}），因此使用乙醇稀释该悬浮液后，即使 PS 纳米粒子的浓度有所下降，散射强度也会显著提升。水和乙醇按 1∶1 的体积比混合，混合溶剂的 X 射线散射长度密度等于 8.50×10^{10} cm^{-2}，理论上散射强度将会增加 14 倍（粒子浓度下降一半）。实验结果如图 13-2 和图 13-3 所示。

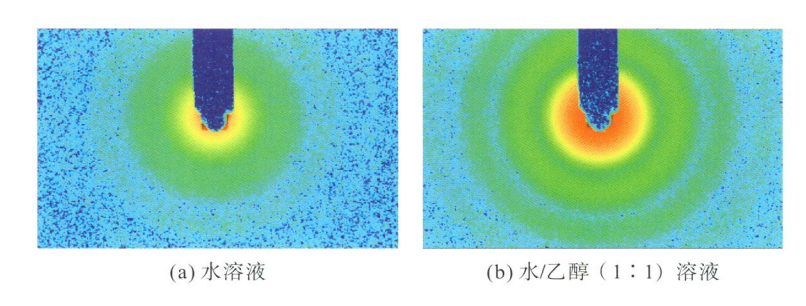

(a) 水溶液　　　　(b) 水/乙醇（1∶1）溶液

图 13-2　准单分散 PS 球形粒子的二维 SAXS 数据

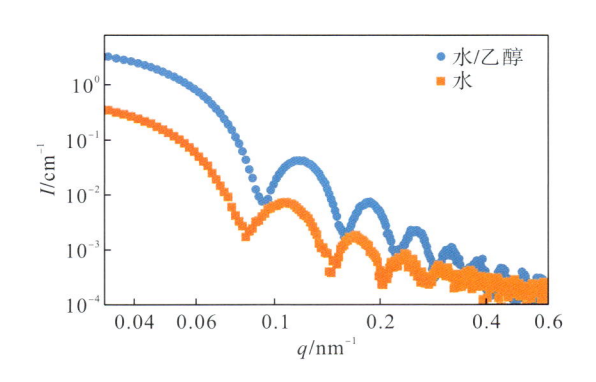

图 13-3　准单分散 PS 球形粒子的 I-q 曲线

20 世纪 70 年代，Kirste 等（1972）通过 SANS 证实了在高分子固体中分子链是高斯链（随机行走分子链），参见式(5-9)。假设高分子固体中，单位体积内分子链数量为 n；氘代分子链的比例为 x，数量为 nx；非氘代分子链的比例为 $1-x$，数量为 $n(1-x)$。其绝对散射强度表达[参见式(5-7)]为

$$I = x(1-x)(b_H - b_D)^2 nZ^2 P_0(q)_{RW} \tag{13-8}$$

其中

$$P_0(q)_{RW} = \frac{2}{x^2}(e^{-x} + x - 1)$$

$$x = Nb^2q^2/6$$

式中，b_H 和 b_D 为高分子单体的散射长度。式(13-8)表明，对于任意氘代-非氘代比的高分子固态混合物，散射强度正比于 Deby 函数；当 $x=0.5$ 的时候，式(13-8)具有最大值。

把数均分子量为 215000($M_w/M_N = 1.10$)的氘代聚苯乙烯(d-PS)与数均分子量为 273000($M_w/M_N = 1.06$)的非氘代聚苯乙烯(h-PS)，按等质量溶解于甲苯溶剂，然后搅拌均匀，再将甲苯挥发，制备得到 d-PS/h-PS 共混物。SANS 实验在绵阳研究堆的"狻猊"谱仪开展，样品探测器距离为 6.9 m 和 1.5 m，中子平均波长为 0.53 nm。样品的实验数据和随机行走分子链模型拟合数据如图 13-4 所示。由于理论上可以严格计算出 d-PS/h-PS 共混物的绝对散射强度，并且该类样品具有散射信号强、易保存等优点，因此常被用于标定 SANS 实验数据的绝对强度。

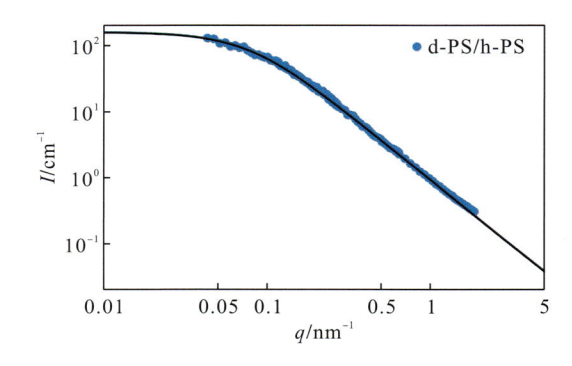

图 13-4　d-PS/h-PS 共混物的 SANS 实验和随机行走分子链模型拟合数据

13.2　匹配散射衬度

两相体系是小角散射的理想研究对象，然而在实际研究中，研究者经常需要面对复杂的多相体系。通过有目的地调控体系的散射衬度，可以凸显特定目标的散射信号并分类获取特征结构，进而实现复杂体系的结构分析。生物大分子通常具有异质结构，蛋白质、DNA、糖类和脂质中 H、C、O、N、P、S 元素的比例不同，因此它们的散射长度密度也不尽相同。应用 SANS 的衬度匹配方法，可以巧妙获取复杂生物大分子内部不同组分的结构信息。在 H_2O-D_2O 混合溶液中，当 D_2O 的体积分数为 10%～15%时，溶剂的散射长度密度与脂质相当；当 D_2O 的体积分数为 40%～45%时，溶剂的散射长度密度与蛋白质相当；当 D_2O 的体积分数为 60%～70%时，溶剂的散射长度密度与 DNA 相当（图 13-5）。在 SAXS 实验中，可以通过调控溶液中蔗糖、氯化钠的浓度来调控生物大分子散射体系的衬度。

第 13 章 散射衬度调控

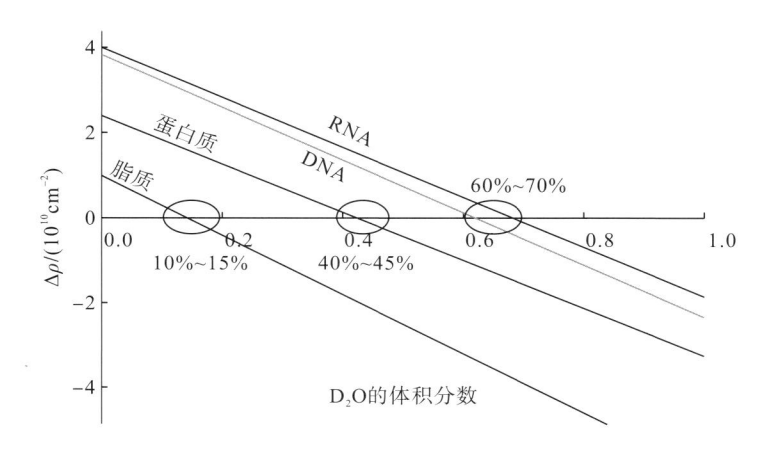

图 13-5 生物大分子在 H_2O-D_2O 混合溶液中的衬度匹配点

Stuhrmann（1982，1995）提出了一种处理非均质纳米粒子小角散射实验数据的理论方法。假设非均质纳米粒子的平均散射长度密度为 $\bar{\rho}$，则与溶剂（ρ_s）的散射长度密度差为

$$\Delta\rho = \bar{\rho} - \rho_s \tag{13-9}$$

为了描述非均质纳米粒子的结构，定义两个新的物理量：在衬度匹配点，体系的散射长度密度为 $\rho_s(r)$，其对应粒子内的结构信息；在远离衬度匹配点，体系的散射长度密度为 $\rho_c(r)$，其对应粒子的整体结构信息。进而非均质纳米粒子与溶剂的散射长度密度差表达为

$$\Delta\rho(r) = \Delta\rho\rho_c(r) + \rho_s(r) \tag{13-10}$$

然后傅里叶变换后得到[参见式（3-36）]

$$A(q) = \Delta\rho A_c(q) + A_s(q) \tag{13-11}$$

进而散射强度[参见式（3-19）]为

$$I(q) = \Delta\rho^2 I_c(q) + \Delta\rho I_{cs}(q) + I_s(q) \tag{13-12}$$

式中，$I_c(q)$ 为非均质纳米粒子的散射，反映了粒子的整体形状和数量；$I_s(q)$ 为非均质纳米粒子内部结构的散射；$I_{cs}(q)$ 为二者的交叉项。式（13-12）也被称作小角散射衬度调控研究领域的基础方程。

如果要精确得到 $I_c(q)$、$I_s(q)$、$I_{cs}(q)$，那么实验上至少要获得三个对比度（$\Delta\rho$）下的实验数据，并结合线性方程组求解：

$$\begin{cases} \Delta\rho_1^2 I_c(q) + \Delta\rho_1 I_{cs}(q) + I_s(q) = I(q)_1 \\ \Delta\rho_2^2 I_c(q) + \Delta\rho_2 I_{cs}(q) + I_s(q) = I(q)_2 \\ \cdots\cdots \\ \Delta\rho_n^2 I_c(q) + \Delta\rho_n I_{cs}(q) + I_s(q) = I(q)_n \end{cases} \tag{13-13}$$

简写为

$$Ax = b \tag{13-14}$$

式中，A 为对比度矩阵（$n\times 3$）；x 为 $I_c(q)$，$I_s(q)$ 和 $I_{cs}(q)$ 的列矩阵（3×1）；b 为 $I(q)_1$，

$I(q)_2,\cdots I(q)_n$ 的列矩阵（$n\times 1$）。如果 $n=3$，适定线性方程组的解为

$$x=A^{-1}b \tag{13-15}$$

如果 $n>3$，超定线性方程组的最小二乘解为

$$x=(A^T A^{-1})A^T b \tag{13-16}$$

接下来通过几个案例说明衬度匹配方法的应用。精确表征分析炸药的晶体缺陷（孔洞、位错丛等）是含能材料研究领域的关键问题。如果直接对微米级炸药晶体颗粒进行小角散射测量，那么晶粒间孔隙、晶粒表面等结构的散射信号会掩盖晶体缺陷的散射信号。如图 13-6 所示，使用氘代不良溶剂可以有效抑制晶体颗粒的散射，凸显出晶体内部缺陷的散射。以 TATB（三氨基三硝基苯）晶体颗粒为例，其散射长度密度等于 $4.88\times 10^{10}\text{ cm}^{-2}$。氘代甲醇（$CD_3OD$）和非氘代甲醇（$CH_3OH$）的散射长度密度分别等于 $5.81\times 10^{10}\text{cm}^{-2}$ 和 $-0.37\times 10^{10}\text{cm}^{-2}$。图 13-7 展示了不同对比度（$\Delta\rho$）下的 SANS 实验数据，$CH_3OH$ 与 CD_3OD 的体积比分别为 0∶100、10∶90、15∶85、60∶40、100∶0。在低 q 区间，样品的散射强度有两个数量级的差异（Song et al.，2019）。在衬度匹配点（15∶85），样品具有最小的散射强度，对应基础方程中的 $I_s(q)$。在远离衬度匹配点（0∶100），样品的散射强度最大，由于 $I_c(q)$ 远大于 $I_s(q)$，散射强度近似等于 $I_c(q)$。另外需要注意的是，由于炸药晶体缺陷的含量很低，本研究中可以使用 TATB 晶体的散射长度密度替代基础方程中的 $\bar\rho$。

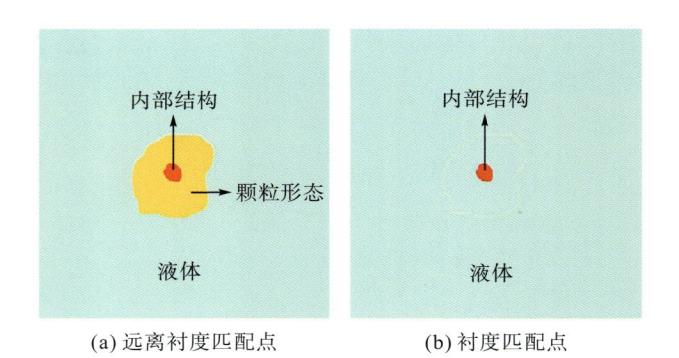

(a) 远离衬度匹配点　　(b) 衬度匹配点

图 13-6　炸药晶体的衬度调控示意图

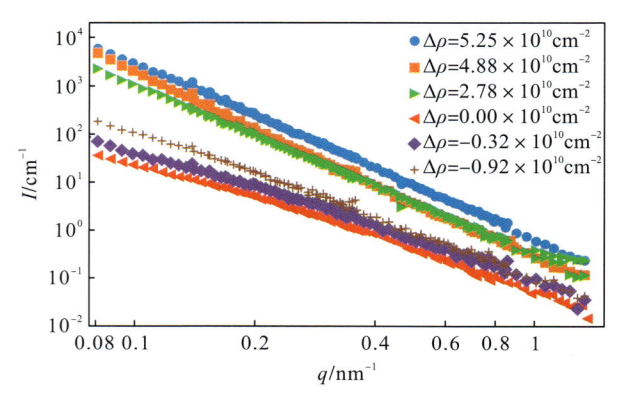

图 13-7　纳米 TATB 晶体颗粒的衬度调控 SANS 数据

第 13 章 散射衬度调控

聚氧乙烯(PEO)-聚氧丙烯(PPO)-聚氧乙烯(PEO)三嵌段聚合物在临界胶束浓度以上,在水溶液中会自组装成球形胶束(室温)。然而,PEO 和 PPO 的中子散射长度密度十分接近,因此采用"内变换"方法,即把 PPO 链段氘代(d-PPO),同时结合"外变换"方法,即调控轻水和重水的比例,揭示胶束的精细结构。散射体系各组分的散射长度密度列于表 13-2(Mortensen,2001)。随着 D_2O 比例的增加,溶剂的衬度首先与 PEO 匹配($\Delta\rho=0$),最后逐渐与 d-PPO 衬度匹配(图 13-8)。在这个过程中,胶束的形态没有发生变化,但是小角散射数据会显著改变,进而可以使用胶束模型、球形粒子模型、Guinier 近似等解析实验数据。

表 13-2 PEO-PPO-PEO 溶液体系的中子散射长度密度

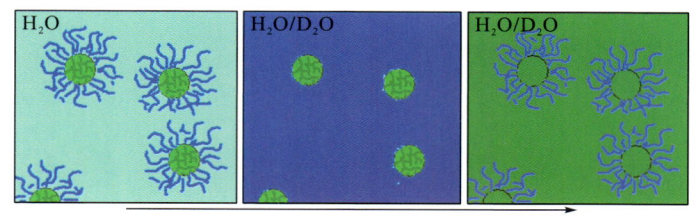

物质	化学式	密度/(g/cm^3)	$\rho/10^{10}$ cm^{-2}
PEO	$(C_2H_4O)_n$	1.08	0.60
d-PEO	$(C_2D_4O)_n$	1.18	7.68
PPO	$(C_3H_6O)_n$	1.01	0.34
d-PPO	$(C_3D_6O)_n$	1.10	6.19
水	H_2O	1.00	−0.56
重水	D_2O	1.11	6.41

图 13-8 通过改变 D_2O 的比例调控 EO_{33}–dPO_{42}–EO_{33} 胶束的散射衬度

SBA-15 是一种高度有序的 SiO_2 介孔材料,利用其孔道的限阈特性,负载功能纳米粒子,在催化、吸附、光学、生物医药等领域具有重要应用前景。如何获知功能纳米粒子是否装载于孔道中,以及在孔道中的存在形式是一个技术难题。制备不同 ZnO 含量的 SBA-15,并将样品浸泡在 H_2O-D_2O 的混合溶剂中,开展 SANS 实验。非晶态 SiO_2 的散射长度密度等于 3.47×10^{10} cm^{-2},在衬度匹配点(H_2O 和 D_2O 的体积比为 41∶59),周期孔道结构的衍射峰(相干散射峰)消失;而在远离衬度匹配点(D_2O 环境),周期孔道结构的衍射峰清晰可见,如图 13-9 所示。在衬度匹配点,随着 ZnO($\rho=4.76\times10^{10}$ cm^{-2})含量的增加,位于 0.5~0.8 nm^{-1} 的衍射峰逐渐增强。因此,ZnO 成功负载于介孔孔道中,并具有周期有序结构;作为对比,随着 ZnO 含量的增加,样品的 SAXS 数据几乎保持不变(图 13-10)。

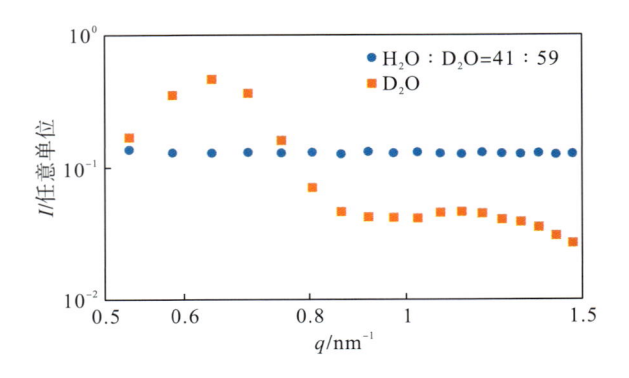

图 13-9 衬度匹配点和远离衬度匹配点的 SAB-15 的 SANS 数据

(a) SANS（衬度匹配点）

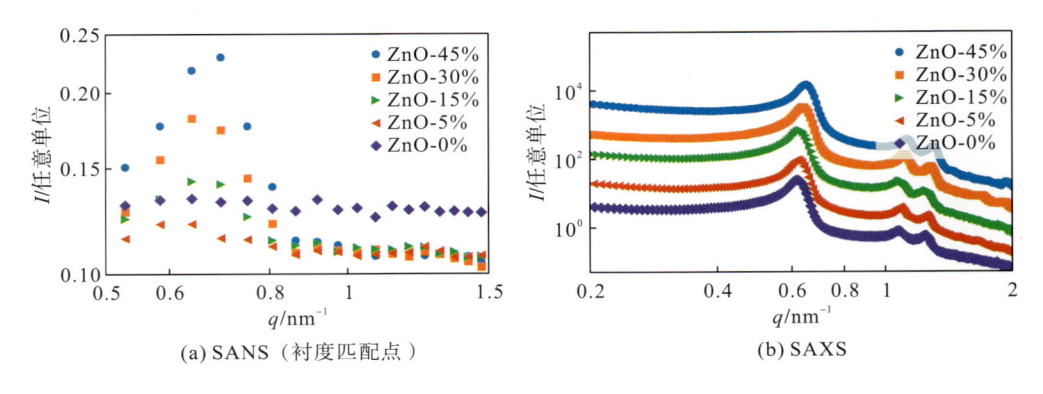

(b) SAXS

图 13-10 负载 ZnO 的 SAB-15 的小角散射数据

综上所述，散射衬度、形状因子和结构因子是小角散射研究领域的三大物理量。研究对象具有足够的散射衬度是进一步分析形状因子和结构因子的必要前提。通常来说，目标纳米粒子与周边介质的散射长度密度差达到 10%～15%，即可获得可观的散射数据。衬度调控是获取异构、异质、复杂纳米粒子结构的特色小角散射实验方法。灵活应用该方法，对于提高实验成功率、获得精细的实验数据、解析复杂体系的微结构是大有裨益的。

第 14 章 数据拟合方法

君子生非异也，善假于物也。

——荀子（前 313—前 238）

14.1 拟合与残差

最小二乘法（又称最小平方法）是一种数学优化方法。在小角散射数据拟合分析中，以"残差平方和最小"为判据，用连续的理论模型曲线逼近离散的实验数据点集，进而获得散射体的结构、数量、衬度等参数。具体而言，实验数据为 $I^{\text{exp}}(q_i)$，下标表示第 i 个数据点（共有 N 个数据点），模型曲线为 $I^{\text{model}}(q_i)$，则卡方（chi-square）定义为

$$\chi^2 = \sum_{i=1}^{N} \left(\frac{I^{\text{exp}}(q_i) - I^{\text{model}}(q_i)}{\Delta I^{\text{exp}}(q_i)} \right)^2 \tag{14-1}$$

式中，$\Delta I^{\text{exp}}(q_i)$ 为实验数据的误差。拟合过程中，调整参数 a_j 使得式(14-1)具有最小值，以获取最优的 $I^{\text{model}}(q)$。考虑到拟合自由度 $N-m$（共有 m 个拟合参数），引入约化卡方（reduced chi-square）：

$$\chi_r^2 = \frac{1}{N-m} \sum_{i=1}^{N} \left(\frac{I^{\text{exp}}(q_i) - I^{\text{model}}(q_i)}{\Delta I^{\text{exp}}(q_i)} \right)^2 = \frac{\chi^2}{N-m} \tag{14-2}$$

式(14-2)也称为拟合优度。拟合的参数 m 越多，约化卡方越大。当 N 远大于 m，且 $I^{\text{exp}}(q_i) - I^{\text{model}}(q_i, a_j) = \Delta I^{\text{exp}}(q_i)$ 时，则约化卡方等于 1，此时具有最佳的拟合优度。通常来说，小角散射数据中，应包含散射强度的误差 $\Delta I^{\text{exp}}(q_i)$，如果没有，数据分析软件会通过 $I^{\text{exp}}(q_i)$ 近邻点的平滑度估算 $\Delta I^{\text{exp}}(q_i)$，或者使用百分比、求根等方法计算误差。

绝大多数情况下，小角散射数据的模型拟合并不是在软件界面点击一下鼠标就可以实现的。拟合操作之前，应首先获知样品的各种先验信息，了解拟合参数的意义和作用区间，同时掌握一些拟合技巧。

小角散射数据模型拟合的残差表达为

$$R(q_i) = \frac{I^{\text{exp}}(q_i) - I^{\text{model}}(q_i)}{\Delta I^{\text{exp}}(q_i)} \tag{14-3}$$

式(14-3)可用于判断模型假设的合理性及分析结果的可靠性。

质量分数分别为 10%、1% 和 0.1% 的 SiO_2 胶体溶液（LUODX TM）的 SAXS 数据如图 14-1 所示。10% 样品存在明显的相干散射峰，显然不满足 Guinier 近似的应用条件。因此，在 0.07~0.13 nm^{-1}，应用球形粒子的 Guinier 定律拟合分析两个低浓度样品的 I-q

曲线。拟合结果如图 14-1 所示，1% 和 0.1% 样品的拟合 R_g 分别为 11.24 nm±0.04 nm 和 11.79 nm±0.05 nm，数值十分接近。仅从肉眼判断，拟合效果已十分理想。对于常规的粒径分析，0.5 nm 的粒径差异可忽略不计，但是通过残差分析，仍然能得到一些额外的洞见。

(a) I-q 曲线

(b) Guinier 近似拟合

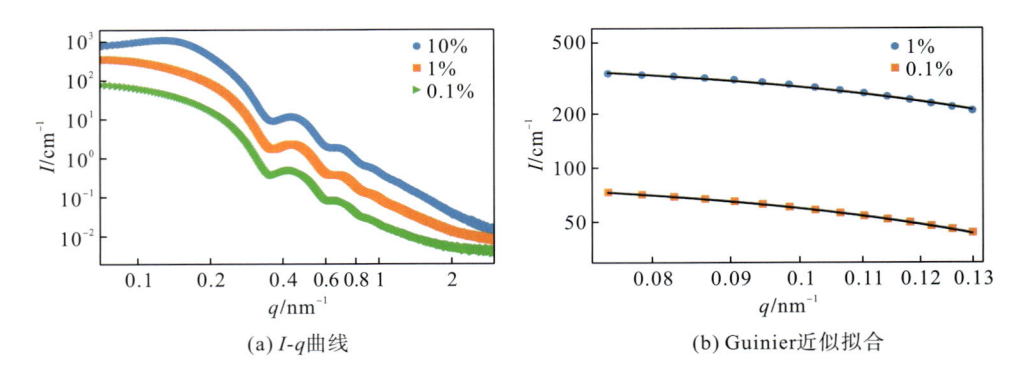

图 14-1　准单分散 SiO_2 纳米粒子的 SAXS 数据

样品的拟合残差数据如图 14-2 所示。1% 样品的残差曲线下翘，而 0.1% 样品的残差随机分布在零点附近。由此可以判断，1% 样品的结构因子仍然对形状因子存在"微扰"作用。尽管这种作用微弱，但是残差结果依然灵敏地揭示了 1% 样品中 SiO_2 纳米粒子间的长程静电排斥作用。通常认为，粒子的体积浓度在 5% 以下时，结构因子可以近似忽略。但是这种近似是否能成立，取决于具体的研究对象和问题。

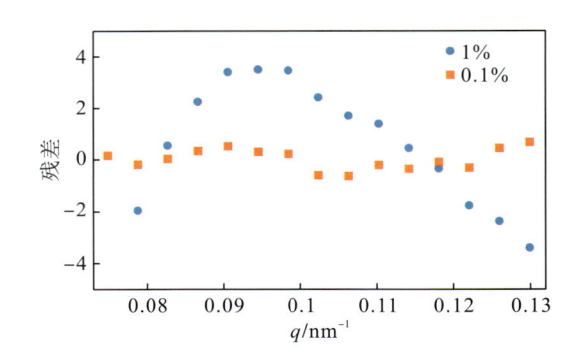

图 14-2　准单分散 SiO_2 纳米粒子 SAXS 数据的 Guinier 近似拟合残差

PS-PAA 胶束溶液的 SAXS 数据如图 14-3 所示。相比于酸性条件，中性条件下 PAA 分子链的电离度更高，静电排斥力强，分子链更为伸展，因此胶束的整体尺寸大于酸性条件，形状因子的振荡峰左移。在低 q 区间，使用球形粒子的 Guinier 近似拟合曲线。如图 14-3 所示，当 pH=4.8 时，残差曲线上翘，表明 PS-PAA 胶束之间存在吸引相互作用（团聚）。

第 14 章　数据拟合方法　　　　　　　　　　　　　　　　　　　　　　　　　　117

(a) Guinier 近似拟合

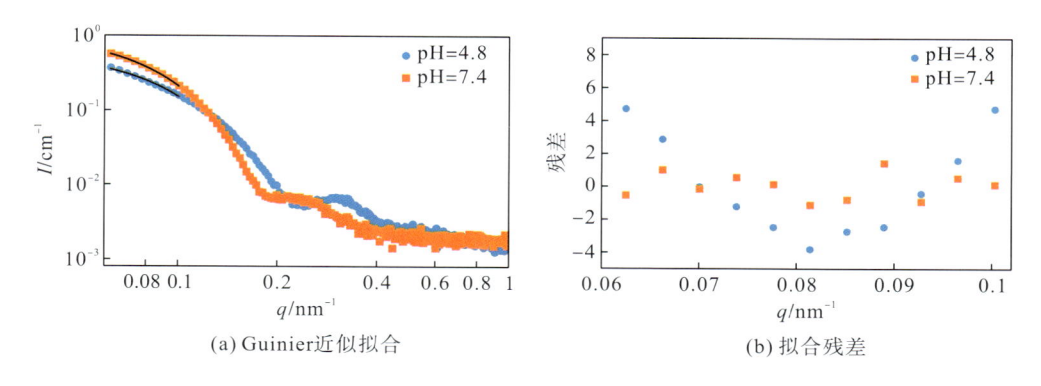

(b) 拟合残差

图 14-3　PS-PAA 胶束的 SAXS 数据

综上，如果小角散射数据的模型拟合效果良好，那么残差应随机分布在零点附近。残差曲线 $R(q_i)$ 对胶体纳米粒子的相互作用十分敏感，在低 q 区间，上翘型（微笑型）残差曲线说明粒子之间存在吸引作用（团聚），下翘型残差曲线说明粒子之间存在排斥作用。需要注意的是，并非只有残差随机分布在零点附近的拟合结果才是合理、准确的。这是因为，很多时候需要在更大的 q 区间内对散射曲线进行拟合，很难保证残差均匀分布在零点附近。通过残差可以快速判断理论曲线与实验数据在某个 q 区间的匹配情况，可为模型优化提供参考和依据。

14.2　分段拟合法

分段拟合在小角散射数据分析中具有十分重要的作用，这是因为：①样品结构复杂，目标结构的散射信号容易受到其他结构的干扰，比如金属、陶瓷等样品；②纳米粒子（结构）间可能存在团聚或多层级结构，其中大尺度结构超出了测试范围；③低 q 区间的数据质量不高，源于未被良好准直或阻挡的直穿束；④高 q 区间数据的统计误差较大；⑤模型中待拟合参数过多，需要在特定的 q 区间获取其对应的敏感参数。

14.2.1　获取多层级结构参数

使用水解法制备的 ThO_2 胶体溶液的 SAXS 数据如图 14-4 所示。散射曲线存在一个平台区，下拐点在约 0.3 nm^{-1}，说明胶体粒子的单分散性良好，且半径小于 4 nm（按 $1/q$ 估算，参见 12.1 节）。在 q = 1.5 nm^{-1} 左右出现另一个拐点，说明样品中存在更小的纳米粒子。使用博卡吉模型拟合 I-q 曲线：

$$\begin{cases} I(q)_{\text{low-}q} = G\exp\left(-\dfrac{q^2 R_\text{g}^2}{3}\right) + \dfrac{B}{q^D}\exp\left(-\dfrac{q^2 R_\text{sub}^2}{3}\right)\left[\text{erf}\left(\dfrac{qkR_\text{g}}{6^{1/2}}\right)\right]^{3D} \\ I(q)_{\text{high-}q} = G_\text{s}\exp\left(-\dfrac{q^2 R_\text{s}^2}{3}\right) + \dfrac{B_\text{s}}{q^{D_\text{s}}}\left[\text{erf}\left(\dfrac{qk_\text{s}R_\text{s}}{6^{1/2}}\right)\right]^{3D_\text{s}} \end{cases} \quad (14\text{-}4)$$

式中参数的含义参见 6.3 节。首先拟合高 q 区间,获得 G_s、B_s、R_s、P_s 参数,如图中红色实线所示;然后固定上述参数,再拟合高 q 区间,获得 G、B、R_g、P 等参数($R_\text{sub} = R_\text{s}$),进而得到完整的拟合曲线。如果在高 q 和低 q 的交叠区间拟合效果不理想,可以再次单独对 G_s、R_s、B、R_g、P 等参数进行拟合。拟合得到的 R_s 和 R_g 分别为 1.27(1) nm 和 3.19(1) nm。通过这种分段拟合方法,不但可以提高拟合效率和置信度,而且可以避免因参数过多导致程序无法工作的情况发生。样品的透射电镜照片如图 14-5 所示,可以清晰地看到 ThO_2 初级粒子的直径约为 3 nm,与拟合参数 R_s 吻合;R_g 对应于若干 ThO_2 初级粒子的团聚体尺寸。

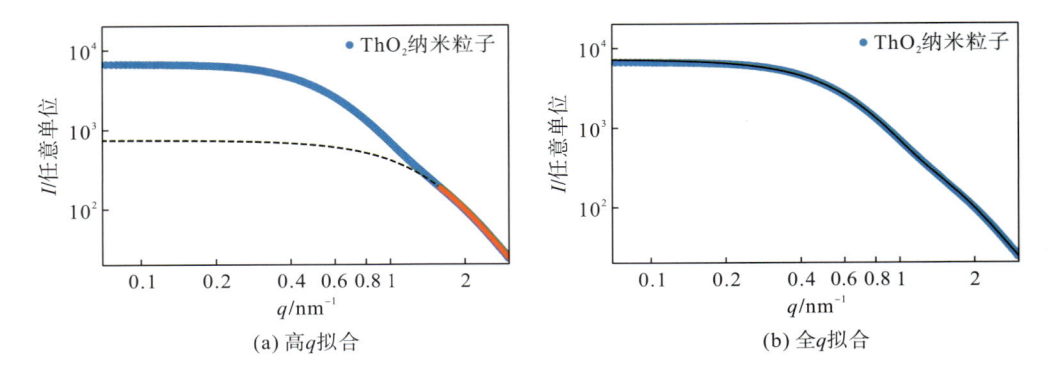

图 14-4 ThO_2 纳米粒子 SAXS 数据的博卡吉模型拟合

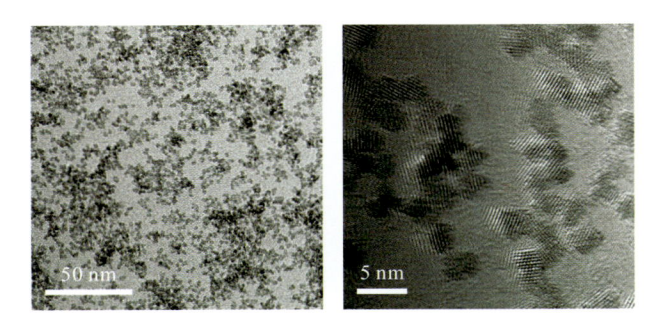

图 14-5 ThO_2 纳米粒子的透射电镜照片

14.2.2 排除大尺度结构干扰

在不同温度下,对平均粒径为 5 μm 的奥克托今(HMX)炸药粉末(5 μm-HMX)进行 SAXS 测试,获得的散射曲线如图 14-6 所示。随着温度的增加,1~6 nm^{-1} 区间的散射强度

第 14 章 数据拟合方法

逐渐增加，说明 HMX 晶体内生成了尺寸约为 1 nm 的热损伤。低 q 区间的散射强度比高 q 区间的散射强度大四个数量级；低 q 区间的散射主要源于 5 μm-HMX 颗粒的堆积孔隙，尺寸大于几百纳米。因此，低 q 区间的散射信号对应于堆积孔隙的 Porod 区。拟合公式如下：

$$\begin{cases} I(q)_{\text{low-}q} = Aq^{-\alpha} \\ I(q)_{\text{high-}q} = I_0 e^{-(qR_g)^2/3} + Bg \end{cases} \tag{14-5}$$

先使用幂函数拟合低 q 散射，拟合得到的 α 等于 4.0。然后使用 Guinier 近似和常数本底 Bg 拟合高 q 区间的散射。由于在高 q 区间，本底散射与热损伤的散射已十分接近，因此不需要再叠加幂律散射区。

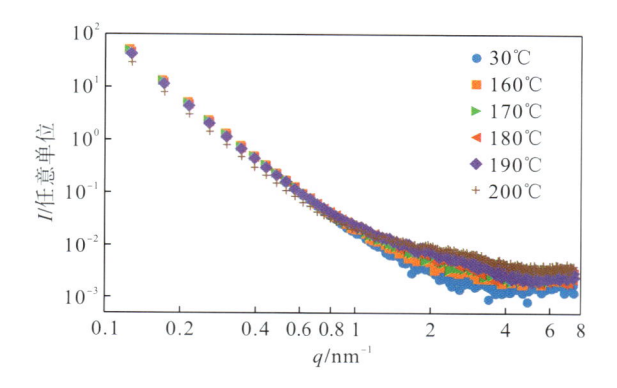

图 14-6　5 μm-HMX 颗粒的原位变温 SAXS 曲线

选择 190℃的 I-q 曲线作为拟合范例，分段拟合曲线如图 14-7 所示。考虑低 q 数据和不考虑低 q 数据的拟合参数如表 14-1 所示。两种方法拟合得到的 R_g 相差 0.07 nm，尽管该数值很小，但是相对差异达约 10%。在该研究中，临近温度散射曲线的差异不大，因此为了精确地获得 R_g 随温度的演化关系，需要考虑低 q 数据对高 q 数据的影响。细心的读者还可以发现，全 q 分段拟合法的拟合误差小于高 q 区间的拟合误差。

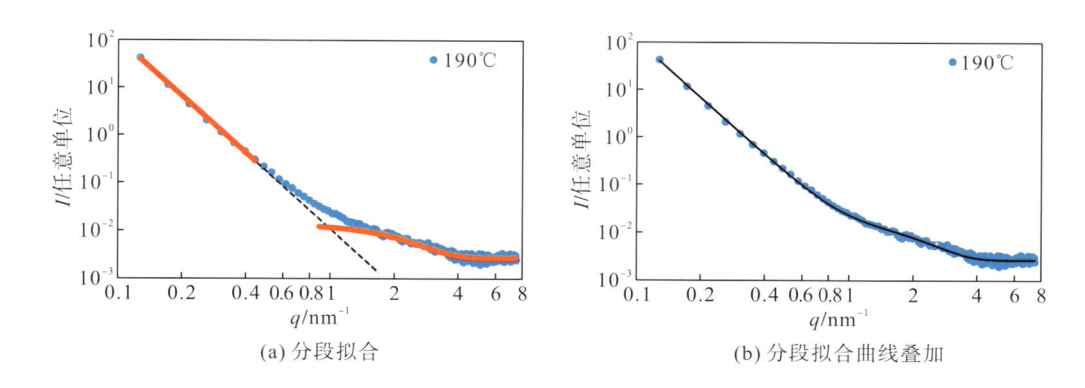

(a) 分段拟合　　　　　　(b) 分段拟合曲线叠加

图 14-7　5 μm-HMX 颗粒 SAXS 曲线的拟合过程

表 14-1　5μm-HMX 颗粒 SAXS 曲线的拟合参数

拟合参数	全 q 分段拟合	高 q 单段拟合
R_g	0.86(1)	0.79(2)
I_0	0.0118(2)	0.0109(5)

14.3　固定参数法

在 14.2 节的分段拟合法中，实际上已经用到了固定参数法——在拟合某个 q 区间的过程中，固定其他 q 区间所获取的拟合参数。本节讨论另外一种情况，即在一个 q 区间内就存在多个拟合参数，此时应尽可能地固定已知的拟合参数，有助于提高拟合效率和拟合精度。

14.3.1　各向异性纳米粒子的拟合

对于多分散各向异性纳米粒子的小角散射数据，一般不会同时拟合两个维度的参数。常用的策略是固定已知维度的参数，拟合未知维度的参数。这里以 Laponite（硅酸镁锂，锂皂石）为例，它是一种人工合成的层状黏土材料，结构与天然蒙脱石类似，为 2∶1 层状硅酸盐结构，在镁-氧八面体的两边各有一个共用氧原子的硅氧四面体，其中部分 Mg^{2+} 被 Li^+ 置换，使粒子片层表面带有永久负电荷（图 14-8）。

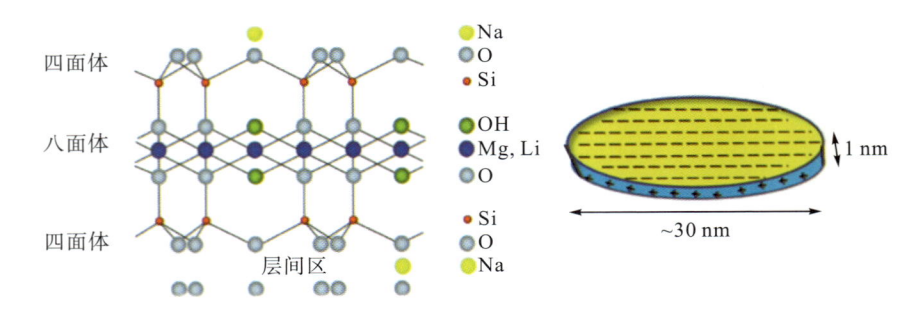

图 14-8　Laponite 的结构示意图

配制质量分数为 1%的 Laponite RD（毕克化学公司）分散液，SAXS 实验在匈牙利自然科学研究中心的 CREDO 谱仪开展。拟使用随机取向薄圆片粒子模型拟合实验曲线。尽管该模型并不复杂，但是存在厚度 L、半径 R、L 和 R 的多分散性、衬度、粒子数量等参数，若直接设置多个自由拟合参数会导致程序报错。因此需要结合样品的已知结构信息，固定部分拟合参数，仅拟合未知结构参数。

因层间阳离子的水化作用，Laponite 在水溶液中会剥离成单片层的纳米粒子，厚度约为 1 nm，直径为 20~30 nm。因此在拟合过程中，设置 $L=1$ nm，仅拟合半径 R 和其标准差。需要注意的是，因水化作用（"三明治"结构），L 只是近似等于 1 nm，但是该参数仅对 $q>1$ nm 的实验数据影响较大。拟合曲线如图 14-9 所示，拟合得到 Laponite 片状纳米粒子的平均半径为 11.8 nm，正态分布标准差为 3.9 nm。

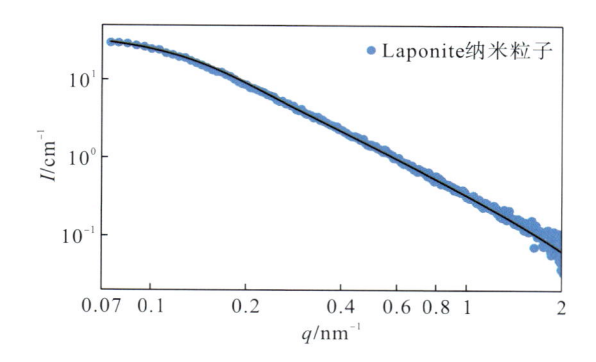

图 14-9　Laponite 的 SAXS 实验和拟合曲线

14.3.2　多壳层纳米粒子的拟合

脂质纳米粒子（lipid nanoparticles，LNP）是一种用于药物递送的纳米载体系统，通常由四种成分组成：可电离脂质、辅助脂质、胆固醇和聚乙二醇（PEG）化脂质。针对新冠病毒（COVID-19）的 mRNA 疫苗中，mRNA 是通过 LNP 进行包裹和传递的。通过微流控方法，可以高效、稳定、批量地制备出 LNP。与脂质体（囊泡结构）相比，LNP 具有结构稳定性、尺寸均一、负载能力强等优点（图 14-10）。

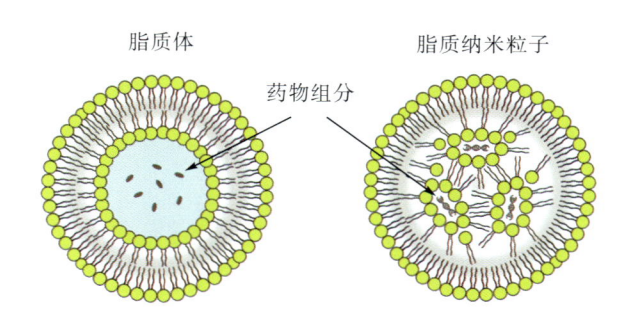

图 14-10　脂质体和 LNP 的结构示意图

PEG 化 LNP 具有近似的三壳层结构，从内到外依次是疏水烷基链层、亲水头基层和 PEG 层（图 14-11）。使用可电离阳离子脂质（ACL-0315）、二硬脂酰基磷脂酰胆碱（DSPC）、胆固醇、PEG 化脂质（ALC-0159）作为初始反应物，物质的量比为 48.2∶10∶40∶1.8，利用微流控方法制备出 LNP 胶体溶液，其散射曲线如图 14-12 所示。应用 SASfit 软件（Kohlbrecher and Breßler，2022）的三壳层模型结合高斯分布拟合实验曲线，模型中含有 6 个尺寸参数和 5 个衬度参数。该数据的固定参数拟合方法如下：首先，设定溶剂的散射长度密度为零；其次，根据 LNP 组分的分子式、分子量估算出内壳层厚度是 2 nm，外部水化 PEG 层厚度是 4 nm；再次，根据两个振荡峰可以判断正态分布的标准差为粒子平均半径的 10%（参见 10.3 节）；然后，给出壳层散射长度密度的初始值（内壳层的散射长度密度为负值），并逐步调整优化初始值，尽量使理论曲线接近实验曲线；最后，由软件自动拟合。拟合结果如图 14-12 所示，得到 LNP 内球平均半径为 23 nm，标准差为 2 nm。

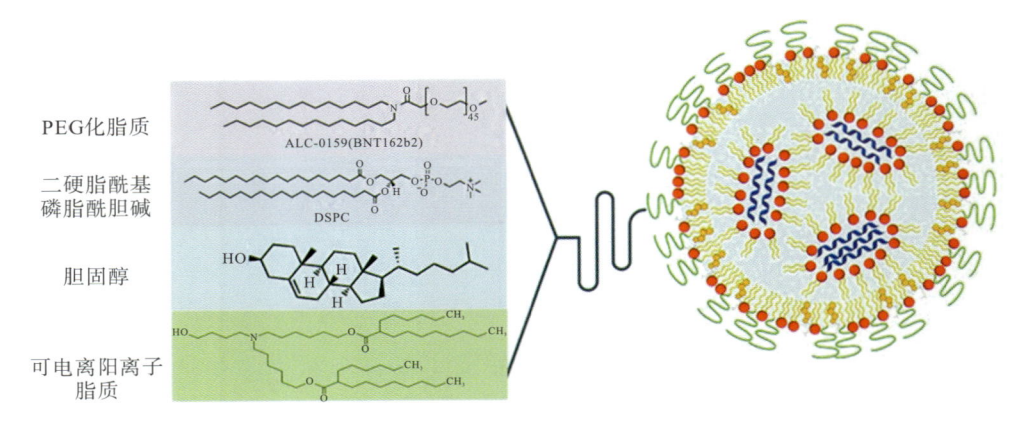

图 14-11　PEG 化 LNP 结构示意图

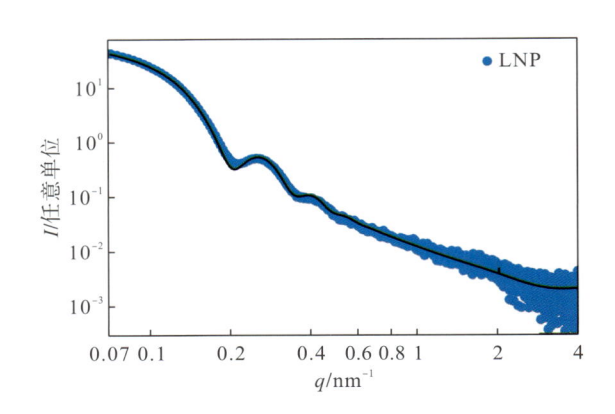

图 14-12　PEG 化 LNP 的 SAXS 实验和拟合曲线

14.4　最大熵算法

在第 10 章，需要对粒子的分布做出假设，才能得到纳米粒子的尺寸分布函数 $N(R)$。然而这毕竟是一种假设，可能因模型假设不准确而引入偏倚，也可能因参数初始值选择不当而导致拟合陷入局部最优。因此需要另外的数学方法解决这一问题。

实际上模型拟合是一个广泛的概念，泛指通过调整模型参数以匹配观测数据的各种技术，在小角散射研究领域包括最大熵、期望最大化、蒙特卡罗等方法。这里以最大熵算法为例，介绍小角散射数据的特殊模型拟合方法。最大熵建模(maximum entropy modeling)基于信息论中的最大熵原理，即在缺乏先验知识的情况下，在所有可能的概率模型中，认为熵最大的模型是最好的模型。在投资时，常常说这样一句话——不要把所有鸡蛋放在一个篮子里，这是关于最大熵原理的一个通俗易懂的说法。

物理学中的熵用于描述一个系统的混乱程度，与此对应的信息熵也是如此。越是杂乱无章的信息，信息熵就越高，也就是说它的信息含量就越高。给定一个概率分布$(p_1, p_2, …, p_M)$，信息熵 S 表达为

$$S = -\sum_{j=1}^{M} p_j \log_2 p_j \tag{14-6}$$

式中的负号用于保证信息熵是正数或者是零。从式(14-6)可以看出，概率分布取值个数越多，状态数也就越多，信息熵就越大。当随机分布为均匀分布时，信息熵最大。在最大熵算法中，不但要考虑 S 最大，还要考虑卡方约束条件，参见式(14-1)。引入拉格朗日因子，可将上述具有约束条件的优化问题转变为无约束优化问题，即最大熵算法(Potton et al., 1988a)：

$$Q = S - \lambda \chi^2 \tag{14-7}$$

式中，λ 为拉格朗日因子，其作用是在求解优化问题时，将约束条件(χ^2)与目标函数(S)一起考虑，以得到最优解，即 Q 最大。

这里以金属中 He 泡的研究案例展示最大熵算法。采用磁控溅射法在铜衬底上沉积 Ti 薄膜，通过调节 He 和 Ar 溅射气体流量，将 He 引入 Ti 膜中。溅射功率和溅射气压分别为 120 W 和 0.6 Pa。使用硝酸溶液溶解铜衬底，得到 6(±1) μm 厚的含氦 Ti 薄膜，然后在 400℃ 和 700℃ 条件下对样品进行退火处理。SAXS 实验在上海同步辐射光源的 BL16B1 线站开展，样品探测器距离为 5.25 m，入射 X 射线波长为 0.1239 nm。应用 Irena 软件中的最大熵算法分析实验数据(Ilavsky and Jemian, 2009)。

数据拟合之前，设定 He 泡的尺寸分布范围为 5～150 nm，并设定 100 个概率分布状态，即式(14-6)中的 M 等于 100。样品的 SAXS 曲线如图 14-13 所示。首先可以通过曲线的特征拐点做一个定性判断，随退火温度升高，He 泡的尺寸增加。使用正态分布或对数正态分布函数可以拟合部分实验曲线，得到 He 泡的特征尺寸，但是会忽略大尺寸 He 泡对散射强度的贡献。因此对于这个研究体系，应优先使用不做任何主观假设的最大熵拟合算法。最大熵算法分析结果如图 14-13 所示，700℃退火样品的分析结果中明显存在大尺寸 He 泡(50～100 nm)，沉积态和 700℃退火样品的 He 泡平均尺寸分别为 26 nm 和 44 nm，体积分数分别为 0.006 和 0.050。

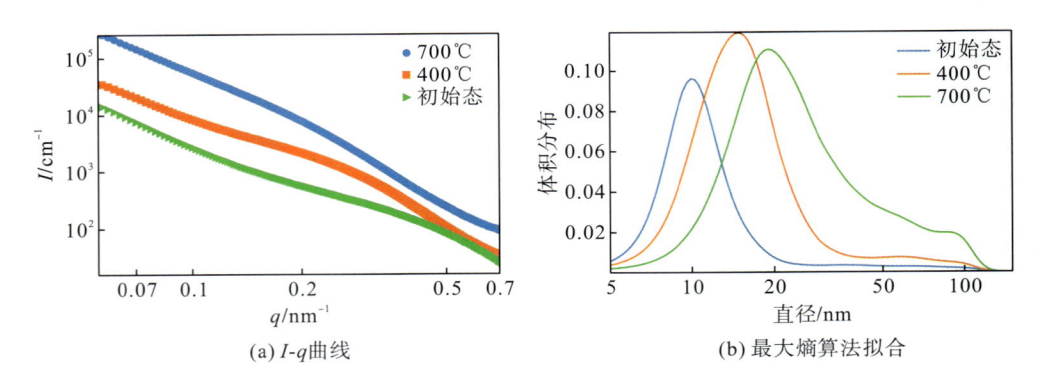

图 14-13　含氢 Ti 膜的 SAXS 实验结果

(a) I-q 曲线　　(b) 最大熵算法拟合

综上所述，小角散射实验数据的拟合分析犹如工程项目，需要重复迭代和优化。在进行数据拟合时，除了深入理解模型中各参数的物理意义，熟练掌握残差、分段拟合、固定参数等技巧，还需要特别注意如下几点。

(1) 多个理论模型可拟合同一组实验数据，务必避免盲目地拟合分析，否则会得到毫无意义的拟合参数。

(2) 尽可能详细地掌握样品的已知结构信息、制备方法和测试细节，以及所选用模型的适用条件和范围。

(3) 充分认识散射强度是呈数量级变化的，特征结构的散射信号（对应特征结构参数）出现在不同的 q 区间。

(4) 先根据 I-q 数据的衰减（$q^{-\alpha}$）、拐点、峰形、Iq^2-q 关系等粗略判断纳米粒子的结构，以及是否存在粒子间的相互作用，有助于提升模型拟合的效率和准确性。

(5) 不要欠拟合，由此可能会丢失某些细节信息；更不要过拟合，由此可能会得出错误的结论。

(6) 建议优先使用简单的模型拟合实验曲线，不要在没有任何依据的情况下使用过于复杂的结构模型。

(7) 基于特定模型和最小二乘法的拟合方法计算速度快，能输出稳定的结构参数，当其不适用的时候，再考虑更复杂的最大熵、期望最大化等数据分析方法。

第 15 章　固态体系应用案例

不应否认,任何理论的终极目标都是尽可能让基本元素变得更加简单且更少,但也不能放弃对任何一个简单数据的合理阐释。

——阿尔伯特·爱因斯坦(Albert Einstein,1879—1955)

15.1　氧化物弥散强化钢

氧化物弥散强化(oxide dispersion strengthened,ODS)钢具有良好的抗高温蠕变和抗辐照损伤性能,被认为是第四代裂变和聚变反应堆的第一壁候选结构材料之一。ODS 钢内部弥散分布的 Y-Ti-O 纳米粒子可以有效阻碍位错和晶界运动,赋予 ODS 钢优异的高温力学性能。相比于传统铁素体/马氏体钢的最高工作温度(550~600℃),ODS 钢的最高工作温度可达 700℃。研究 ODS 钢中氧化物纳米粒子的结构和稳定性具有重要的意义。

15.1.1　高温老化和稳定性

使用机械合金化方法制备含有 Y_2O_3 的 9Cr-ODS 钢粉体,然后使用热等静压法(130 MPa,4h,1170℃)制备合金,并在 1050℃和 780℃退火(空冷),最后在 600℃老化样品 100 h、500 h、1000 h、3000 h、5000 h。样品组分如表 15-1 所示。

表 15-1　9Cr-ODS 钢的化学组分

化学组分	Cr	W	C	Ti	Ni	Si	Y_2O_3
质量分数/%	8.88	2.10	0.13	0.16	0.067	0.072	0.35

SANS 实验在绵阳研究堆的"狻猊"谱仪开展。把老化样品切割成厚度为 1 mm 的方片(10 cm×10 cm)。为了排除铁磁性样品磁畴散射的影响,在测量过程中,对样品施加一个水平方向的饱和磁场(1.5 T)。现场测量照片和二维数据如图 15-1 所示,样品装载于铝支架上,并使用中空的镉金属片固定样品。如果不加磁场,会得到各向同性的二维散射图案,此时的散射信号主要来自磁畴结构(强散射),不利于分析弥散氧化物纳米粒子的散射。施加磁场后,样品水磁化饱和,随向取向磁畴结构的散射被抑制,将会得到各向异性的散射图案(图 15-1)。在水平方向,散射中子与磁场(饱和磁化)方向平行,散射信号来自核散

射，即 $I_{nuc}=I(\alpha=0)$；在竖直方向，散射中子与磁场（饱和磁化）方向垂直，散射信号来自磁散射与核散射之和，即 $I_{nuc+mag}=I(\alpha=90)$；在其他的方位角，$I=I_{nuc}+I_{mag}\sin^2\alpha$。磁散射信号源于ODS钢磁性基体中非磁性的氧化物纳米粒子，磁散射强度表达为

$$I_{mag} = I(\alpha = 90) - I(\alpha = 0) \tag{15-1}$$

图 15-1　9Cr-ODS 钢的实验照片和二维 SANS 数据

使用 BerSANS 软件对样品数据进行修正，提取水平和竖直方向的 I-q 曲线（图 15-1），并把 1 m 和 5 m 样品探测器距离（SD）位置获取的数据拼接，得到 q 范围在 0.09～2 nm^{-1} 的散射曲线，根据式(15-1)计算得到磁散射曲线（图 15-2）。样品高温老化后，磁散射曲线几乎没有发生变化。使用多分散球形粒子模型对实验曲线进行拟合，拟合参数列于表 15-2。在低 q 区间散射曲线上翘，这可能源于样品内部碳化物和其他析出相的散射。因此在数据拟合的时候，增加一个幂函数项和常数项作为散射本底。拟合公式如下：

$$I(q)=I(q)_{mag} + Aq^{-\alpha} + Bg \tag{15-2}$$

$$I(q)_{mag}=\Delta\rho_{mag}^2 \int_0^\infty N(R)V_p^2 P_0(q)\mathrm{d}R \tag{15-3}$$

$$N(R) = \frac{n}{\sigma R\sqrt{2\pi}}\exp\left(-\frac{(\ln R - \ln \mu)^2}{2\sigma^2}\right) \tag{15-4}$$

式中，$P_0(q)$ 为归一化球形粒子的形状因子，等于 $j^2(qR)$ [参见式(4-2)]。

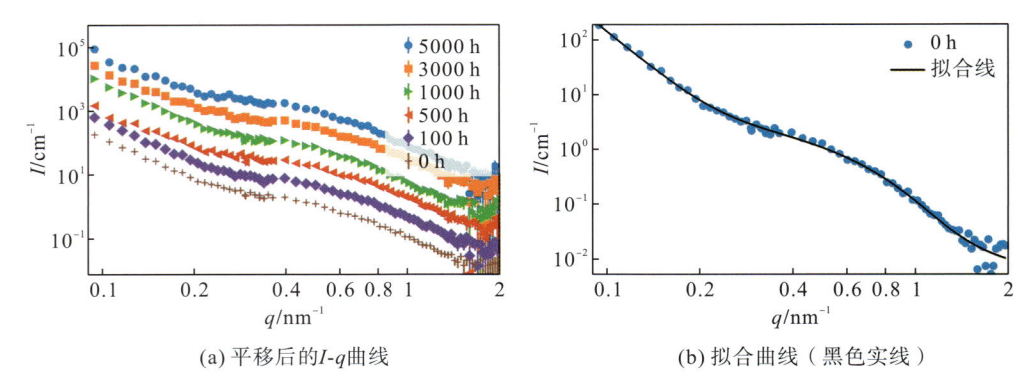

(a) 平移后的 I-q 曲线

(b) 拟合曲线（黑色实线）

图 15-2　873 K 老化 9Cr-ODS 钢的 SANS 数据

表 15-2 9Cr-ODS 钢 SANS 数据的拟合参数

老化时间/h	平均半径/nm	A
0	2.54(5)	2.61(4)
100	2.49(6)	2.51(4)
500	2.52(5)	2.57(4)
1000	2.48(6)	2.56(4)
3000	2.48(6)	2.64(4)
5000	2.52(5)	2.53(4)

拟合得到的纳米氧化物的尺寸分布如图 15-3(a)所示。高温老化并没有对纳米析出相的尺寸造成影响，在误差范围内，氧化物纳米粒子的尺寸保持不变，实验结果通过 TEM 得到了印证[图 15-3(b)]。进一步计算得到竖直方向散射强度($I_{\text{nuc+mag}}$)与水平方向散射强度(I_{mag})的比值：

$$A = \frac{\Delta\rho_{\text{mag}}^2}{\Delta\rho_{\text{nuc}}^2} + 1 \tag{15-5}$$

该比值与氧化物弥散相的化学组分有关。在误差范围内，A 值约为 2.5。与理论计算的 A 值对比，得知氧化物弥散相的化学式可能为 $Y_2Ti_2O_7$。9Cr-ODS 钢表现出良好的高温热稳定性，在 600℃ 的高温老化过程中，析出相的尺寸分布和化学组分均没有发生变化(Gao et al.，2022a)。

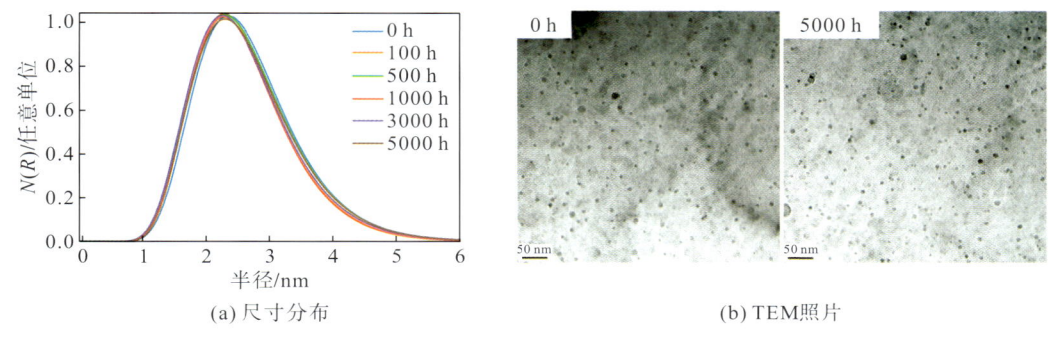

(a) 尺寸分布

(b) TEM照片

图 15-3 9Cr-ODS 钢纳米析出相的尺寸分布

15.1.2 搅拌摩擦焊对纳米析出相的影响

MA956 是一种高 Cr 含量的 ODS 钢，具有优异的高温力学性能。本研究所用 MA956 钢的 Cr 含量为 20.0%，Al 含量为 4.4%，Y_2O_3 含量为 0.63%。使用搅拌摩擦焊技术焊接 5 mm 厚的 MA956 样品。改变搅拌头的转速和平移速度，制备得到系列焊接样品。样品名称和对应的焊接参数如表 15-3 所示。样品截面的光学显微照片和硬度分布如图 15-4 所示。焊接区域的硬度显著低于基体的硬度。

表 15-3　MA956 钢的搅拌摩擦焊参数

样品	转速/rpm	移动速度/(mm·min^{-1})
初始态	—	—
1	200	140
2	200	120
3	200	160
4	220	140
5	180	140

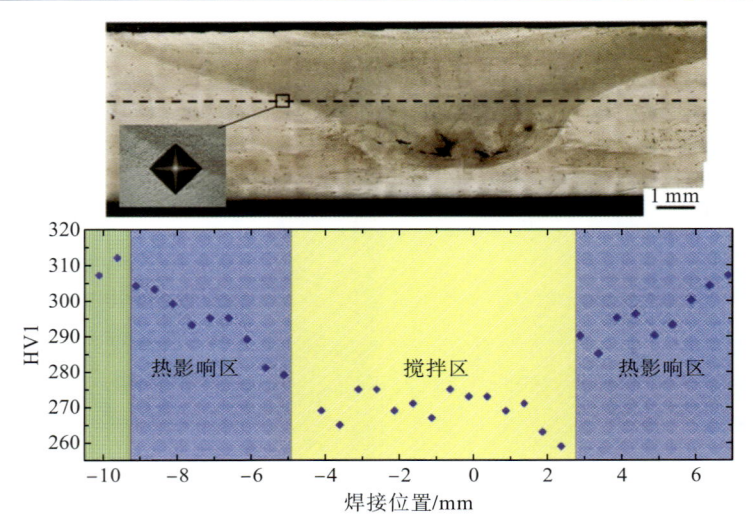

图 15-4　搅拌摩擦焊接 MA956 钢的维氏硬度（HV1）分布

HV1 表示使用了 1kg 的载荷

　　SANS 实验在匈牙利布达佩斯中心"黄色潜水艇"SANS 谱仪开展。测量过程对样品施加 1.5 T 的磁场，实验数据处理和分析方法与 15.1.1 节一致。相比于原始样品，搅拌摩擦焊接区氧化物析出相的平均尺寸均有所增加（图 15-5）。总体来说，提高搅拌头的转速、降低搅拌头的运动速率（提高热输入）会导致析出相的长大和聚集，进而导致搅拌焊接区力学性能下降（Dawson et al.，2017）。

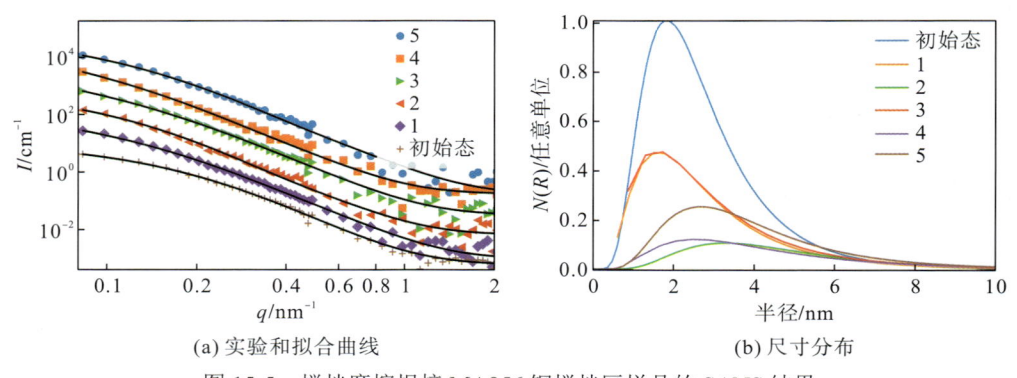

(a) 实验和拟合曲线　　(b) 尺寸分布

图 15-5　搅拌摩擦焊接 MA956 钢搅拌区样品的 SANS 结果

15.2 聚氨酯的微相分离

热塑性聚氨酯(thermoplastic urethane，TPU)弹性体是一类由二异氰酸酯、多元醇和低分子量扩链剂聚合而成的典型交替嵌段聚合物。TPU 通常具有线性的分子链结构，其中柔性的聚酯或聚醚链段称为软段(soft segments，SS)，玻璃化转变温度(T_g)在 0℃以下，分子量范围为 500～5000；含有氨基甲酸酯和扩链剂的链段称为硬段(hard segments，HS)，T_g 一般大于 80℃。在上临界转变温度以下，HS 与 SS 是热力学不相容的，它们会自组织形成硬段富集相畴(hard segment-rich domains，HSD)和软段富集相畴(soft segment-rich domains，SSD)。在 TPU 弹性体内，若 HS 的质量分数小于 40%，则离散的刚性 HSD(纳米尺度)分布于连续的柔性 SSD 基体中，HSD 具有物理交联增强的作用。由于这种结构特点，TPU 兼具热塑性塑料的加工性能和橡胶的力学特性，是航空航天、船舶、武器系统等领域迅速发展的关键材料之一。

Estane 5703p(简称为 Estane)是一种典型的聚酯型 TPU(硬段含量为 23%)(图 15-6)。Estane 的性能不但与化学组分有关，而且强烈受到微相分离结构的影响，因此其在环境下的微结构演化和稳定性问题引起了特别关注。粒状 Estane 在 120℃和 20 Mpa 条件下热压成型，然后冷却至室温，并在干燥箱内存放 1 年以上。然后对样品进行长达两个月的湿热老化。SAXS 实验分别在匈牙利科学院的 CREDO、SAXSpace 散射仪以及上海同步辐射光源的 BL16B1 线站开展。SANS 实验在绵阳研究堆的"狻猊"谱仪和布达佩斯中子中心的"黄色潜水艇"谱仪开展。

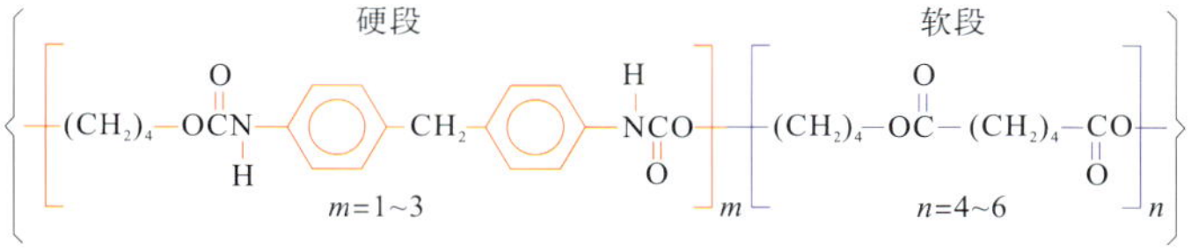

图 15-6 Estane 的分子结构

15.2.1 Estane 的原位变温 SAXS

在升温和降温过程中，Estane 的 SAXS 曲线如图 15-7 所示。随着温度的增加，相干散射峰逐渐向低 q 方向移动，然后消失；反之亦然。使用多分散粒子对数正态分布模型获取 HSD 的尺寸分布，使用 PY 硬球结构因子(参见 8.2 节)$S(q)$描述 HSD 的空间位置关系。该模型对 TPU 的微相结构变化十分敏感，并且可有效解决类似体系在高 q 区域的拟合偏差问题。根据式(3-49)可以得到

$$I(q) = \Delta\rho^2 \left\langle V_p^2 P_0(q) \right\rangle S(q) + Bg$$
$$= \Delta\rho^2 \left[\int_0^\infty N(R)V_p^2 P_0(q)\mathrm{d}R \right] S_{HS}(q, R_{HS}, v) + Bg \qquad (15\text{-}6)$$

$$N(R) = nf(R)_{\text{log normal}} = \frac{n}{\sigma R\sqrt{2\pi}}\exp\left(-\frac{(\ln R - \ln\mu)^2}{2\sigma^2}\right) \quad (15\text{-}7)$$

式中，$P_0(q)$ 为归一化球形粒子的形状因子，参见式(4-2)；$S_{\text{HS}}(q, R_{\text{HS}}, v)$ 为硬球相互作用形状因子，参见式(8-8)；R_{HS} 为 HSD 的最小距离；n 为 HSD 的数量密度。

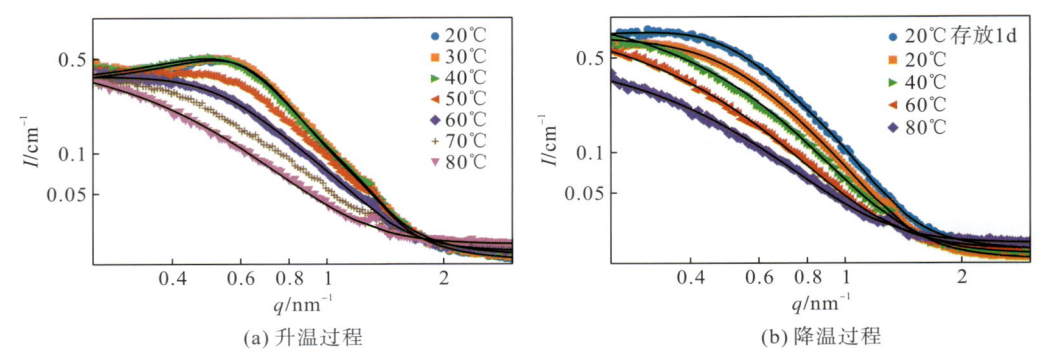

图 15-7 Estane 的原位变温 SAXS 数据(黑实线表示拟合数据)

通过模型拟合得到了硬段相距离、尺寸、体积含量等参数随温度和时间的演化关系(表 15-4、图 15-8)。在升温阶段，40℃以上，MDI(4,4-二苯基甲烷二异氰酸酯)-BDO(丁二醇)HSD 即开始与软段基体 PBA(聚己二酸丁二醇酯)发生相混合，当温度增加到 80℃时，HSD 的半径由初始态的 1.94 nm 降低为 1.38 nm。在 60～90℃，$q = 1.2\text{nm}^{-1}$ 位置出现了明显的衍射峰，对应周期距离为 5.15 nm，表明样品中产生了介观有序相。在降温过程中，相分离的速度远远小于升温过程的相混合速度。通过跟踪相干散射峰位和峰强的变化，证实了在降温初期，相分离受调幅分解机制控制；而在后期，样品的黏度增加，分子链的运动速度降低，形核长大机制起主导作用。

表 15-4 多分散粒子硬球相互作用模型拟合结果

温度/℃	多分散球形粒子模型			硬球相互作用	
	R_{med}/nm	σ	$N_0\Delta\rho^2/(10^{-13}/\text{nm}^{-7})$	R_{HS}/nm	v
20(升温)	1.94(2)	0.315(4)	177(3)	4.61(1)	0.153(1)
30	1.92(2)	0.313(4)	187(3)	4.68(1)	0.147(1)
40	1.95(1)	0.307(3)	176(2)	4.68(1)	0.142(1)
50	1.96(2)	0.299(4)	133(3)	4.76(2)	0.091(2)
60	1.74(2)	0.346(5)	128(4)	5.80(6)	0.056(3)
70	1.63(3)	0.393(5)	89(3)	—	—
80	1.38(4)	0.478(7)	69(4)	—	—
60(降温)	1.44(2)	0.485(4)	87(3)	—	—
40	1.69(2)	0.425(4)	102(3)	—	—
20	1.99(1)	0.347(1)	104(1)	5.77(3)	0.044(1)
20(放置 1d)	2.15(2)	0.309(4)	122(2)	5.83(8)	0.076(3)

(a) 硬段相距离

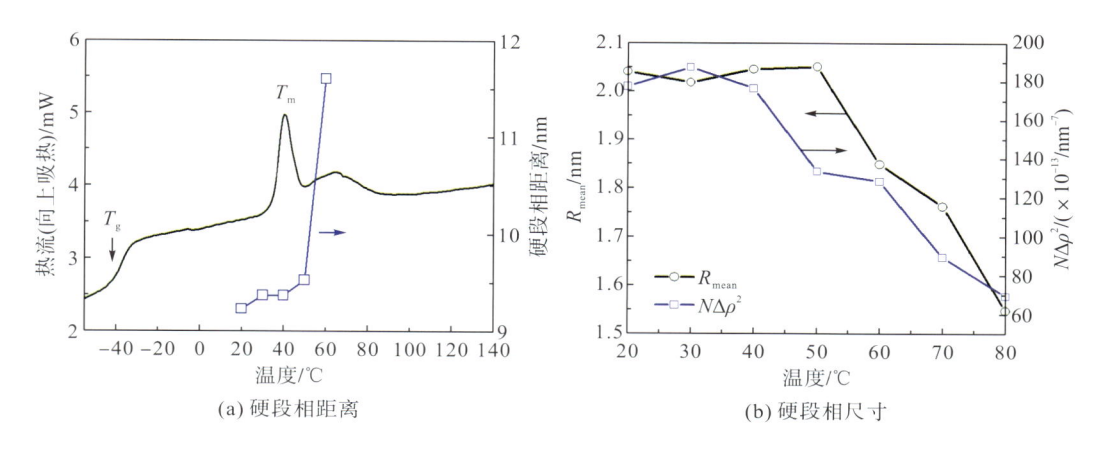

(b) 硬段相尺寸

图 15-8　多分散粒子硬球相互作用模型拟合参数随温度的变化

利用同步辐射 SAXS 样品技术，测量样品由 80℃降至室温后的结构演化，可观测到 $q = 1.2\ \text{nm}^{-1}$ 位置的衍射峰逐渐变弱（图 15-9 和图 15-10）。该工作发现长周期亚稳相与聚氨酯的微相混合和分离过程存在明显的关联，如图 15-11 所示。在升温过程中，尽管 HS 的局域有序性增加、熵减小，但是整个系统的熵依然是增加的（Tian et al.，2018b）。

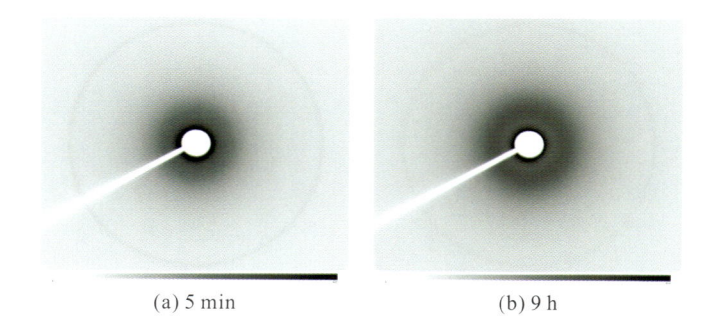

(a) 5 min

(b) 9 h

图 15-9　Estane 从 80℃降至室温后的二维散射图

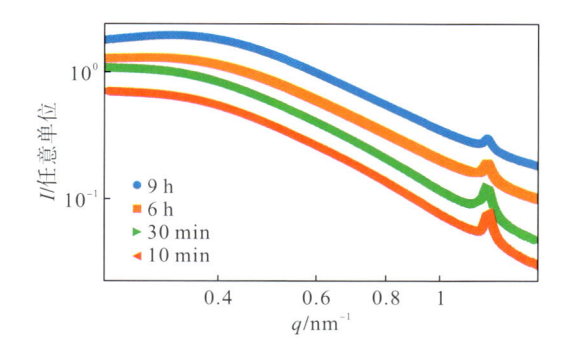

图 15-10　Estane 从 80℃降至室温后的 I-q 曲线

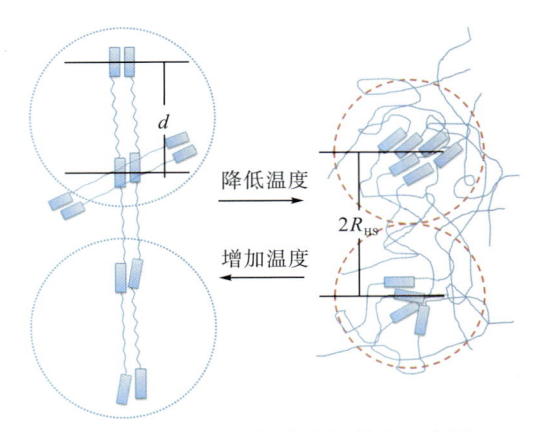

图 15-11 Estane 的介稳相转变示意图

15.2.2 Estane 的湿热老化

对 Estane 进行湿热老化处理，温度恒定为 70℃，相对湿度(relative humidity，RH)设置为 11%、45%和 80%，老化时间为 1 个月和 2 个月，共计得到 6 个老化样品。然后将样品在干燥箱内放置 3 个月。SANS 实验前，将 1 mm 厚的样品置于石英样品池内(光程为 2 mm)，然后加入氘代甲苯溶胀样品，24 h 可达到溶胀平衡。使用氘代甲苯溶胀 SSD 后，HSD 和 SSD 的散射衬度显著增加(参见 13.1 节)。分别在 5m 和 1m 探测器位置，采集样品的散射信号。使用随机两相模型结合 PY 相互作用形状因子拟合 SANS 实验曲线(图 15-12)：

$$I(q) = P(q,a)S_{HS}(q, R_{HS}, v) + Bg \tag{15-8}$$

式中，$P(q,a)$ 为 DAB 模型；a 为 HSD 的统计平均尺寸，参见式(7-4)；S_{HS} 为硬球相互作用形状因子；Bg 为样品中 H 原子的非相干散射本底(Tian et al.，2014，2016)。

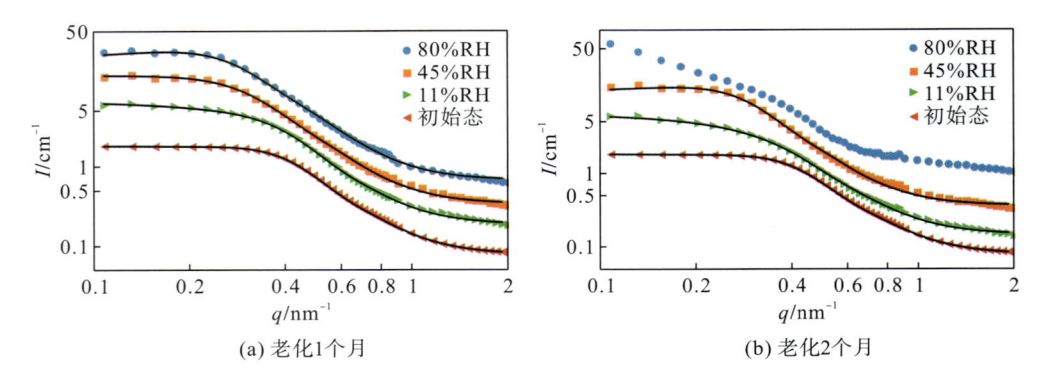

(a) 老化1个月

(b) 老化2个月

图 15-12 湿热老化 Estane 的 SANS 曲线

随着湿度的增加，散射曲线的拐点向低 q 方向移动(图 15-12)，说明样品的特征尺寸在增加。如表 15-5 所示，随湿度和老化时间增加，HSD 逐渐聚集长大(a 增加)，在中、高湿度条件下，HSD 的硬球距离（R_{HS}）显著增加（图 15-13）。由于 HSD 的数量密度对应于硬球体积 v 除以 R_{HS}^3，因此老化后 HSD 的数量密度显著下降。实验结果表明，环境中的水分子对聚酯型 TPU 的相结构具有重要影响。这是因为，SSD 中的酯基官能团易发生水解反应，导致分子量的下降和分子链运动能力增强，进而促进 HS 的聚集以及 HSD 的长大。在 80% RH 老化 2 个月后，散射曲线上翘，说明 HSD 进一步聚集，已无法使用式（15-8）拟合 I-q 曲线。根据以上规律，可绘制出 Estane 在老化过程中的微相结构演化示意图（图 15-14）。

表 15-5 DAB-硬球相互作用模型拟合结果

样品	R_{HS}/nm	a/nm	v	v/R_{HS}^3/nm^{-3}
初始态	7.5(1)	3.07(2)	0.17(1)	4.0×10^{-4}
11% RH 老化 1 个月	7.7(1)	3.52(3)	0.14(1)	3.0×10^{-4}
45% RH 老化 1 个月	10.6(2)	3.71(2)	0.14(1)	1.1×10^{-4}
80% RH 老化 1 个月	12.5(2)	3.87(2)	0.17(1)	0.9×10^{-4}
11% RH 老化 2 个月	7.8(1)	3.66(7)	0.10(1)	2.0×10^{-4}
45% RH 老化 2 个月	11.7(1)	4.65(4)	0.18(1)	1.0×10^{-4}
80% RH 存放 2 个月	—	—	—	—

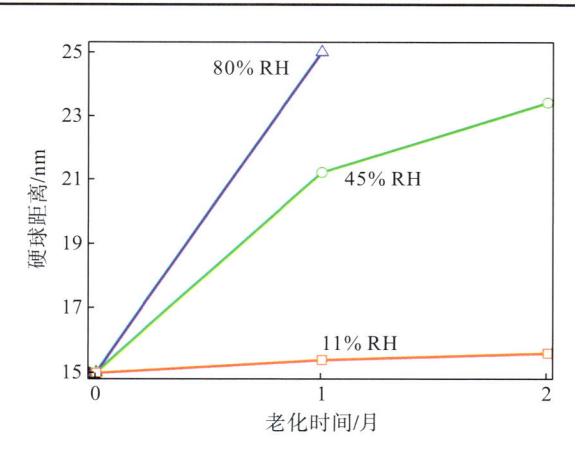

图 15-13 湿热（70℃）老化 Estane 的硬球距离（$2R_{HS}$）演化

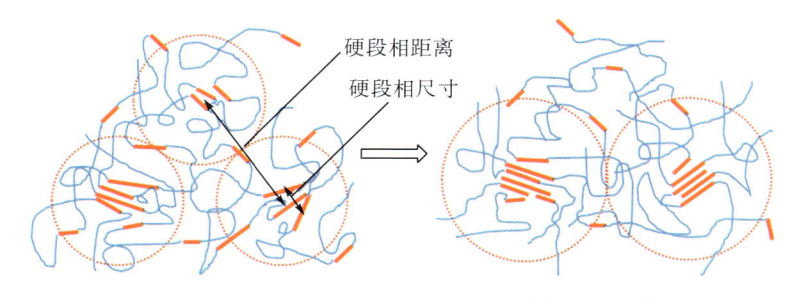

图 15-14 湿热（70℃）老化 Estane 的微结构演化示意图

15.3　含能材料的损伤

含能材料在生产、加工、运输、贮存等过程中，会经历复杂的温度和力学环境，进而产生孔洞、微裂纹等多种形式的损伤(泛指一种劣化因素)，导致含能材料结构强度下降、热点源和燃烧表面积增加，进而诱发开裂、感度升高以及异常燃烧等问题。从微(细)观视角研究含能材料的微结构和损伤行为，有助于理解含能材料的工艺-结构-性能关系。

损伤的观测及表征是含能材料损伤研究的基础，进而才能定义特征损伤变量，进一步研究损伤对宏观性能的影响。分析含能材料损伤结构的传统方法主要有光学显微法、电子显微法、X 射线成像等，尽管可以获得一些有价值的研究结论，但由于分辨率不够高、定量分析误差大等问题，传统技术仍然不能满足含能材料损伤的检测需求。小角散射技术在含能材料的表征方面具有独特优势——不破坏样品、检测速度快、分辨率高、测量尺度范围大(纳米至微米)，是评估含能材料的质量与可靠性的重要技术手段。

根据含能材料损伤的特点和小角散射数据分析模型，可将损伤分为三种类型，分别是孔洞型损伤、多层级损伤和界面型损伤，如图 15-15 所示。根据研究问题，选择恰当的模型分析含能材料的小角散射数据，可以得到孔洞尺寸分布、界面数量等微细观损伤参数。

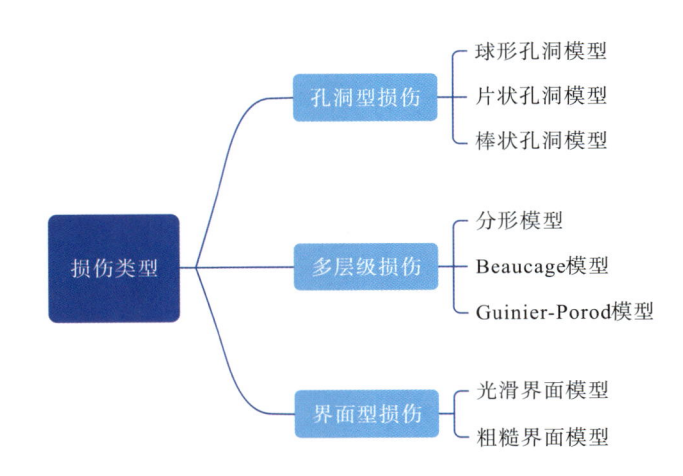

图 15-15　含能材料的损伤分类及对应的小角散射数据分析模型

15.3.1　TATB 在单轴模压下的结构演化

本研究工作的初始样品为纳米网状结构的三氨基三硝基苯(TATB，$C_6H_6N_6O_6$)晶体颗粒(nano-TATB)，如图 15-16 所示，对其进行单轴模压成型，然后应用散射技术研究成型压力与微结构的关系。超小角 X 射线散射(USAXS)实验在上海同步辐射光源的 BL10U1 线站开展。入射 X 射线波长为 0.124 nm，样品-探测器距离为 27.6 m；使用像素尺寸为 75 μm

的 Eiger 4M(Dectris，瑞士)探测其记录散射射线的强度和位置；根据波长和几何关系，可获取的 q 范围是 $0.007\sim0.15$ nm^{-1}。使用 SAXSpace 散射仪获取样品的 SAXS 数据(Kratky 光学狭缝系统)，工作电压和电流分别为 40 kV 和 50 mA，X 射线波长为 0.154 nm。应用 Mython2 探测器(Dectris，瑞士，分辨率 50 μm)记录散射强度，可获取的 q 范围是 $0.07\sim7$ nm^{-1}。对实测数据的透过束强度归一，扣除本底散射，并消除线光源的"模糊"效应；使用纯水作为标准样品，标定样品的 SAXS 绝对散射强度。最后拼接 USAXS 和 SAXS 数据，得到 q 范围为 $0.007\sim7$ nm^{-1} 的实验数据(图 15-17)。

图 15-16　nano-TATB 粉体的扫描电镜照片

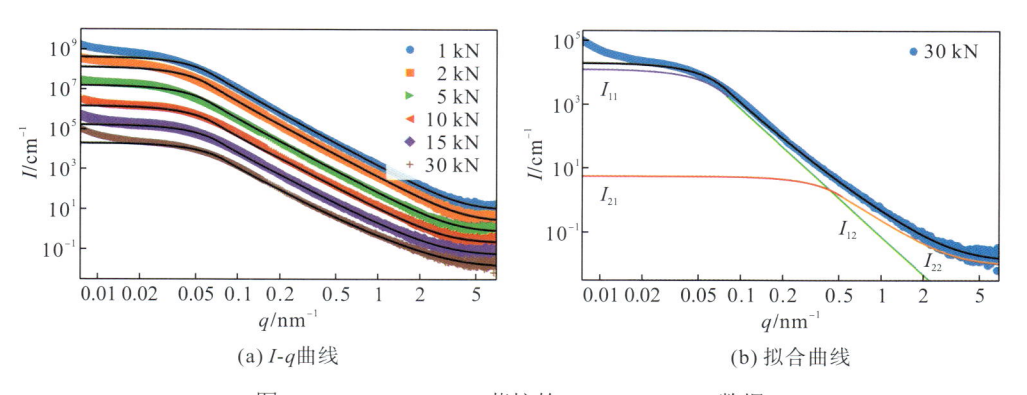

(a) I-q 曲线　　　　(b) 拟合曲线

图 15-17　nano-TATB 药柱的 USAXS-SAXS 数据

对样品施加 1 kN、2 kN、5 kN、10 kN、15 kN、30 kN 的成型压力，样品的初始密度从 1.07 g/cm^3 增加至 1.84 g/cm^3。根据 TATB 的理论密度(1.93 g/cm^3)，计算出总孔隙率 φ 从 0.45 降低至 0.05。USAXS-SAXS 数据如图 15-17(a)所示。随着成型压力的增加，样品的散射强度逐渐降低，$0.02\sim0.05$ nm^{-1} 位置的平台逐渐向高 q 方向移动，说明孔洞数量减少、尺寸下降；在高 q 区间($0.5\sim2$ nm^{-1})，散射曲线呈线性衰减，其斜率随成型压力的增加而减小；在低 q 区间($0.02\sim0.007$ nm^{-1})，曲线上翘，说明样品中存在大于 300 nm($2\pi/0.02$)的孔洞。以上定性分析说明，样品中至少存在三种尺度的孔洞结构。

应用指数-幂律联合模型[参见式(6-24)、式(6-25)]，对散射曲线进行拟合，拟合参数如表 15-6 所示。30 kN 成型样品 USAXS-SAXS 数据的拟合曲线如图 15-17(b)所示。随成型压力的增加，大尺度孔洞的回转半径 R_{g1} 逐渐降低；小尺度孔洞的回转半径 R_{g2} 几乎保持不变。由于在 Iq^4-q 绘图中(图 15-18)，存在一个平台(0.08～0.5 nm^{-1})，说明大尺寸孔洞与 TATB 基体具有光滑、明锐的界面结构。进一步根据 SEM 结果(图 15-16)，可推测出 R_{g1} 和 R_{g2} 分别对应晶粒间和晶粒内的孔洞尺寸。外加压力对晶粒间孔洞尺寸的影响更加显著。在高成型压力下，晶粒内孔洞的散射幂指数(d_2)由 3.00 降低至 2.54(图 15-19)。根据纳米粒子小角散射的分形理论可知，在低成型压力下，晶粒内孔洞与 TATB 基体具有非常粗糙的界面结构，或者晶粒内孔洞具有多分散性且形成了致密的分支网络结构。

表 15-6 nano-TATB 的结构参数

压力/kN	密度/(g/cm³)	φ	R_{g1}/nm	R_{g2}/nm	d_1	d_2	S/(m²/g)
1	1.07	0.45	38.7(1)	7.7(1)	4.00	3.00(2)	4.1
2	1.30	0.33	39.3(1)	7.1(1)	4.00	3.03(1)	4.1
5	1.58	0.18	38.9(1)	8.0(1)	4.00	3.03(1)	2.5
10	1.75	0.09	35.8(1)	8.1(1)	4.00	2.90(1)	1.3
15	1.80	0.07	33.1(1)	8.1(1)	4.00	2.75(1)	0.8
30	1.84	0.05	30.2(1)	8.0(1)	4.00	2.54(1)	0.6

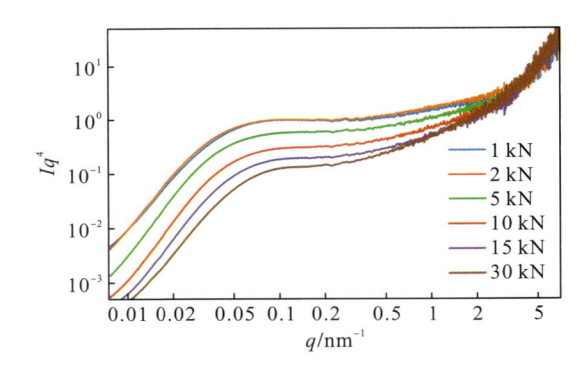

图 15-18 nano-TATB 药柱 USAXS-SAXS 数据的 Iq^4-q 关系

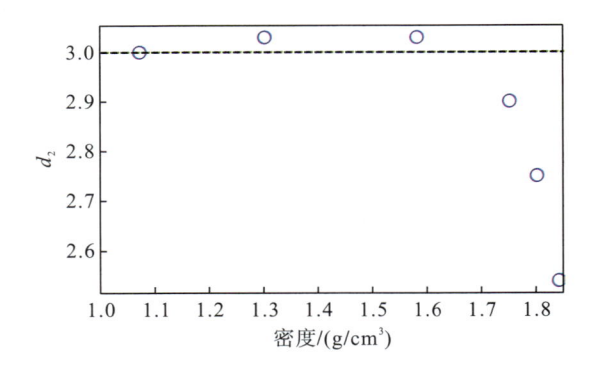

图 15-19 nano-TATB 药柱中晶粒内孔洞的散射幂指数与样品密度的关系

使用准积分不变量计算样品内部的孔洞体积含量：

$$Q_{\text{pseudo}} = \int_{0.007}^{7} q^2 \frac{d\Sigma}{d\Omega}(q) dq = 2\pi^2 (\Delta\rho)^2 \varphi_Q (1-\varphi_Q) \quad (15\text{-}9)$$

式中，φ_Q 为本研究中 USAXS-SAXS 可探测的孔隙率，对应的尺寸范围是 1～900 nm。根据孔隙率 φ 和 φ_Q 可以计算出 1～900 nm 和大于 900 nm 的孔隙率与成型密度（压力）的关系（图 15-20）。

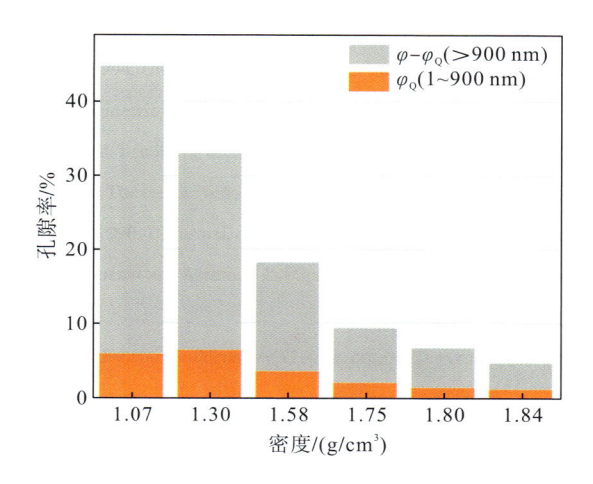

图 15-20 nano-TATB 药柱的孔隙率与成型密度的关系

综合以上结果，可获知 TATB 药柱的致密化机制：①在低成型压力下（<5 kN），尺寸大于 900 nm 的晶粒间孔洞数量对压力十分敏感，尺寸为 R_{g1} 的晶粒间孔洞的尺寸保持不变，外加压力主要影响微米级尺寸的晶粒间孔洞，TATB 的流动是这一阶段致密化的主要原因；②在中等成型压力下（5～10 kN），R_{g1} 开始减小，根据 Porod 定理，计算出该尺度晶粒间孔洞的界面面积 S 从 2.5 m^2/g 下降至 1.3 m^2/g，R_{g1}、S、φ_Q 的下降表明 TATB 晶粒的流动、断裂是主要的致密化机制；③在高成型压力下（>15 kN），d_2 从 15 kN 时的 2.8 下降至 30 kN 时的 2.5，说明晶粒内孔洞坍塌、数量下降，片层状 TATB 晶体颗粒的剧烈塑性变形开始对致密化起作用（Zhou et al.，2023）。

15.3.2 HMX 的热损伤

重结晶 HMX 晶体颗粒密度为 1.900 g/cm^3，平均粒径分别为 5 μm 和 20 μm。使用原位变温 SAXS 和 WAXS，对比研究两种粒径 HMX 晶体颗粒的缺陷演化和相转变行为。应用 SAXSpace 散射仪配置的 TCS300 热台对样品进行原位加热。

将 HMX 粉末包裹于铝箔内（厚度约为 0.2 mm）并固定于专用样品支架。升温速率为 10℃/min，到达设定温度后保温 1 min，之后分别进行一次 SAXS（探测器-样品距离为 317 mm，q 值为 0.1～7.5 nm^{-1}）和一次 WAXS（探测器-样品距离为 121 mm，q 值为 0.45～

18.50 nm^{-1})数据采集(图15-21),单次曝光时间5 min。样品室真空约10 Pa。在升温过程中,160℃以下样品较为稳定,因此仅设置30℃、50℃、100℃、150℃四个数据采集温度点;到达160℃后,散射曲线开始发生明显变化,每隔2℃设定一个数据采集温度点,最高温度为200℃。在降温过程中,散射曲线几乎保持不变,设定的数据采集温度点较为稀疏,分别为180℃、150℃、100℃、50℃、30℃。之后,将样品在常温下放置2d,再进行SAXS和WAXS测试(图15-21)。对实测数据进行透过束强度归一,扣除本底(铝箔)散射,并消除线光源的"模糊"效应。

图15-21 通过调整样品-探测器距离实现SAXS和WAXS测试

图片来源:https://www.anton-paar.com/tw-zh/products/details/routine-saxswaxsbiosaxs-analysis-saxspace/

样品的原位变温WAXS数据如图15-22所示。以9.05 nm^{-1}(2θ = 12.7°)位置δ相衍射峰的出现作为HMX开始发生$\beta \rightarrow \delta$相变的依据,5 μm-HMX的相变起始温度为194℃,比20 μm-HMX的相变起始温度(186℃)高出8℃。进一步升高温度,β-HMX和δ-HMX的衍射峰共存,且β相的衍射峰逐渐消失,并在200℃之前全部转变为δ相;在降温过程中,δ-HMX的衍射峰形几乎没有变化,说明在真空条件下,并没有发生$\delta \rightarrow \beta$逆相变。样品在空气(RH>75%)中放置2天后,WAXS数据中仅有β-HMX的衍射峰,δ-HMX已完全转变为β-HMX。这是因为水分子会降低HMX从δ相到β相转变的势垒,$\delta \rightarrow \beta$逆相变过程是一个水分子扩散控制的动力学过程(Yan et al., 2016)。

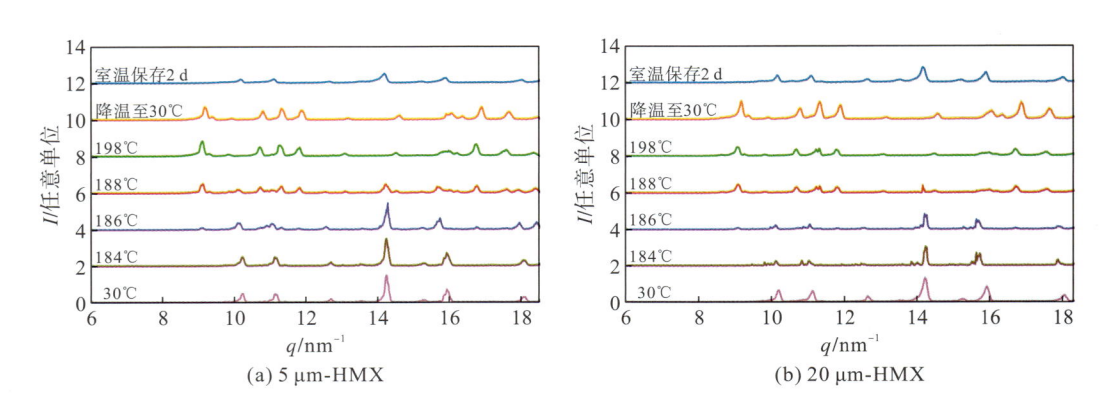

(a) 5 μm-HMX

(b) 20 μm-HMX

图15-22 HMX晶体颗粒的原位变温WAXS数据

在升温过程中的 SAXS 曲线如图 15-23 所示。初始状态下，两种粒度样品的散射曲线均呈指数衰减（I-$q^{-\alpha}$），衰减指数 α 近似等于 4。随着温度的增加，从 150℃ 起，两种粒度样品的散射强度在 $q>1$ nm^{-1} 区域开始逐渐增加，表明在低于相变温度约 40℃ 时，HMX 晶体内部已经产生了微缺陷；通过特征散射信号的变化区间，可估算出缺陷的尺寸小于 3 nm（π/q）。

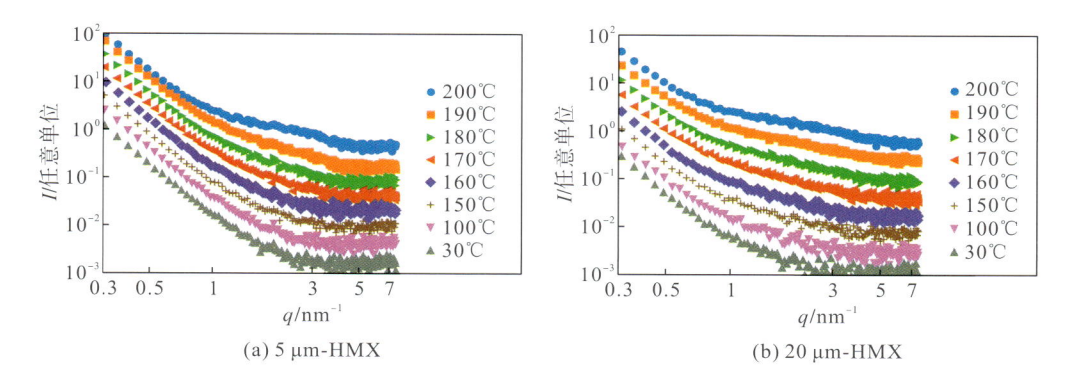

(a) 5 μm-HMX

(b) 20 μm-HMX

图 15-23　HMX 晶体颗粒的原位变温 SAXS 数据

为了进一步获得升温过程中缺陷尺寸和数量的演化，使用非模型依赖的 Guinier 近似，$I=I_0\exp(-q^2R_g^2/3)$，对高 q 区域的数据进行拟合分析，得到各温度下的 I_0 和回转半径 R_g，二者随温度的变化关系如图 15-24 所示。拟合方法详见 14.2 节。两种 HMX 样品在 150℃ 时已经生成了 R_g 约为 0.9 nm 的缺陷，且 R_g 随温度的升高而降低，当温度从 150℃ 升高至 200℃ 时，缺陷的 R_g 从 0.9 nm 降低至 0.6 nm；缺陷的相对体积分数 φ 与 I_0 成正比，随温度的升高而增加。在相同温度下，20 μm-HMX 的缺陷含量高于 5 μm-HMX。

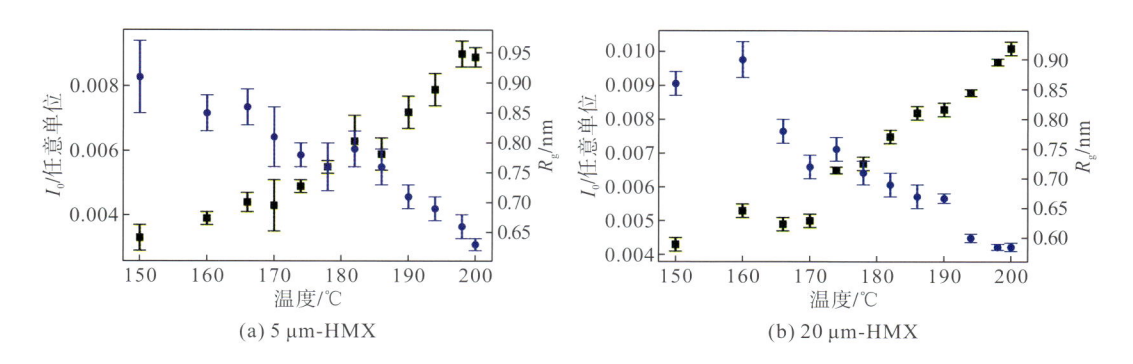

(a) 5 μm-HMX

(b) 20 μm-HMX

图 15-24　HMX 晶体颗粒 SAXS 数据拟合得到的 I_0 和 R_g 随温度的变化

β-HMX 和 δ-HMX 的密度分别为 1.91 g/cm^3 和 1.76 g/cm^3，在相变过程会发生约 7% 的体积膨胀，而拟合结果表明相变温度附近 I_0 和 R_g 均没有发生突变，且产生微缺陷的初始温度比相变起始温度低 40℃ 左右，因此可以排除该缺陷的产生与 $\beta\rightarrow\delta$ 相转变有关。

β-HMX 属于单斜晶系，晶胞 a、b、c 轴的热膨胀系数分别为 1.37×10^{-5}℃$^{-1}$、1.25×10^{-4}℃$^{-1}$、-0.63×10^{-5}℃$^{-1}$，热膨胀主要发生在 b 轴，从 30℃升温至 170℃，体积膨胀 2.2%；δ-HMX 属于六方晶系，晶胞 a、c 轴的热膨胀系数分别为 5.39×10^{-5}℃$^{-1}$ 和 2.38×10^{-5}℃$^{-1}$。在升温过程中，HMX 中分子基团的运动能力逐渐增加，发生扭转、平移，如果分子的运动不能适应晶体的各向异性膨胀变形，那么就很有可能伴随产生一定数量的微缺陷。据此推测本研究观测到的微缺陷源于 HMX 的各向异性热膨胀。无论是从相转变温度还是微缺陷的数量来分析，5 μm-HMX 都比 20 μm-HMX 具有更优异的热安定性(石婧等，2020)。

综上所述，固态体系中的纳米粒子通常具有较大的多分散性和形状不均特性，因此散射曲线中不存在形状因子的振荡峰。具有特征分布的球、棒、片纳米粒子模型是常用的近似分析模型，此外，最大熵拟合方法也常用于固态样品的数据分析。固态体系的内禀本底较强，低 q 区间的实验数据容易受到夹杂、碳化物、球晶、颗粒间的孔隙等大尺寸结构的影响而发生"上翘"，某些情况下可使用 $I=Aq^{-\alpha}+Bg$ 拟合内禀本底(参见 14.2 节)。碳纤维、高温合金、拉伸高分子等研究体系具有各向异性纳米结构，因此二维散射也会呈现出各向异性的图案，这要求数据分析中必须考虑样品坐标与散射方位角的关系(参见 4.3 节；Chen et al.，2021)。

第 16 章 液态体系应用案例

随机分布的分子会自组织形成某种结构,且这种结构能最大限度地吸收和消耗能量 (dissipation-driven adaptation)。

——杰里米·英格兰(Jeremy England,1982—)

16.1 振荡凝胶的介观弛豫

球形二氧化硅/片状硅酸镁锂纳米粒子-聚氧乙烯(polyethylene oxide,PEO)高分子胶体系统在特定的配比下表现出奇特的物理性质——快速振荡后转变为凝胶(也称为"振荡凝胶"),静置后,体系又恢复(弛豫)到初始流体状态。已有研究主要集中于组分浓度、分散性、pH 以及 PEO 分子量等参数对凝胶化的影响,但鲜有关于振荡凝胶微介观弛豫行为的报道。

以 SiO_2-PEO_{1000K} 体系为研究对象。所用的准单分散 SiO_2 胶体是 Grace 公司的 LUDOX TM40。在 TM20(20% SiO_2,pH = 8.9)体系中加入 0.3%的 PEO 后,电子显微照片表明 SiO_2 纳米粒子聚集成约 500 nm 的团聚体(图 16-1)。SAXS 实验在上海同步辐射光源的 BL19U2 线站开展。如图 16-2 所示,在 0.3~1.2 nm^{-1} 存在三个振荡峰,根据球形粒子模型,可知 SiO_2 纳米粒子具有较小的分散性。为了排除 TM20 稠密粒子体系的相干散射作用,把样品稀释到 1%(TM1)后,0.1~0.2 nm^{-1} 区间的相干散射峰消失(图 16-2)。使用多分散球形粒子模型拟合实验曲线,得到 SiO_2 纳米粒子的平均半径(R_0)为 12.4 nm,标准差(σ)为 1.5 nm。

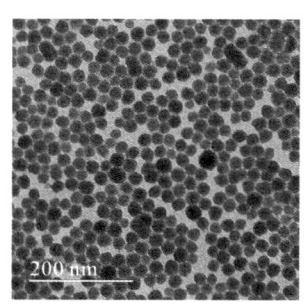

(a) TM20 (b) TM20-PEO

图 16-1 SiO_2 纳米粒子的 TEM 照片

(a) I-q曲线

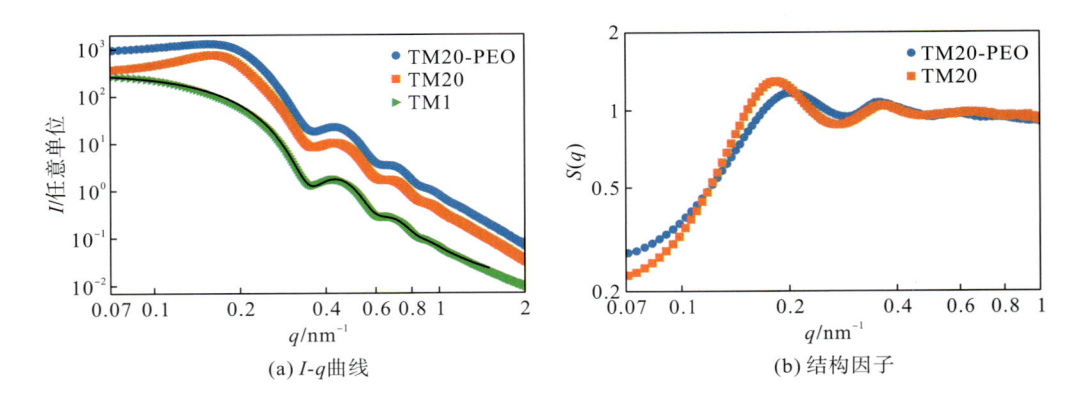

(b) 结构因子

图 16-2　静态 TM1、TM20 和 TM20-PEO(0.3%) 的 SAXS 数据

黑实线表示多分散球形粒子模型的拟合线

可以使用两种方法获得 SiO_2 纳米粒子系统的结构因子：一是对散射曲线进行高 q 归一，然后使用高浓度样品的散射曲线除以低浓度样品的散射曲线；二是使用 RMSA 结构因子(参见 8.4 节)结合形状因子对散射曲线进行拟合：

$$I(q) = \Delta\rho^2 \left[\int_0^\infty N(R) V_p^2 P_0(q) dR \right] S_{RMSA}(q, R_{HS}, \eta, Z, c) + Bg \quad (16\text{-}1)$$

$$N(R) = nf(R)_{normal} = \frac{n}{\sigma\sqrt{2\pi}} \exp\left(-\frac{(R-R_0)^2}{2\sigma^2}\right) \quad (16\text{-}2)$$

式中，$P_0(q)$ 为归一化球形粒子的形状因子，参见式(4-2)；S_{RMSA} 为平均球近似结构因子[式(8-10)]。根据 $2\pi/q_{peak}$ 计算得出，TM20-PEO 中 SiO_2 纳米粒子的空间距离(31.4 nm)比 TM20 中 SiO_2 纳米粒子的空间距离(34.8 nm)小 3.4 nm。与 TM20 相比，TM20-PEO (0.3%)的 $S(q)$ 具有较宽的相干散射峰，并在低 q 位置衰减速率比 TM20 缓慢。以上结果表明 SiO_2 纳米粒子之间的静电排斥作用受到了 PEO 分子链的扰动。

对样品进行快速振荡，随后立即观察样品的宏观弛豫现象。通过拍摄视频跟踪样品从凝胶态向溶液态的转变速率。随着 PEO 质量浓度的增加，样品的弛豫时间逐渐增加，在 PEO 浓度为 0.3%时，弛豫时间最长，随后弛豫时间减小(图 16-3)。SiO_2 纳米粒子对 PEO 的吸附量为 1 mg/m²。LUDOX TM40 的比表面积为 140 m²/g，因此 1 g 二氧化硅纳米粒子可以吸附 140 mg PEO。在 TM20-PEO(0.3%)体系中，PEO 与 SiO_2 纳米粒子的质量比为 0.015∶1。因此，SiO_2 纳米粒子对 PEO 的吸附量远小于饱和吸附量，SiO_2 纳米粒子表面仍然存在大量硅羟基可以与 PEO 链发生氢键相互作用，这对形成具有慢弛豫过程的振荡凝胶是至关重要的。如果 PEO 的浓度低于临界交叠浓度，那么由于没有足够的网络交联点，不利于形成振荡凝胶。通过计算，分子量为 1000 k(1000000)的 PEO 链的临界交叠浓度为 0.14%。因此，TM20-PEO(0.3%)具有最大的弛豫时间。

第 16 章 液态体系应用案例

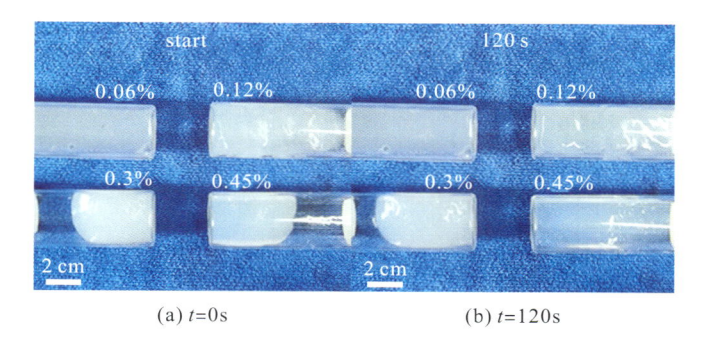

(a) $t=0$s

(b) $t=120$s

图 16-3　振荡后 TM20-PEO 样品的视频截图

图中的百分比表示 PEO 的质量含量

对 TM20-PEO(0.3%)样品进行快速振荡(使用 10 cm 高的样品瓶,以每秒 3 个周期的速度振荡 10 s),随后立即进行 SAXS 测量(上海同步辐射光源的 BL16B1 线站)。每分钟采集一次数据,曝光时间为 10 s。如图 16-4 所示,前 10 min 内,相干散射峰强度逐渐增加,并向低 q 方向移动。随后的数十分钟内,相干散射峰强度保持稳定,但低 q 区间的散射强度下降。50 min 和 80 min 后的散射曲线重叠,这表明 50 min 后没有发生纳米尺度的结构变化。结构因子可以更加清晰地反映出粒子的空间位置关系(图 16-5)。随着时间的增加,$S(q)$ 的峰位向低 q 方向移动。从 0~10 min,SiO_2 纳米粒子的空间距离从 25.4 nm 增加到 29.9 nm,随后 $S(q)$ 的主峰变得更加锐利,这表明 SiO_2 纳米粒子的周期性随着时间的增加而增加。由于 SiO_2 粒子的平均尺寸为 12.4 nm,且振荡之后($t=0$ min)粒子的距离仅为 25.4 nm,说明 SiO_2 纳米粒子具有"肩并肩"的空间排列形态。

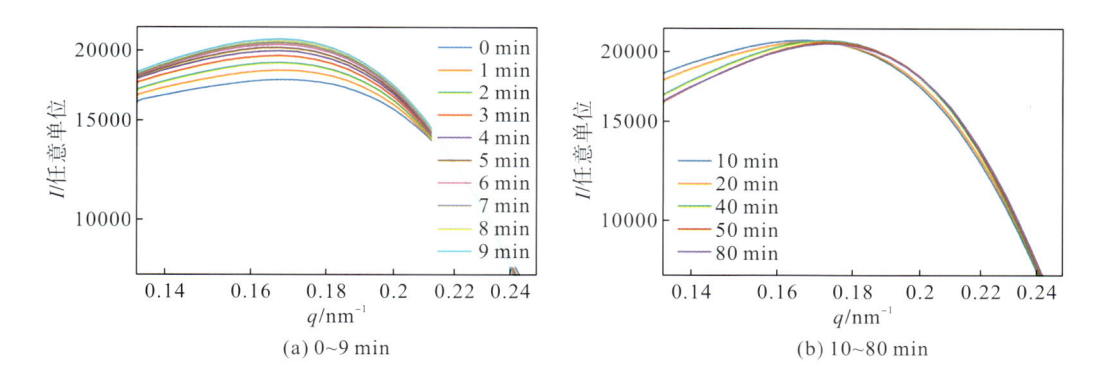

(a) 0~9 min

(b) 10~80 min

图 16-4　TM20-PEO(0.3%)振荡凝胶 SAXS 实验数据随时间的变化

通过动态光散射(dynamic light scattering,DLS)的时间关联函数,可以得到 TM20-PEO 振荡凝胶在弛豫过程中 SiO_2 纳米粒子团聚体的尺寸变化(Tian et al.,2021):在前 20 min,关联长度(SiO_2 纳米粒子团聚体)ξ_H 从 750 nm 迅速下降到 70 nm。通过 SAXS 解析出 SiO_2 纳米粒子的局部排列(小于 50 nm)方式,通过 DLS 获得 SiO_2 纳米粒子与 PEO 的团聚结构单元尺寸,从纳米至亚微米尺度揭示了 TM20-PEO(0.3%)振荡凝胶的弛豫行为(图 16-6)。

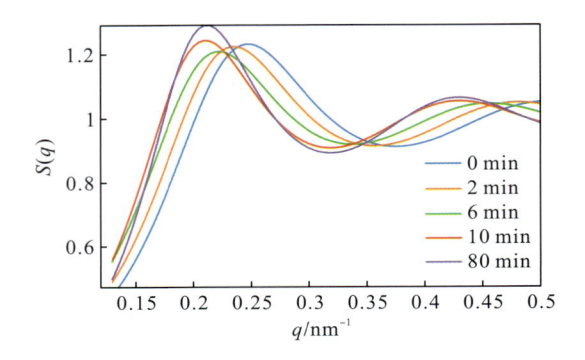

图 16-5 TM20-PEO(0.3%)振荡凝胶结构因子随时间的变化

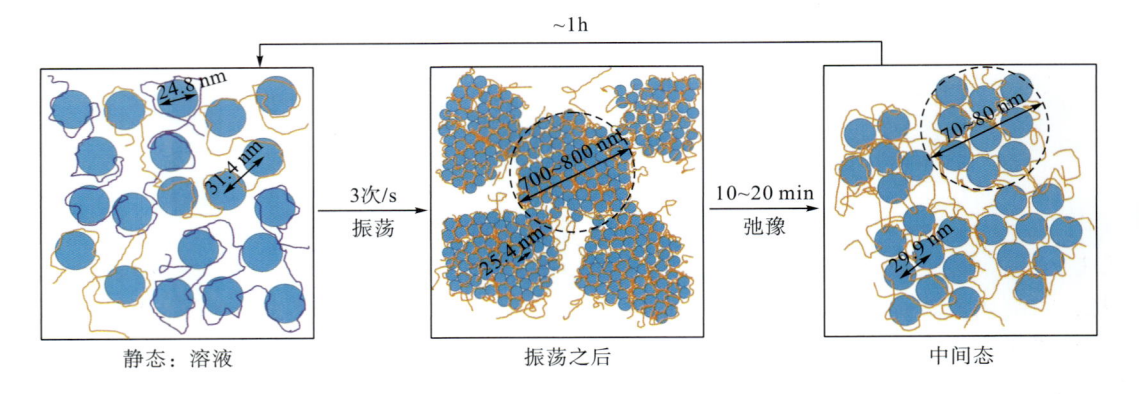

图 16-6 TM20-PEO(0.3%)的弛豫过程示意图

16.2 胶束与 U(VI)的相互作用

  天然有机质因含有丰富的活性官能团,且能以稳定的环境胶体形式在地质介质中广泛存在,因此其会影响放射性核素的归宿和运移行为,目前关于环境胶体与放射性核素相互作用的研究尚不深入。铀在富含碳酸根的中性至弱碱性水溶液中,主要以阴离子型碳酸铀酰(UC)种态形式存在。本书提出使用一种准单分散的"平头"聚苯乙烯-聚丙烯酸[PS(279)-PAA(69)]胶束,模拟天然有机物黄腐酸(FA)胶体与 UC 的相互作用。基于 X 射线对重金属的敏感性,使用上海同步辐射光源的 BL19U2 线站,获得了有机载带胶体的球壳结构、吸附量、稳定性和迁移特性等信息,研究结果如下。

  TEM 结果显示(图 16-7),PS-PAA 胶束具有球体结构,平均半径为 25 nm,单分散性良好。聚电解质 PAA 的酸度系数 pK_a 为 4.5。在 pH = 4.5 的溶液中,PAA 链的电离度为 50%;应用均匀球壳粒子模型可以拟合得到球的半径和壳层厚度(图 16-7)。当 pH = 6.5 时,PAA 链的电离度大于 99%,聚电解质分子链的静电排斥作用导致 PAA 呈伸展构象。与酸性条件相比,PS-PAA 胶束的散射曲线出现了清晰的振荡峰,且振荡峰位置向低 q 方向偏移,说明胶束的整体尺寸增大,PAA 分子链的伸展程度增加。

(a) 明场像　　　　　　　　　(b) I-q曲线

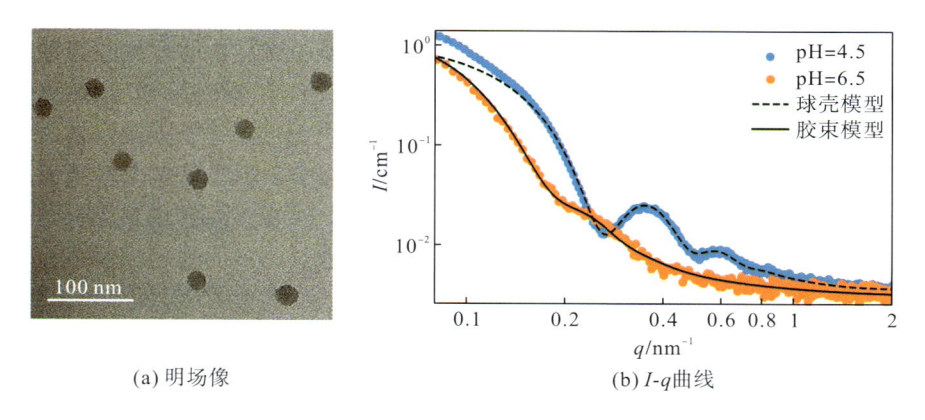

图 16-7　PS-PAA 胶束的 TEM 照片及在溶液中的散射曲线

采用梯度壳层胶束模型拟合 PS-PAA 胶束在中性水溶液中的结构：

$$P_{\text{micelle}}(q) = N_{\text{agg}}^2 V_{\text{core}}^2 \Delta\rho_{\text{core}}^2 P_{\text{core}}(q, R_{\text{core}}) + N_{\text{agg}} V_{\text{chain}}^2 \Delta\rho_{\text{chain}}^2 P_{\text{chain}}(q, L, b)$$
$$+ 2N_{\text{agg}}^2 V_{\text{core}} V_{\text{chain}} \Delta\rho_{\text{core}} \Delta\rho_{\text{chain}} F_{\text{core}}(q, R_{\text{core}}) F_{\text{corona}}(q, t) \quad (16\text{-}3)$$
$$+ N_{\text{agg}}(N_{\text{agg}} - 1) V_{\text{chain}}^2 \Delta\rho_{\text{chain}}^2 F_{\text{corona}}^2(q, t)$$

式中，N_{agg} 为胶束的聚集数；V_{core} 和 V_{chain} 分别为一个嵌段聚合物分子的疏液链段和亲液链段的体积；$\Delta\rho_{\text{core}}$ 和 $\Delta\rho_{\text{chain}}$ 分别为 PS 核和 PAA 分子链相对周边溶液的衬度；R_{core} 和 t 分别为 PS 核的半径和 PAA 壳层的厚度；L 和 b 分别为 PAA 链的轮廓长度和 Kuhn 长度[详见式(5-24)～式(5-33)]。在近中性溶液中，准单分散 PS-PAA 胶束的散射强度表达式为

$$I(q) = \int_0^\infty N(R_{\text{core}}, R_0, \sigma) P_{\text{micelle}}(q, R_{\text{core}}, t) \mathrm{d}R_{\text{core}} \quad (16\text{-}4)$$

式中，$N(R_{\text{core}}, R_0, \sigma)$ 是正态分布函数；R_0 为 PS 核的平均半径；σ 为标准差。近中性溶液中 PS-PAA 胶束的拟合参数如表 16-1 所示。PS 球的平均直径为 24.6 nm，与 TEM 结果一致。PAA 壳层厚度约为 6.7 nm，远大于 pH = 4.5 时的 2.6 nm（均匀球壳模型）。PS-PAA 胶束的平均聚集数为 167。

表 16-1　应用梯度壳层胶束模型拟合得到的 PS-PAA 胶束的结构参数

R_0/nm	σ/nm	t/nm	$\Delta\rho_{\text{core}}$/相对单位	$\Delta\rho_{\text{chain}}$/相对单位	N_{agg}
12.3(1)	3(1)	6.7(1)	0.03(1)	0.5(1)	167

PS-PAA 胶束溶液与碳酸铀酰铵（AUC）溶液混合后的样品散射数据如图 16-8 所示。Guinier 公式的拟合结果表明，随着 AUC 浓度的增加（0～0.5 mg/mL），胶束的 R_g 从 20 nm 降低为 16 nm（图 16-9）。PS-PAA-nAUC 散射曲线的拟合参数如图 16-10 所示，随着 AUC 浓度的增加，PAA 的壳层厚度 t 由 6.7 nm 减小到 2.8 nm。动态光散射（DLS）结果表明，胶束的流体力学尺寸由 102 nm 单调降低至 73 nm。胶束模型拟合、Guinier 近似和动态光散射结果均表明，PAA 分子链和 UC 络合后，发生了坍缩。相比于 PS-PAA 胶束，PS-PAA-5AUC 胶束的 PAA 分子链的衬度提高了 5 倍（图 16-10），说明 UC 与 PAA 分子链

具有强烈的亲和作用，导致 PAA 分子链的散射衬度显著增加。透射电镜明场像中观察到 PS 球环绕着一圈暗环，相应的高角环形暗场图像(HAADF)中呈现出亮环(图 16-11)，说明 UC 富集在 PS 球表面。

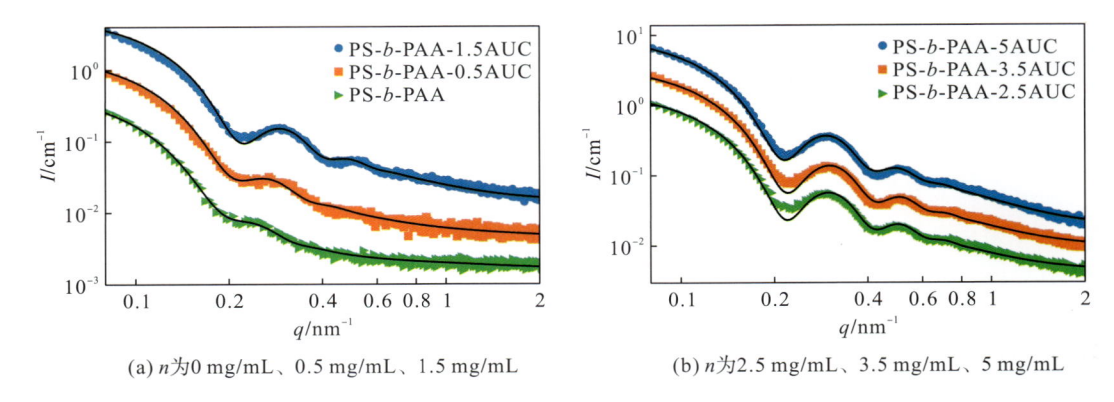

(a) n 为 0 mg/mL、0.5 mg/mL、1.5 mg/mL

(b) n 为 2.5 mg/mL、3.5 mg/mL、5 mg/mL

图 16-8　PS-PAA-nAUC 胶束的 SAXS 数据

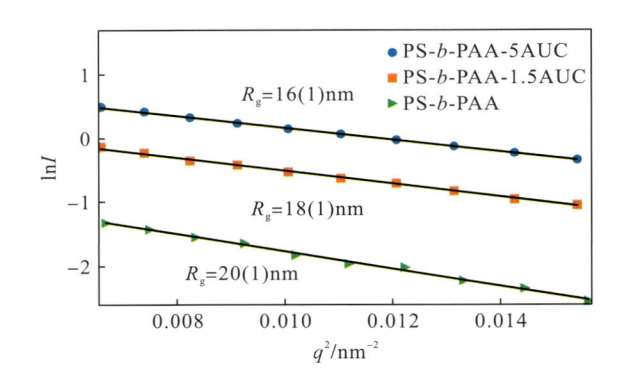

图 16-9　PS-PAA-nAUC 胶束散射数据的 Guinier 近似分析

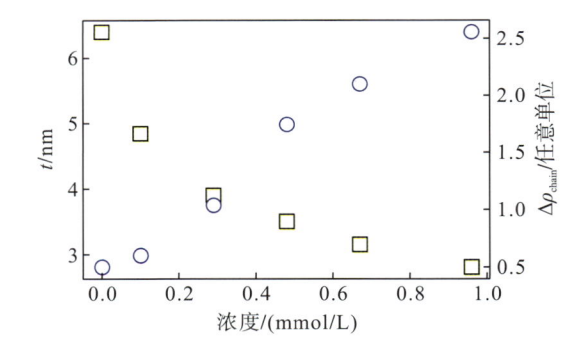

图 16-10　PAA 壳层厚度(t)和衬度($\Delta\rho_{chain}$)与 UC 浓度的关系

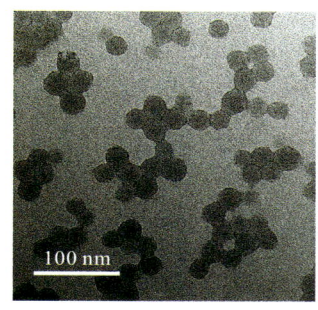

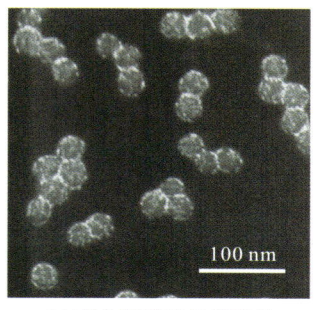

(a) 透射电镜明场像照片　　(b) 高角环形暗场像照片

图 16-11　PS-PAA-2.5AUC 的透射电镜明场像照片与高角环形暗场像照片

尽管 UC 阴离子和 PAA 分子链上电离羧基之间存在静电排斥，但 SAXS、TEM、DLS 数据都证明 UC 被 PAA 分子链"捕获"，导致 PAA 壳层的收缩和衬度提高，据此推测生成了内界配位螯合物，反应机理为

$$\text{micelle-2COO}^- + \text{UO}_2(\text{CO}_3)_2^{2-} \rightarrow \text{micelle-}[\text{UO}_2(\text{CO}_3)_2(\text{COO}^-)_2]^{4-}$$

$$\text{micelle-2COO}^- + \text{UO}_2(\text{CO}_3)_3^{4-} \rightarrow \text{micelle-}[\text{UO}_2(\text{CO}_3)_2(\text{COO}^-)_2]^{4-} + \text{CO}_3^{2-}$$

由于 X 射线散射长度密度与电子数成正比，基于梯度壳层模型获得的相关参数，可估算出一个 PS-PAA 胶束上吸附的 UC 数量：

$$\frac{\Delta \rho_{\text{PAA}}}{\Delta \rho_{\text{PAA-UC}}} = \frac{X_{\text{PAA}} n_{\text{PAA}}^{\text{e}} - N_{\text{water}}^{\text{e}}}{X_{\text{PAA}} n_{\text{PAA}}^{\text{e}} - N_{\text{water}}^{\text{e}} + m n_{\text{UC}}^{\text{e}} / N_{\text{agg}}} \tag{16-5}$$

$$N_{\text{water}}^{\text{e}} = \frac{X_{\text{PAA}} V_{\text{PAA}} \rho_{\text{water}} n_{\text{water}}^{\text{e}} N_{\text{A}}}{M_{\text{water}}} \tag{16-6}$$

式中，X_{PAA} 为 PAA 的聚合度(69)；N_{agg} 为胶束的聚集数；$n_{\text{PAA}}^{\text{e}}$ 为每个 PAA 结构单元的电子数；$n_{\text{water}}^{\text{e}}$ 为每个水分子的电子数；n_{UC}^{e} 是每个 $\text{UO}_2(\text{CO}_3)_2^{2-}$ 的电子数；V_{PAA} 为每个 PAA 段的体积；M_{water} 为水的摩尔质量；m 为一个胶束吸附 $\text{UC}[\text{UO}_2(\text{CO}_3)_2^{2-}]$ 的个数。计算结果如图 16-12 所示，吸附量随 UC 初始浓度的增大而增大，在最高 UC 浓度下(0.96 mmol/L)，一个 PS-PAA 胶束可吸附约 1200 个 $\text{UO}_2(\text{CO}_3)_2^{2-}$(图 16-13)。

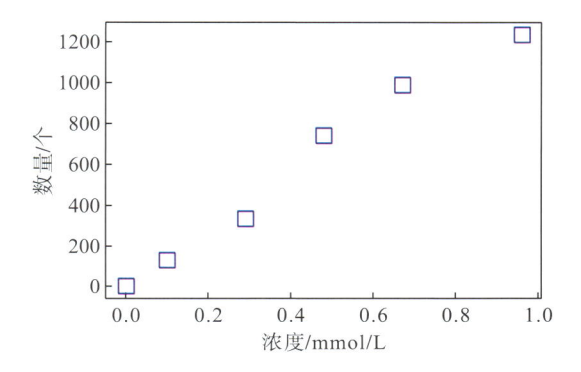

图 16-12　每个 PS-PAA 胶束吸附 UC 的数量与初始浓度的关系

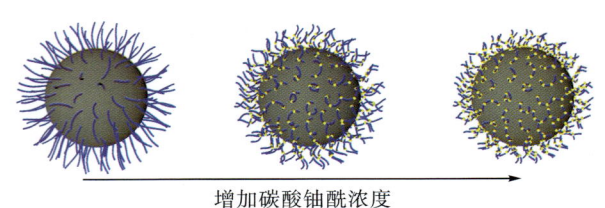

图 16-13　PS-PAA 胶束吸附 UC 的示意图

PS-PAA 胶束吸附 UC 后，zeta 电位几乎保持不变，依然具有良好的胶体稳定性。该工作通过简化的 PS-PAA-AUC 胶束体系并结合 SAXS 技术，表明地下水中天然有机物会增加 U(VI) 的迁移扩散风险 (Tian et al., 2020；Shi et al., 2022)。

16.3　POM-POSS 的自组装

POM[$(P_2W_{15}V_3O_{62})^{9-}$，6 个四丁基铵，3 个质子]-4POSS（八异丁基倍半硅氧烷）两亲分子由南开大学王维教授课题组合成，其分子结构如图 16-14 所示 (Wang et al., 2022)。将样品溶解于正癸烷-丙酮混合溶剂中（2 mg/mL），二者的体积比为 40:60。正癸烷是 POSS 的良溶剂，丙酮是 POM 的良溶剂。由于丙酮的挥发速率远大于正癸烷，随着溶剂的挥发，POM-4POSS 分子会自组装形成类表面活性剂胶束。SAXS 实验在上海同步辐射光源的 BL19U2 线站开展，样品探测器距离等于 2.78 m，入射 X 射线波长为 0.103 nm。样品配制完成后，开始计时（t = 0 min），监测散射曲线随时间（丙酮挥发过程）的演化。

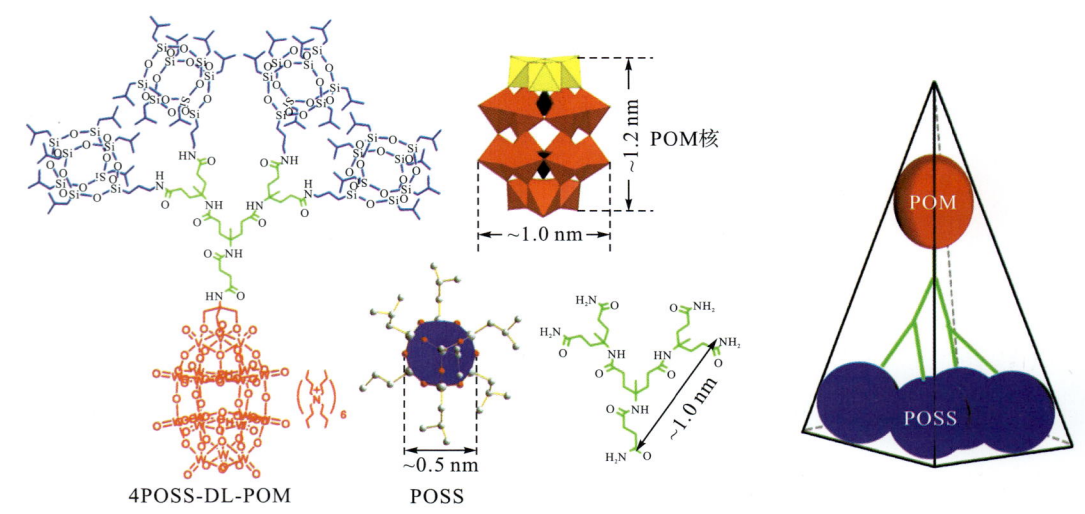

图 16-14　POM-4POSS 的分子结构示意图

在 159 min 内，少量丙酮挥发，样品体积减小了 10%~20%；散射曲线在高 q 区间（约 1 nm^{-1}）和低 q 区间（约 0.1 nm^{-1}）存在两个拐点，这是双尺度结构的典型特征

（图16-15）。使用 Beaucage 模型[式(6-20)]拟合散射曲线，得到初级粒子的回转半径为 1.2 nm，团聚结构的回转半径从 32 nm 减小至 24 nm，团聚体具有支状分形结构，分形维数为 2.6。从 159～300 min，样品体积减小了 20%～40%，散射曲线发生了显著变化（图16-16）：高 q 区间的拐点向低 q 方向移动，说明初级粒子的尺寸增加；低 q 区间的散射强度下降并趋于水平，说明团聚体逐渐消失。在 300 min 时，使用 Beaucage 模型拟合得到纳米粒子的回转半径为 2.68 nm。

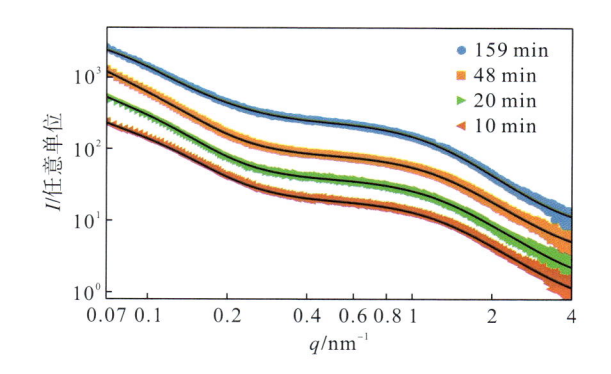

图 16-15　POM-4POSS 溶液的散射曲线（t = 10～159 min）

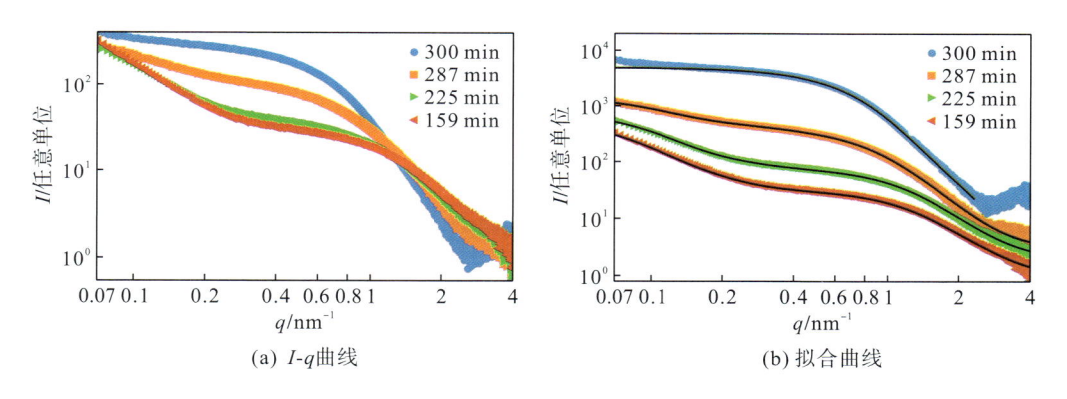

图 16-16　POM-4POSS 溶液的 SAXS 数据（t = 159～300 min）

(a) I-q 曲线　　(b) 拟合曲线

从 300～581 min，样品体积减小了 40%～60%；高 q 区间（1.8 nm^{-1}）的振荡峰逐渐增强（图 16-17），说明粒子内部结构发生了重组。在 355 min 时，可使用多分散球形粒子以及球壳模型拟合散射曲线，后者拟合结果的约化卡方[式(14-2)]更小。在 367 min 以后，球形粒子模型已不适用，应用多分散球壳粒子模型可以得到理想的拟合结果。研究体系的 X 射线散射长度密度计算结果如表 16-2 所示。POM 因含有重金属，散射长度密度最大，POSS 的散射长度密度比正癸烷大 45%，因此也会贡献可观的散射信号。若 POM-4POSS 在正癸烷溶剂中自组装形成球形胶束，那么 POM 核的散射长度密度会远大于溶剂化 POSS 壳的散射长度密度，因此在设置球壳粒子模型中的散射长度密度参数时，将 POM 核的数值设置为 POSS 壳的 10 倍，有利于快速得到拟合结果。423 min 以后，溶液样品的散射曲线保持不变，拟合得到 POM 核的平均半径约为 3 nm，壳层厚度约为 1 nm，粒子的总直径约为 8 nm（表 16-3）。相比于 355 min 样品，581 min 样品的粒子分布标准差减小，壳层衬度增加，说明粒子中的 POM-4POSS 分子发生了局域重排，最终形成了单分散性良好的球壳纳米粒子。根据 POM-4POSS 分子体积以及球壳粒子的总体积，计算得到平均聚集数为 11，该结果与透射电子显微镜的高角环形暗场像分析结果一致（Wang et al.，2022；图 16-18）。综合以上分析，POM-4POSS 分子的组装过程如图 16-19 所示。

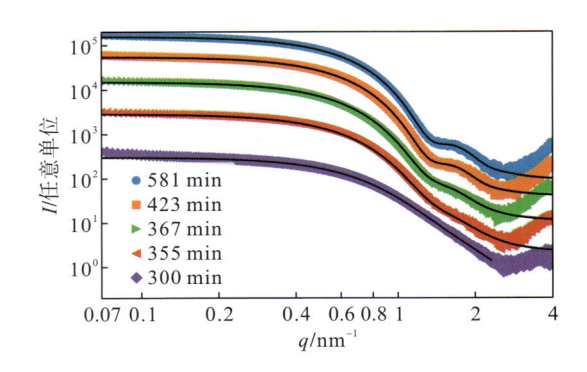

图 16-17　POM-4POSS 溶液的散射曲线（t = 300～581 min）

表 16-2　POM-POSS-正癸烷研究体系的 X 射线散射长度密度（SLD）计算结果

成分	密度/(g/cm^3)	SLD/cm^{-2}	归一化 SLD
正癸烷	0.73	7.15×10^{10}	1
POSS	1.13	1.04×10^{11}	1.45
POM	2.65	1.83×10^{11}	2.56

表 16-3　POM-4POSS 组装粒子的球壳模型拟合参数

蒸发挥发时间/min	R_0/nm	σ/nm	ΔR/nm	$\Delta\rho_{core}$/任意单位	$\Delta\rho_{shell}$/任意单位
355	2.59(1)	0.76(1)	1.03	0.10(1)	0.007
581	2.95(1)	0.49(1)	1.11(3)	0.11(1)	0.01(1)

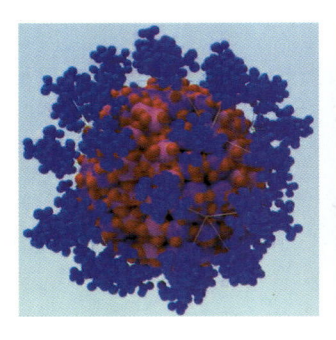

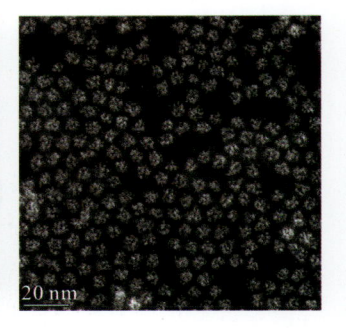

图 16-18　POM-4POSS 球壳模型示意图和透射电镜照片（高角环形暗场像）

第16章 液态体系应用案例

$D=2.6$

网络解离 → 生成球壳结构 → 局域结构调整

$R_g=2.68$ nm

$R=2.95$ nm
$\Delta R=1.11$ nm

$t=10\sim159$ min
丙酮含量：50%~60%
癸烷含量：50%~60%

$t=159\sim300$ min
丙酮含量：33%~50%
癸烷含量：50%~67%

$t=300\sim581$ min
丙酮含量：0%~33%
癸烷含量：67%~100%

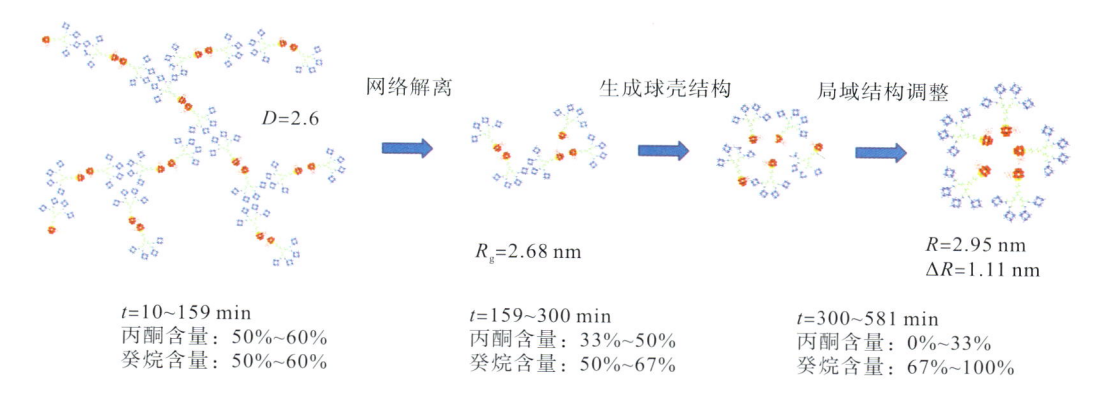

图 16-19　POM-4POSS 在正癸烷-丙酮混合溶剂中的结构演化示意图（丙酮挥发过程）

注：图中含量指体积分数。

进一步蒸发正癸烷，POM-4POSS 球壳纳米粒子从溶液中析出。毛细管壁上析出物的散射数据如图 16-20 所示。I-q 曲线中出现了若干衍射峰，前三强峰的峰位比值为 1∶1.07∶1.13，因此可判定析出物具有密排六方超晶体结构。综上，应用同步辐射光源的 SAXS 技术揭示了 POM-4POSS 两亲分子在混合溶剂中的自组装动力学过程，从分形团聚结构转变为球形纳米粒子和球壳纳米粒子，最后转变为超晶体。

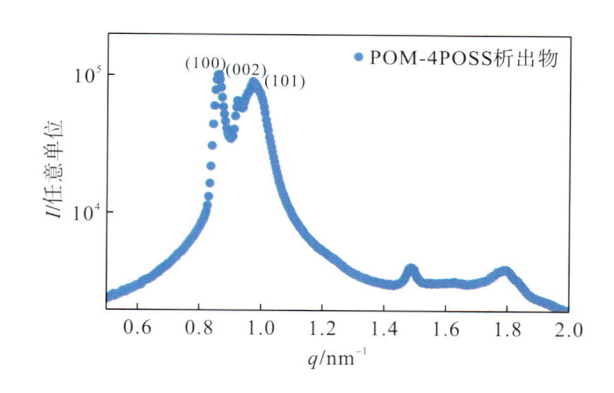

图 16-20　POM-4POSS 从正癸烷溶剂中析出物的 SAXS 曲线

16.4　溶　剂　萃　取

溶剂萃取是水冶金和核废料处理领域中的常用技术，包括萃取、洗涤和反萃取三个步骤。在萃取阶段，金属离子从酸性水溶液转移到含有萃取剂的有机相中；在洗涤阶段，去除有机相中的杂质；在反萃取阶段，把金属离子从有机相转移到水相中。这种方法可以实现金属的高效富集和分离。在核工业中，经典的萃取剂是磷酸三丁酯（tributyphosphate，TBP），可用于从酸性溶液中提取、分离 Pu(IV) 和 U(IV)。萃取过程中[普雷克斯（PUREX）流程]，铀酰配合物[$UO_2(TBP)_2(NO_3)_2$]首先富集在有机相与硝酸溶液的两相界面，随着化学平衡，配合物从水相逐渐向有机相移动，进而完成萃取。

掌握萃取剂-金属离子配合物的反胶束几何结构、聚集形态、相分离与溶液参数的关系，是开发高效萃取剂的基础。二酰胺荚醚萃取剂，可通过分子中两个羰基氧原子和一个醚键氧原子以三齿配合方式与三价锕系离子形成稳定的配合物，是最具应用前景的锕系分离萃取剂之一。本书研究使用两种二酰胺荚醚作为萃取剂，分子结构如图 16-21 所示，稀释剂为正十二烷，萃取后的有机相样品由四川大学化学学院丁颂东教授课题组提供。利用 SAXSpace 散射仪获取样品的实验数据，样品-探测器距离为 317 mm，X 射线波长为 0.154 nm，样品曝光时间为 20 min。

(a) TODGA

(b) TOOEDGA

图 16-21　二酰胺荚醚萃取剂的分子结构

首先固定萃取剂浓度为 0.2 mol/L，分析酸浓度与反胶束结构的关系。如图 16-22 所示，随酸浓度增加，低 q 区间的散射强度逐渐增加。当硝酸浓度为 1 mol/L 时，TODGA 聚集成了类球形的反胶束，应用 Guinier 近似拟合得到回转半径为 0.47 nm，使用球形粒子模型拟合得到的半径为 0.66 nm，二者结果基本吻合。当硝酸浓度为 4 mol/L 时，散射曲线中出现了 $I \propto q^{-1}$ 的幂律关系[图 16-22(a)]，说明 TODGA 分子聚集形成了棒状胶束。使用棒状粒子模型拟合实验曲线，得到棒状胶束的截面半径为 0.43 nm，长度大于 16 nm。由于受到最小测量 q 值的限制，这里无法精确得到胶束的长度。进一步增加硝酸浓度(5 mol/L)，体系中出现了第三相(萃取相分为高密度的第三相和低密度的稀释相)。在低 q 区间，第三相的散射强度比稀释相的散射强度高近 10 倍，说明其胶束的体积含量远高于稀释相。

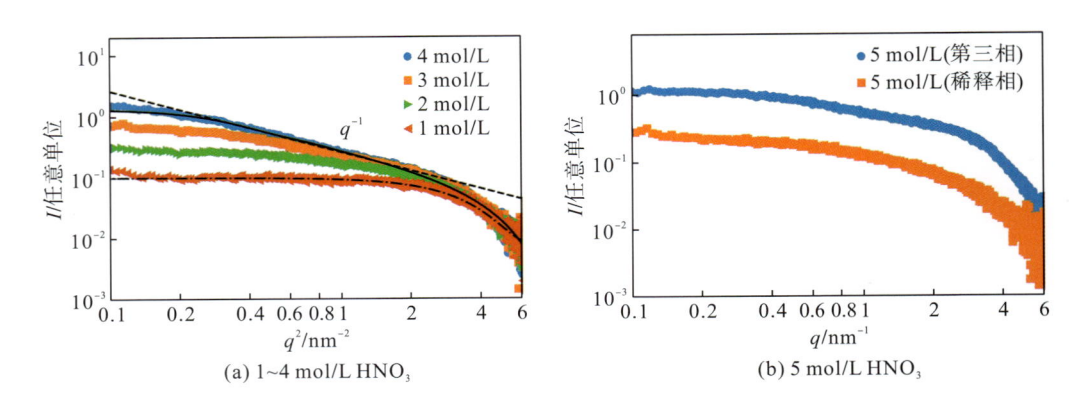

(a) 1~4 mol/L HNO$_3$

(b) 5 mol/L HNO$_3$

图 16-22　不同硝酸浓度条件下萃取相的 SAXS 数据(TODGA 浓度为 0.2 mol/L)

使用 TOOEDGA 作为萃取剂，随着酸浓度的增加，同样可以观测到散射强度逐渐增加（图 16-23）。当硝酸浓度为 1 mol/L 和 5 mol/L 时，应用 Guinier 近似拟合得到反胶束的回转半径分别为 0.44 nm 和 1.13 nm，说明 TOOEDGA 反胶束的聚集数随硝酸浓度增加而增加。与 TODGA 萃取剂最显著的差别在于，使用 TOOEDGA 作为萃取剂没有出现第三相。分析结果表明，通过萃取剂的分子结构调控可有效抑制第三相的生成。

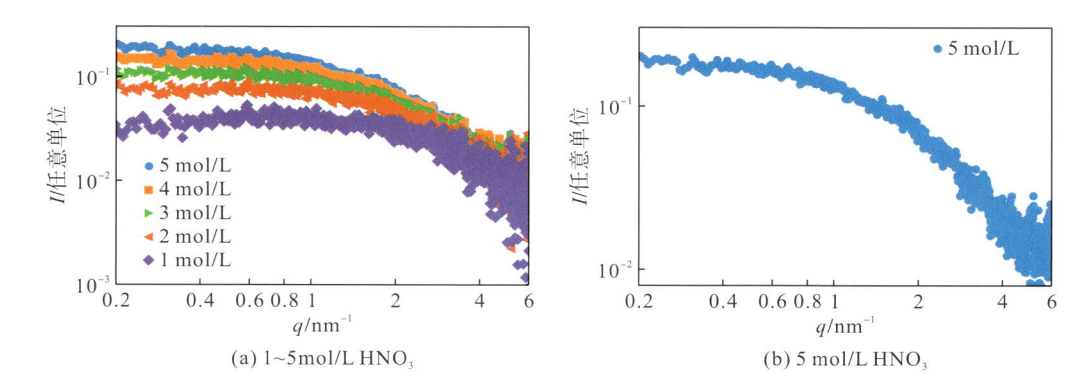

图 16-23　不同硝酸浓度条件下萃取相的 SAXS 数据（TOOEDGA 浓度为 0.2 mol/L）

接下来固定硝酸浓度为 3 mol/L，分析萃取剂浓度与胶束结构的关系。如图 16-24 所示，随着萃取剂浓度增加，散射强度逐渐增加。在相同浓度条件下，含 TOOEDGA 体系样品的散射强度均高于含 TODGA 体系样品的散射强度，说明 TOOEDGA 分子更容易自组装形成反相胶束。在低 q 区间，含 0.5 mol/L 萃取剂样品的散射强度接近（TODGA 体系）或低于（TOOEDGA 体系）含 0.2 mol/L 萃取剂样品的散射强度，说明在高浓度萃取剂条件下，反胶束之间存在排斥的相互作用。考虑到胶束之间的范德瓦耳斯吸引，以及它们的空间位阻排斥，使用 Baxter 模型拟合 0.5 mol/L TOOEDGA 样品的实验曲线（参见 8.3 节）。拟合结果表明[图 16-24(b)，黑色实线]，胶束的硬球相互作用半径为 1.38 nm，体积含量为 0.14。

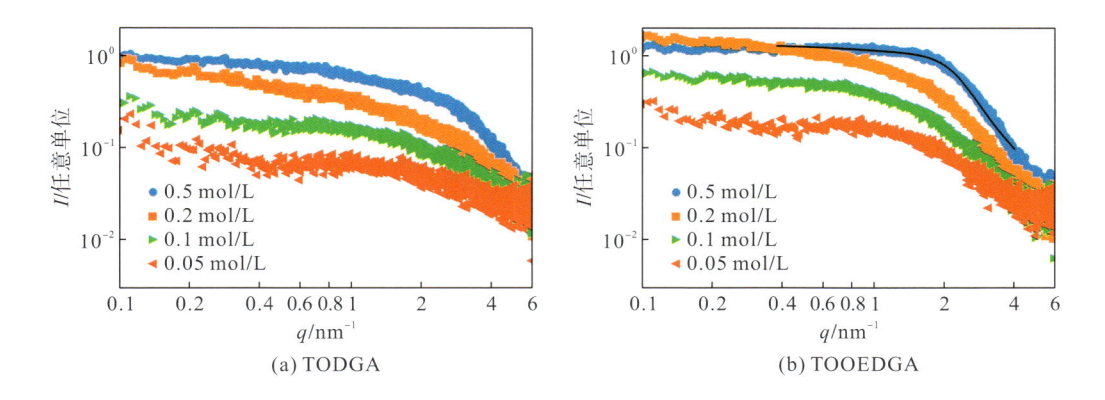

图 16-24　不同萃取剂浓度条件下萃取相的 SAXS 数据（硝酸浓度为 3 mol/L）

最后固定硝酸浓度为 3 mol/L，萃取剂浓度为 0.1 mol/L，分析金属离子对反胶束结构的影响。对于 TODGA 体系，Sr^{2+} 浓度为 10 mmol/L 时，散射强度增加，且出现了 $I \propto q^{-1}$ 的幂律关系，说明 Sr^{2+} 诱导 TODGA 分子聚集成棒状胶束（图 16-25）。使用 Beaucage 模型（参见 6.3 节）拟合实验曲线，得到棒状胶束的截面回转半径为 0.52 nm，刚性棒的回转半径为 9.0 nm。对于 TOOEDGA 体系，相比于无 Sr^{2+} 的样品，Sr^{2+} 浓度为 10 mmol/L 时，散射曲线的形态一致，散射强度显著增加。使用 Guinier 近似，拟合得到当 Sr^{2+} 浓度为 0 mmol/L 和 10 mmol/L 时，回转半径分别为 1.13 nm 和 1.48 nm（图 16-26）。Sr^{2+} 促进 TOOEDGA 反胶束的聚集数增加，但并没有出现棒状结构。

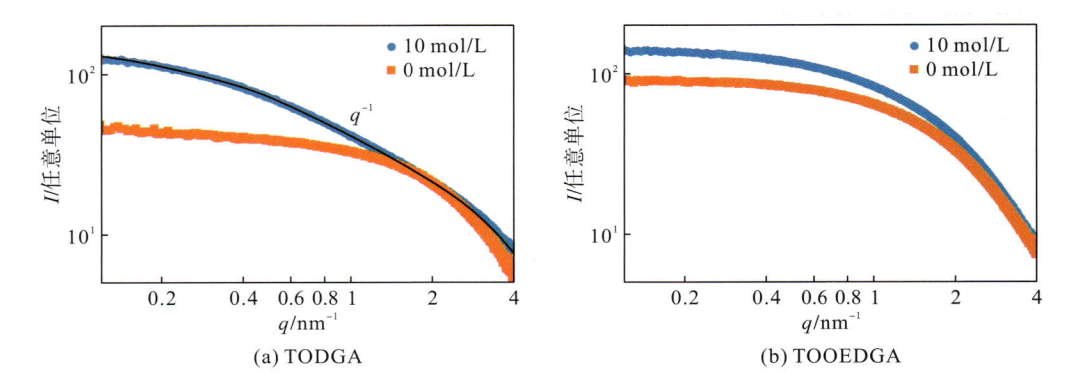

图 16-25 萃取 Sr^{2+} 后萃取相的 SAXS 数据（硝酸浓度为 3 mol/L，萃取剂浓度为 0.1 mol/L）

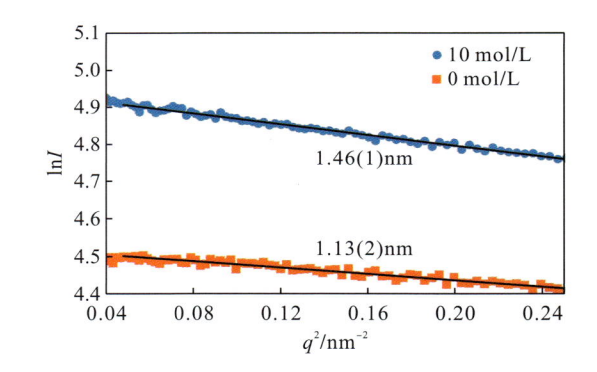

图 16-26 萃取 Sr^{2+} 后萃取相 SAXS 数据的 Guinier 近似分析
（硝酸浓度为 3 mol/L，TOOEDGA 浓度为 0.1 mol/L）

综上，随着硝酸和萃取剂浓度的增加，以及金属离子的引入，均有利于 TODGA 和 TOOEDGA 生成反胶束，并促进胶束进一步聚集长大。TODGA 体系中容易生成棒状胶束，且会产生第三相；TOOEDGA 体系中没有出现棒状胶束和第三相。因此可以推测出，棒状胶束与第三相的生成有密切关系（Thiyagarajan et al., 1990; Thiyagarajan, 2003）。TOOEDGA 是一种优良的萃取剂，比 TODGA 对裂片元素 Sr^{2+} 有更高的负载能力，以及更强的抗酸性、抗乳化能力。第三相的形成过程和原因十分复杂，涉及配位化学、萃取化学、胶体化学、相变和临界理论等化学、物理知识。本书通过SAXS对比分析了两种萃取剂的聚集态结构，从胶体化学视角分析了两种二酰胺荚醚反胶束的聚集结构(尺寸、形态)，并初步建立了"工艺参数-胶束形态-第三相"的关系，研究方法和结论可为新型萃取剂分子的研制、溶剂萃取工艺的优化提供基础实验数据和科学依据。

综上所述，相比于固态体系中的纳米粒子，小角散射在研究溶液中的纳米粒子或纳米结构时，更能体现出技术特色。这是因为：①电子显微技术可以针对大部分固态样品获取直观的显微照片，但是无法直接研究溶液状态下纳米粒子的结构和动态演化过程，小角散射技术恰好可以与电子显微互补；②溶液中胶体纳米粒子的尺寸较为均一，且方便扣除溶剂本底散射，因此更容易观测到形状因子的振荡峰，并得到精确的模型拟合参数；③溶液中纳米粒子的结构形态和层次更加丰富，涉及刚性、柔性、胶束、分形、多层级粒子等多种数据分析模型；通过改变溶液参数(pH、浓度、温度、极性等)，即可诱导纳米粒子发生显著的结构演化，例如自组装、凝胶化、水化、聚集等过程，均是小角散射擅长的研究对象(Li et al.，2018；宋攀奇等，2022；Zhai et al.，2022；Pratsinis et al.，2023；Zhang et al.，2024a)；④结合流变、混合-停流、微流控、高低温等测试技术，可以得到复杂流体的取向和高时间分辨率的动态结构演化信息，以及纳米药物配方-工艺-结构-性能的关系(参见12.3节；Chen and Tartaglia，2015；Cola et al.，2016)；⑤通过调节氘代和非氘代试剂的比例，调控溶剂的平均散射长度密度("外变换"法)，匹配散射体系中的部分结构，即可应用SANS获取复杂溶液体系中的目标结构信息(参见第13章)。

参 考 文 献

郭敦仁, 孙小礼, 1988. 傅立叶, 一首数学的诗: 纪念傅立叶诞生 220 周年. 自然辩证法研究, 4(6): 18-24.

国家市场监督管理总局, 国家标准化管理委员会, 2020. 无损检测 中子小角散射检测方法 GB/T 38944—2020. 北京: 中国标准出版社.

国家质量监督检验检疫总局, 中国国家标准化管理委员会, 2005. 纳米粉末粒度分布的测定 X 射线小角散射法 GB/T 13221—2004. 北京: 中国标准出版社.

陆坤权, 刘寄星, 2009. 软物质物理: 物理学的新学科. 物理, 38(7): 453-461.

吕冬, 卢影, 门永锋, 2021. 小角 X 射线散射技术在高分子表征中的应用. 高分子学报(7): 822-839.

麦振洪, 2013. 同步辐射光源及其应用. 北京: 科学出版社.

孟昭富, 1996. 小角 X 射线散射理论及应用. 长春: 吉林科学技术出版社.

石婧, 刘佳辉, 白亮飞, 等, 2020. HMX 晶体颗粒微结构的原位变温 X 射线小角散射. 含能材料, 28(9): 848-853.

宋攀奇, 张建桥, 李怡雯, 等, 2022. 溶液小角散射技术在软物质研究中的应用与展望. 化学学报, 80(5): 690-702.

孙向东, 1995. 中子散射与 1994 年诺贝尔物理奖. 物理, 24(3): 136-139.

田强, 闫冠云, 白亮飞, 等, 2019. 小角散射技术在高聚物粘结炸药中的应用研究进展. 含能材料, 27(5): 434-444.

王哲, 2022. 中子散射: 理论与应用. 北京: 清华大学出版社.

郑钧正, 2020. 历史见证了 X 射线发现 125 周年之辉煌. 辐射防护通讯, 40(6): 1-16, 29.

朱育平, 2008. 小角 X 射线散射: 理论、测试、计算及应用. 北京: 化学工业出版社.

左太森, 马长利, 韩泽华, 等, 2021. 小角中子散射技术及其在大分子结构表征中的应用. 高分子学报(9): 1192-1205.

Affholter K A, Henderson S J, Wignall G D, et al., 1993. Structural characterization of C_{60} and C_{70} fullerenes by small‐angle neutron scattering. Journal of Chemical Physics, 99: 9224-9229.

Almásy L, Cser L, Jancsó G, 2000. SANS study of 3-methylpyridine-heavy water mixtures. Physica B: Condensed Matter, 276: 446-447.

Almásy L, Len A, Székely N K, et al., 2007. Solute aggregation in dilute aqueous solutions of tetramethylurea. Fluid Phase Equilibria, 257(1): 114-119.

Almásy L, Turmine M, Perera A, 2008. Structure of aqueous solutions of ionic liquid 1-butyl-3-methylimidazolium tetrafluoroborate by small-angle neutron scattering. The Journal of Physical Chemistry B, 112(8): 2382-2387.

Altammar K A, 2023. A review on nanoparticles: characteristics, synthesis, applications, and challenges. Frontiers in Microbiology, 14: 1155622.

Anitas E M, 2019a. Small-Angle Scattering (Neutrons, X-Rays, Light) from Complex Systems: Fractal and Multifractal Models for Interpretation of Experimental Data. Cham: Springer.

Anitas E M, 2019b. Small-Angle Scattering from Complex Systems: Fractal and Multifractal Models for Interpretation of Experimental Data. Cham: Springer.

Anitas E M, 2019c. Small-angle scattering from weakly correlated nanoscale mass fractal aggregates. Nanomaterials, 9(4): 648.

Anitas E M, 2020. Small-angle scattering from fractals: differentiating between various types of structures. Symmetry, 12(1): 65.

Arleth L, Vermehren C, 2010. An analytical model for the small-angle scattering of polyethylene glycol-modified liposomes. Journal of Applied Crystallography, 43(5): 1084-1091.

Avdeev M V, 2007. Contrast variation in small-angle scattering experiments on polydisperse and superparamagnetic systems: Basic functions approach. Journal of Applied Crystallography, 40(1): 56-70.

Avdeev M V, Tropin T V, Bodnarchuk I A, et al., 2010. On structural features of fullerene C_{60} dissolved in carbon disulfide: Complementary study by small-angle neutron scattering and molecular dynamic simulations. Journal of Chemical Physics, 132: 164515.

Bagge-Hansen M, Lauderbach L, Hodgin R, et al., 2015. Measurement of carbon condensates using small-angle X-ray scattering during detonation of the high explosive hexanitrostilbene. Journal of Applied Physics, 117: 245902.

Bai L F, Li X X, Li H, et al., 2023. A review of small angle scattering, neutron reflection, and neutron diffraction techniques for microstructural characterization of polymer-bonded explosives. Energetic Materials Frontiers, 4(3): 140-157.

Bale H D, Schmidt P W, 1984. Small-angle X-ray-scattering investigation of submicroscopic porosity with fractal properties. Physical Review Letters, 53(6): 596-599.

Banfield J F, Zhang H, 2001. Nanoparticles in the environment. Reviews in Mineralogy and Geochemistry, 44(1): 1-58.

Baxter R J, 1968. Percus-Yevick equation for hard spheres with surface adhesion. Journal of Chemical Physics, 49(6): 2770-2774.

Beaucage G, 1995. Approximations leading to a unified exponential/power-law approach to small-angle scattering. Journal of Applied Crystallography, 28(6): 717-728.

Beaucage G, 1996. Small-angle scattering from polymeric mass fractals of arbitrary mass-fractal dimension. Journal of Applied Crystallography, 29(2): 134-146.

Beaucage G, Schaefer D W, 1994. Structural studies of complex systems using small-angle scattering: A unified Guinier/power-law approach. Journal of Non-Crystalline Solids, 172: 797-805.

Benoit H, 1953. On the effect of branching and polydispersity on the angular distribution of the light scattered by Gaussian coils. Journal of Polymer Science, 11(5): 507-510.

Bernadó P, Mylonas E, Petoukhov M V, et al., 2007. Structural characterization of flexible proteins using small-angle X-ray scattering. Journal of the American Chemical Society, 129(17): 5656-5664.

Blazek J, Gilbert E P, 2011. Application of small-angle X-ray and neutron scattering techniques to the characterisation of starch structure: A review. Carbohydrate Polymers, 85(2): 281-293.

Bras W, Derbyshire G E, Ryan A J, et al., 1993. Simultaneous time resolved SAXS and WAXS experiments using synchrotron radiation. Nuclear Instruments and Methods in Physics Research Section A: Accelerators, Spectrometers, Detectors and Associated Equipment, 326(3): 587-591.

Brückel T, 2012. 100 Years of Scattering and Beyond (A01) // Angst M, Brückel T, Richter D, et al., Scattering Methods for Condensed Matter Research: Towards Novel Applications at Future Sources. Jülich: Forschungszentrum Jülich.

Brumberger H, 1995. Modern Aspects of Small-Angle Scattering. Dordrecht: Kluwer Academic Publishers.

Brumberger H, Claffey W, Alexandropoulos N G, et al., 1969. Small-angle X-ray scattering of quartz near the α–β transition. Physical Review Letters, 22(11): 537-538.

Bryant G, Alzahrani A, Bryant S J, et al., 2024. Advanced scattering techniques for characterisation of complex nanoparticles in solution. Advances in Colloid and Interface Science, 334: 103319.

Bundschuh M, Filser J, Lüderwald S, et al., 2018. Nanoparticles in the environment: where do we come from, where do we go to. Environmental Sciences Europe, 30(1): 6.

Chen C M, 2006. CiteSpace II: Detecting and visualizing emerging trends and transient patterns in scientific literature. Journal of the American Society for Information Science and Technology, 57(3): 359-377.

Chen K P, Tian Q, Tian C R, et al., 2017. Mechanical reinforcement in thermoplastic polyurethane nanocomposite incorporated with polydopamine functionalized graphene nanoplatelet. Industrial & Engineering Chemistry Research, 56(41): 11827-11838.

Chen K P, Zhang H B, Tian Q, et al., 2021. Molecular dynamics, microstructures and mechanical properties of segmented polyurethane elastomers under gamma irradiation. Polymer Degradation and Stability, 187: 109539.

Chen L, Sun L W, Wang Y, et al., 2016. Small-angle neutron scattering spectrometer Suanni equipped with ultra-thin biconcave focusing lenses. Journal of Applied Crystallography, 49(4): 1388-1393.

Chen S H, Tartaglia P, 2015. Scattering Methods in Complex Fluids. Cambridge: Cambridge University Press.

D'Arrigo G, Giordano R, Teixeira J, 2009. Temperature and concentration dependence of SANS spectra of aqueous solutions of short-chain amphiphiles. The European Physical Journal E, 29(1): 37-43.

Dawson H, Serrano M, Cater S, et al., 2017. Impact of friction stir welding on the microstructure of ODS steel. Journal of Nuclear Materials, 486: 129-137.

De Gennes P G, 1979. Scaling Concepts in Polymer Physics. New York: Cornell University Press.

Debye P, 1915. Zerstreuung von röntgenstrahlen. Annalen Der Physik, 351(6): 809-823.

Debye P, 1947. Molecular-weight determination by light scattering. The Journal of Physical and Colloid Chemistry, 51(1): 18-32.

Debye P, Anderson H R, Brumberger H, 1957. Scattering by an inhomogeneous solid. II. the correlation function and its application. Journal of Applied Physics, 28(6): 679-683.

Debye P, Bueche A M, 1949. Scattering by an inhomogeneous solid. Journal of Applied Physics, 20(6): 518-525.

Di Cola E, Grillo I, Ristori S, 2016. Small angle X-ray and neutron scattering: Powerful tools for studying the structure of drug-loaded liposomes. Pharmaceutics, 8(2): 10.

Fang W F, Mu Z, He Y, et al., 2023. Organic-inorganic covalent-ionic molecules for elastic ceramic plastic. Nature, 619(7969): 293-299.

Flory P J, 1936. Molecular size distribution in linear condensation polymers. Journal of the American Chemical Society, 58(10): 1877-1885.

Fournet G, 1951. Scattering functions for geometrical forms. Bulletin de la Société française de Minéralogie et de Cristallographie, 74: 39-113.

Franke D, Jeffries C M, Svergun D I, 2015. Correlation Map, a goodness-of-fit test for one-dimensional X-ray scattering spectra. Nature Methods, 12(5): 419-422.

Gao P L, Gong J, Tian Q, et al., 2022a. Small-angle neutron scattering study on the stability of oxide nanoparticles in long-term thermally aged 9Cr-oxide dispersion strengthened steel. Chinese Physics B, 31(5): 056102.

Gao Y T, Zhou Y S, Xu X Y, et al., 2022b. Fabrication of oriented colloidal crystals from capillary assembly of polymer-tethered gold nanoparticles. Small, 18(13): e2106880.

Gilbert E P, 2019. Small-angle X-Ray and neutron scattering in food colloids. Current Opinion in Colloid & Interface Science, 42: 55-72.

Gille W, 2013. Particle and Particle Systems Characterization: Small-Angle Scattering (SAS) Applications. New York: CRC Press.

Goldenberg D P, 2012. A guide to SAXS data processing with the Utah SAXS tools with special attention to slit corrections and intensity calibration. Utah: University of Utah: 1-13.

Gommes C J, Jaksch S, Frielinghaus H, 2021. Small-angle scattering for beginners. Journal of Applied Crystallography, 54(6): 1832-1843.

Griffin S, Masood M I, Nasim M J, et al., 2017. Natural nanoparticles: A particular matter inspired by nature. Antioxidants, 7(1): 3.

Grillo I, 2008. Small-Angle Neutron Scattering and Applications in Soft Condensed Matter // Borsali R, Pecora R. Soft Matter Characterization. Dordrecht: Springer.

Grillo I, 2009. Applications of stopped-flow in SAXS and SANS. Current Opinion in Colloid & Interface Science, 14(6): 402-408.

Guinier A, 1939. La diffraction des rayons X Aux très petits angles: Application à l'étude de phénomènes ultramicroscopiques. Annales De Physique, 11(12): 161-237.

Guinier A, Fournet G, 1955. Small-Angle Scattering of X-rays. New York: Wiley.

Hammouda B, 2010. A new Guinier-Porod model. Journal of Applied Crystallography, 43(4): 716-719.

Hammouda B, 2016. Probing Nanoscale Structures-The SANS Toolbox. Gaithersburg: National Institute of Standards and Technology.

Hammouda B, Mildner D F R, 2007. Small-angle neutron scattering resolution with refractive optics. Journal of Applied Crystallography, 40(2): 250-259.

Han C C, Akcasu A Z, 2011. Scattering and Dynamics of Polymers: Seeking Order in Disordered Systems. Hoboken: Wiley.

Hansen J P, Hayter J B, 1982. A rescaled MSA structure factor for dilute charged colloidal dispersions. Molecular Physics, 46(3): 651-656.

Hayter J B, Penfold J, 1981. An analytic structure factor for macroion solutions. Molecular Physics, 42(1): 109-118.

He P, Gao P L, Tian Q, et al., 2017. An in situ SANS study of nanoparticles formation in 9Cr ODS steel powders. Materials Letters, 209: 535-538.

Hollamby M J, 2013. Practical applications of small-angle neutron scattering. Physical Chemistry Chemical Physics, 15(26): 10566-10579.

Honecker D, Bersweiler M, Erokhin S, et al., 2022. Using small-angle scattering to guide functional magnetic nanoparticle design. Nanoscale Advances, 4(4): 1026-1059.

Hu X Y, Xu H W, Wang Z, et al, 2025. Diglycolamide with long C-chains combined with ether bonds for high loading of Am(III) and Eu(III): Extraction, aggregation, and third-phase formation studies. Separation and Purification Technology, 360: 131113.

Ilavsky J, Jemian P R, 2009. Irena: Tool suite for modeling and analysis of small-angle scattering. Journal of Applied Crystallography, 42(2): 347-353.

Jemian P R, 1990. Characterization of steels by anomalous small-angle X-ray scattering. Evanston: Northwestern University.

Kim S, Weertman J R, 1988. Investigation of microstructural changes in a ferritic steel caused by high temperature fatigue. Metallurgical Transactions A, 19(4): 999-1007.

Kinning D J, Thomas E L, 1984. Hard-sphere interactions between spherical domains in diblock copolymers. Macromolecules, 17(9): 1712-1718.

Kirste R G, Kruse W A, Schelten J, 1972. Die bestimmung des trägheitsradius von polymethyl-methacrylat im glaszustand durch neutronenbeugung. Die Makromolekulare Chemie, 162(1): 299-303.

Kohlbrecher J, 2023. User guide for SASfit software package. Paul Scherrer Institute Laboratory for Neutron Scattering.

Kohlbrecher J, Breßler I, 2022. Updates in *SASfit* for fitting analytical expressions and numerical models to small-angle scattering patterns. Journal of Applied Crystallography, 55(6): 1677-1688.

Kong Z Y, Tian Q, Zhang R Y, et al., 2019. Reexamination of the microphase separation in MDI and PTMG based polyurethane: fast and continuous association/dissociation processes of hydrogen bonding. Polymer, 185: 121943.

Kotlarchyk M, Chen S H, 1983. Analysis of small angle neutron scattering spectra from polydisperse interacting colloids. Journal of Chemical Physics, 79(5): 2461-2469.

Krakovský I, Székely N, 2010. Small-angle neutron scattering study of nanophase separated epoxy hydrogels. Journal of Non-Crystalline Solids, 356: 368-373.

Kratky O, Porod G, 1949. Diffuse small-angle scattering of X-rays in colloid systems. Journal of Colloid Science, 4(1): 35-70.

Kruglov T, 2005. Spin-Echo Small-Angle Neutron Scattering Applied to Colloidal Systems. Delft: Delft University Press.

Laity P R, Taylora J E, Wong S S, et al., 2004. A review of small-angle scattering models for random segmented poly(ether-urethane) copolymers. Polymer, 45(21): 7273-7291.

Lake J A, 1967. An iterative method of slit-correcting small angle X-ray data. Acta Crystallographica, 23(2): 191-194.

Larsen A H, Arleth L, Hansen S, 2018. Analysis of small-angle scattering data using model fitting and Bayesian regularization. Journal of Applied Crystallography, 51(4): 1151-1161.

Le Brun A P, Gilbert E P, 2024. Advances in sample environments for neutron scattering for colloid and interface science. Advances in Colloid and Interface Science, 327: 103141.

Len A, Harmat P, Pépy G, et al., 2003. Analysis of potassium bubble inclusions in sintered tungsten wires. Journal of Applied Crystallography, 36(3): 621-623.

Levine J R, Cohen J B, Chung Y W, et al., 1989. Grazing-incidence small-angle X-ray scattering: new tool for studying thin film growth. Journal of Applied Crystallography, 22(6): 528-532.

Li M, Zhang M X, Wang W Y, et al., 2018. The applications of small-angle X-ray scattering in studying nano-scaled polyoxometalate clusters in solutions. Journal of Nanoparticle Research, 20(5): 1-19.

Li T, Senesi A J, Lee B, 2016. Small angle X-ray scattering for nanoparticle research. Chemical Reviews, 116(18): 11128-11180.

Li Y W, Zhang J Q, Song P Q, et al., 2023. Small-angle X-ray scattering for PEGylated liposomal doxorubicin drugs: an analytical model comparison study. Molecular Pharmaceutics, 20(9): 4654-4663.

Lindner P, 2002. Scattering experiments: Experimental aspects, initial data reduction and absolute calibration// Lindner P, Zemb T. Neutrons, X-rays, and Light: Scattering Methods Applied to Soft Condensed Matter. Amsterdam: Elsevier: 23-48.

Liu D, Li X Y, Song H T, et al., 2018. Hierarchical structure of MWCNT reinforced semicrystalline HDPE composites: A contrast matching study by neutron and X-ray scattering. European Polymer Journal, 99: 18-26.

Lyu D, Sun Y, Lu Y, et al., 2020. Suppressed cavitation in die-drawn isotactic polypropylene. Macromolecules, 53(12): 4863-4873.

Malakar A, Kanel S R, Ray C, et al., 2021. Nanomaterials in the environment, human exposure pathway, and health effects: a review. The Science of the Total Environment, 759: 143470.

Mang J T, Hjelm R P, 2021. Preferred void orientation in uniaxially pressed PBX 9502. Propellant, Explosives, Pyrotechnics, 46(1): 67-77.

Melnichenko Y B, 2016. Small-Angle Scattering from Confined and Interfacial Fluids. New York: Springer.

Mertens H D T, Svergun D I, 2010. Structural characterization of proteins and complexes using small-angle X-ray solution scattering. Journal of Structural Biology, 172: 128-141.

Mihailescu M, Monkenbusch M, Endo H, et al., 2011. Dynamics of bicontinuous microemulsion phases with and without amphiphilic block-copolymers. The Journal of Chemical Physics, 115(20): 9563-9577.

Missori M, Mondelli C, De Spirito M, et al., 2006. Modifications of the mesoscopic structure of cellulose in paper degradation. Physical Review Letters, 97(23): 238001.

Mohanraj V J, Chen Y, 2006. Nanoparticles-a review. Tropical Journal of Pharmaceutical Research, 5(1): 561-573.

Mortensen K, 2001. Structural properties of self-assembled polymeric aggregates in aqueous solutions. Polymers for Advanced Technologies, 12(1-2): 2-22.

Morvan M, Espinat D, Lambard J, et al., 1994. Ultrasmall-and small-angle X-ray scattering of smectite clay suspensions. Colloids and Surfaces A: Physicochemical and Engineering Aspects, 82(2): 193-203.

Nielsen J E, Bjørnestad V A, Lund R, 2018. Resolving the structural interactions between antimicrobial peptides and lipid membranes using small-angle scattering methods: The case of indolicidin. Soft Matter, 14(43): 8750-8763.

North A N, Dore J C, Mackie A R, et al., 1990. Ultrasmall-angle X-ray scattering studies of heterogeneous systems using synchrotron radiation techniques. Nuclear Instruments and Methods in Physics Research Section B: Beam Interactions with Materials and Atoms, 47(3): 283-290.

Ornstein L S, Zernike F, 1914. Accidental deviations of density and opalescence at the critical point of a single substance. Proceeding of Akademic Science, 17: 793-806.

Osgood B G, 2019. Lectures on the Fourier Transform and Its Applications. Providence, Rhode Island: American Mathematical Society.

Pandey R K, Tripathi D N, 1992. Rescaled mean spherical approximation structure factor for an aqueous suspension of polystyrene spheres. Pramana, 39(6): 589-595.

Panine P, Finet S, Weiss T M, et al., 2006. Probing fast kinetics in complex fluids by combined rapid mixing and small-angle X-ray scattering. Advances in Colloid and Interface Science, 127(1): 9-18.

Pauw B R, Kästner C, Thünemann A F, 2017. Nanoparticle size distribution quantification: results of a small-angle X-ray scattering inter-laboratory comparison. Journal of Applied Crystallography, 50(5): 1280-1288.

Pedersen J S, 1994. Determination of size distribution from small-angle scattering data for systems with effective hard-sphere interactions. Journal of Applied Crystallography, 27(4): 595-608.

Pedersen J S, 1997. Analysis of small-angle scattering data from colloids and polymer solutions: modeling and least-squares fitting. Advances in Colloid and Interface Science, 70: 171-210.

Pedersen J S, 2002. Instrumentation for small-angle scattering X-ray and neutron scattering and instrumental smearing effects// Lindner P, Zemb T. Neutrons, X-rays, and Light: Scattering Methods Applied to Soft Condensed Matter. Amsterdam: Elsevier: 327-144.

Pedersen J S, 2002. Modelling of small-angle scattering data from colloids and polymer systems // Lindner P, Zemb T. Neutrons, X-rays, and Light: Scattering Methods Applied to Soft Condensed Matter. Amsterdam: Elsevier: 391-420.

Pedersen J S, Gerstenberg M C, 1996. Scattering form factor of block copolymer micelles. Macromolecules, 29(4): 1363-1365.

Pedersen J S, Laso M, Schurtenberger P, 1996. Monte Carlo study of excluded volume effects in wormlike micelles and semiflexible polymers. Physical Review E, Statistical Physics, Plasmas, Fluids, and Related Interdisciplinary Topics, 54(6): 5917-5920.

Pedersen J S, Svaneborg C, 2002. Scattering from block copolymer micelles. Current Opinion in Colloid & Interface Science, 7(3/4): 158-166.

Percus J K, Yevick G J, 1958. Analysis of classical statistical mechanics by means of collective coordinates. Physical Review, 110(1): 1-13.

Porod G, 1951. Die Röntgenkleinwinkelstreuung von dichtgepackten kolloiden Systemen. Kolloid-Zeitschrift, 124(2): 83-114.

Porod G, 1982. General theory//Glatter O, Kratky O. Small angle X-ray scattering. London: Academic Press: 17-51.

Potton J A, Daniell G J, Rainford B D, 1988a. Particle size distributions from SANS data using the maximum entropy method. Journal of Applied Crystallography, 21(6): 663-668.

Potton J A, Daniell G J, Rainford B D, 1988b. A new method for the determination of particle size distributions from small-angle neutron scattering measurements. Journal of Applied Crystallography, 21(6): 891-897.

Pratsinis A, Fan Y C, Portmann M, et al., 2023. Impact of non-ionizable lipids and phase mixing methods on structural properties of lipid nanoparticle formulations. International Journal of Pharmaceutics, 637: 122874.

Pyckhout-Hintzen W, 2012. Polymers: Structure (E02)// Angst M, Brückel T, Richter D, et al., Scattering Methods for Condensed Matter Research: Towards Novel Applications at Future Sources. Jülich: Forschungszentrum Jülich.

Pynn R, 2009. Neutron Scattering: A Non-destructive Microscope for Seeing Inside Matter // Liang L, Rinaldi R, Schober H. Neutron Applications in Earth, Energy and Environmental Sciences. Boston: Springer.

Rambo R P, Tainer J A, 2013. Accurate assessment of mass, models and resolution by small-angle scattering. Nature, 496(7446): 477-481.

Rayleigh L, 1911. Form factor of a homogenous sphere. Proceedings of the Royal Society of London Series A, 84: 25-38.

Riekel C, Burghammer M, Müller M, 2000. Microbeam small-angle scattering experiments and their combination with microdiffraction. Journal of Applied Crystallography, 33(3): 421-423.

Roe R J, 2000. Methods of X-ray and Neutron Scattering in Polymer Science. New York: Oxford University Press.

Rogante M, Lebedev V T, Nicolaie F, et al., 2005. SANS study of the precipitates microstructural evolution in Al 4032 car engine pistons. Physica B: Condensed Matter, 358: 224-231.

Salata O V, 2004. Applications of nanoparticles in biology and medicine. Journal of Nanobiotechnology, 2(1): 3.

Shi X P, Tian Q, Henderson M J, et al., 2022. Structure and transport of polystyrene-b-poly(acrylic acid) micelles incorporating uranyl carbonate: A model for NOM-U(vi) colloids. Environmental Science: Nano, 9(7): 2587-2595.

Shui Y, Huang L Z, Wei C S, et al., 2021. Intrinsic properties of the matrix and interface of filler reinforced silicone rubber: An in situ Rheo-SANS and constitutive model study. Composites Communications, 23: 100547.

Sivia D S, 2011. Elementary Scattering Theory for X-ray and Neutron Users. New York: Oxford University Press.

Song J Y, Liang S E, Wang Y X, et al., 2024. Physical ageing of polyurea elastomers upon water absorption: Molecular dynamics and microphase structures. Polymer Degradation and Stability, 221: 110690.

Song P Q, Tu X Q, Bai L F, et al., 2019. Contrast variation small angle neutron scattering investigation of micro- and nano-sized TATB. Materials, 12(16): 2606.

Stanley H E, 1971. Phase Transitions and Critical Phenomena. Oxford: Oxford University Press.

Stark W J, Stoessel P R, Wohlleben W, et al., 2015. Industrial applications of nanoparticles. Chemical Society Reviews, 44(16): 5793-5805.

Stuhrmann H B, 1982. Contrast Variation// Glatter O, Kratky O. Small angle X-ray scattering. London: Academic Press.

Stuhrmann H B, 1995. Contrast Variation//Brumberger H. Modern Aspects of Small-Angle Scattering. Dordrecht: Springer.

Svergun D I, Koch M H J, Timmins P A, et al., 2013. Small Angle X-ray and Neutron Scattering From Solutions of Biological Macromolecules. Oxford: Oxford University Press.

Technical Committee ISO/TC 24, 2020. Particle size analysis: Small angle X-ray scattering (SAXS) ISO 17867. Geneva: ISO.

Technical Committee ISO/TC 24, 2022. Determination of specific surface area of porous and particulate systems by small-angle X-ray scattering (SAXS): ISO 20804. Geneva: ISO.

Technical Committee LBI/37, 2023. Determination of particle concentration by small-angle X-ray scattering (SAXS): ISO 23484. Geneva, ISO.

Teixeira J, 1988. Small-angle scattering by fractal systems. Journal of Applied Crystallography, 21(6): 781-785.

Teubner M, Strey R, 1987. Origin of the scattering peak in microemulsions. Journal of Chemical Physics, 87(5): 3195-3200.

Thiyagarajan P, 2003. Characterization of materials of industrial importance using small-angle scattering techniques. Journal of Applied Crystallography, 36(3): 373-380.

Thiyagarajan P, Diamond H, Soderholm L, et al., 1990. Plutonium(IV) polymers in aqueous and organic media. Inorganic Chemistry, 29(10): 1902-1907.

Tian Q, Almásy L, Yan G, et al., 2014. Small-angle neutron scattering investigation of polyurethane aged in dry and wet air. Express Polymer Letters, 8: 345-351.

Tian Q, Krakovský I, Yan G Y, et al., 2016. Microstructure changes in polyester polyurethane upon thermal and humid aging. Polymers, 8(5): 197.

Tian Q, Sun J Y, Henderson M J, et al., 2021. Quantitative analysis of the structural relaxation of silica-PEO shake gel by X-ray and light scattering. Polymer Testing, 104: 107391.

Tian Q, Yan G, Bai L F, et al., 2018a. Calibration of the Suanni small-angle neutron scattering instrument at the China Mianyang Research Reactor. Journal of Applied Crystallography, 51: 1662-1670.

Tian Q, Yan G, Bai L, et al., 2018b. Phase mixing and separation in polyester polyurethane studied by small-angle scattering: A polydisperse hard sphere model analysis. Polymer, 147: 1-7.

Tian Q, Zhang D, Li N, et al., 2020. Structural study of polystyrene-b-poly(acrylic acid) micelles complexed with uranyl: A SAXS core-shell model analysis. Langmuir, 36(17): 4820-4826.

Trewhella J, 2022. Recent advances in small-angle scattering and its expanding impact in structural biology. Structure, 30(1): 15-23.

Trewhella J, Duff A P, Durand D, et al., 2017. 2017 Publication guidelines for structural modelling of small-angle scattering data from biomolecules in solution: An update. Acta Crystallographica Section D, Structural Biology, 73(9): 710-728.

Ulbricht A, Böhmert J, 2004. Small angle neutron scattering analysis of the radiation susceptibility of reactor pressure vessel steels. Physica B: Condensed Matter, 350(1-3): 483-486.

Wang X, Hou C, Yu C, et al., 2022. Precise self-assembly of janus pyramid heteroclusters into core-corona nanodots and nanodot supracrystals: Implications for the construction of virus-like particles and nanomaterials. ACS Applied Nano Materials, 5(4): 5558-5568.

Waseda Y, 1980. The Structure of Non-Crystalline Materials: Liquids and Amorphous Solids. New York: McGraw-Hill International Book Co.

Wignall G D, 2007. Small Angle Neutron and X-ray Scattering//Mark J E. Physical Properties of Polymers Handbook. New York: Springer.

Wu S, Du J, Li J, et al., 2025. Formation of stabilized vaterite nanoparticles via the introduction of uranyl into groundwater. Environmental Science: Nano, 12: 1240-1248.

Yan G Y, Tian Q, Liu J H, et al., 2016. The microstructural evolution in HMX Based plastic bonded explosive during heating and cooling process: An in situ small-angle scattering study. Central European Journal of Energetic Materials, 13(4): 916-926.

Yin H Y, Guo W L, Wang R X, et al., 2024. Self-assembling anti-freezing lamellar nanostructures in subzero temperatures. Advanced Science, 11(17): e2309020.

Zhai B H, Tian Q, Li N, et al., 2022. SAXS study of the formation and structure of polynuclear thorium(IV) colloids and thorium dioxide nanoparticles. Journal of Synchrotron Radiation, 29(2): 281-287.

Zhang C C, Xu Z K, Liu X X, et al., 2024. Heat-moisture treated waxy highland barley starch: Roles of starch granule-associated surface lipids, temperature and moisture. International Journal of Biological Macromolecules, 254: 127991.

Zhang J, Tian Q, Li Q, et al., 2019. Small-angle scattering model analysis of cage-like uranyl peroxide nanoparticles. Journal of Molecular Liquids, 296: 111794.

Zhang J, Song P, Zhu Z, et al., 2024a. Evaporation-induced self-assembly of Janus pyramid molecules from fractal network to core-shell nanoclusters evidenced by small-angle X-ray scattering. Journal of Colloid and Interface Science, 674: 437-444.

Zhang T, Hu Q H, Tian Q, et al., 2024b. Small angle neutron scattering studies of shale oil occurrence status at nanopores. Advances in Geo-Energy Research, 11(3): 230-240.

Zhou Y, Shi J, Li X H, et al., 2023. An USAXS-SAXS study of nano-TATB under uniaxial die pressures. Energetic Materials Frontiers, 4(3): 134-139.

Zimm B H, Stockmayer W H, 1949. The dimensions of chain molecules containing branches and rings. Journal of Chemical Physics, 17(12): 1301-1314.

附　　录

本书展示的实验数据来自多台小角散射谱仪(线站)，为方便读者查阅，这里对其性能指标做一总结。

1. 上海同步辐射 X 射线小角散射线站

1) BL16B1 线站(通用 SAXS)

BL16B1 是我国第一个三代同步辐射 X 射线小角散射线站，可实现 SAXS/WASX、GISAXS 以及反常 SAXS 测试，于 2009 年正式对用户开放使用。主要测试对象为高分子、纤维、合金、液晶、胶体以及纳米材料。

BL16B1 束线前端的光学部件有偏转磁铁、单色器、聚焦镜以及狭缝系统；光子能量范围为 5～20 keV，能量分辨率为 $6.0×10^{-4}$(10 keV)；聚焦光斑尺寸为 400 μm×500 μm (10 kV)；样品位置光子通量为 $3×10^{11}$ phs/s(10 kV, 200 mA)；样品-探测器距离为 0.2～5 m；典型 q 范围为 0.03～3.6 nm^{-1}(10 kV，0.123 nm)。

【参考资料】

杨春明, 洪春霞, 周平, 等, 2021. 同步辐射小角 X 射线散射及其在材料研究中的应用. 中国材料进展, 40(2): 112-119.

Tian F, Li X, Wang Y, et al., 2015. Small angle X-ray scattering beamline at SSRF. Nuclear Science and Techniques, 26(3): 1-6.

2) BL19U2 线站(生物 SAXS)

BL19U2 生物小角散射线站是国内首条生物 SAXS 专用线站，于 2015 年开放运行。线站主要以生物大分子(核酸、蛋白质、病毒、膜蛋白以及脂类)在溶液状态下的结构、动态变化和相互作用为主要研究方向，重点开展以时间分辨为主的动态过程研究工作；同时兼顾高分子聚合物、胶体化学、纳米材料、食品科学等研究方向的 SAXS 实验需求。

BL19U2 束线前端采用波荡器引出高通量、低发散度的同步辐射光；光子能量范围为 7～15 keV；聚焦光斑尺寸为 330 μm×50 μm；样品位置光子通量优于 $4×10^{12}$ phs/s(12 kV, 300 mA)；波长范围为 0.82～1.77 Å；样品-探测器距离为 0.5～7 m；使用 Pilatus 2M 探测器采集数据，时间分辨率优于 5 ms。该线站配有溶液样品自动进样设备，结合高通量以及较短波长(0.103 nm)的测量模式，特别适合研究溶液样品体系，典型曝光时间为 1 s。

【参考资料】

Li N, Li X, Wang Y, et al., 2016. The new NCPSS BL19U2 beamline at the SSRF for small-angle X-ray scattering from biological macromolecules in solution. Journal of Applied Crystallography, 49: 1428-1432.

Li Y, Liu G, Wu H, et al., 2020. BL19U2: Small-angle X-ray scattering beamline for biological macromolecules in solution at SSRF. Nuclear Science and Techniques, 31: 117.

Liu G, Li Y, Wu H, et al., 2018. Upgraded SSRF BL19U2 beamline for small-angle X-ray scattering of biological macromolecules in solution. Journal of Applied Crystallography, 51: 1633-1640.

3) BL10U1 线站(时间分辨 USAXS)

BL10U1 线站是"上海光源线站工程项目(二期项目)"所建设的线站之一，2022 年对用户开放。该光束线使用波荡器产生高亮度低发散度的 X 射线，以实现高时间分辨率的测试需求。USAXS 光束线包括 USAXS、微聚焦 SAXS 和工业应用三个实验站(附图1)。在 USAXS 实验站工作模式下，水平和垂直聚焦镜聚焦点在 70m 处(样品位置)。在微聚焦 SAXS 实验站工作模式下，次级光源点位于 70m 处，微聚焦 SAXS 实验站内有一对 KB(Kirkpatrick-Baez，柯克帕特里克·贝兹)聚焦镜，可将次级光源点处的光斑进一步聚焦，最小聚焦光斑可达到 10μm×8μm。在工业应用实验站工作模式下，水平和垂直聚焦镜聚焦点在 107m 处，可针对高分子和纤维材料结构演变过程开展散射实验研究。

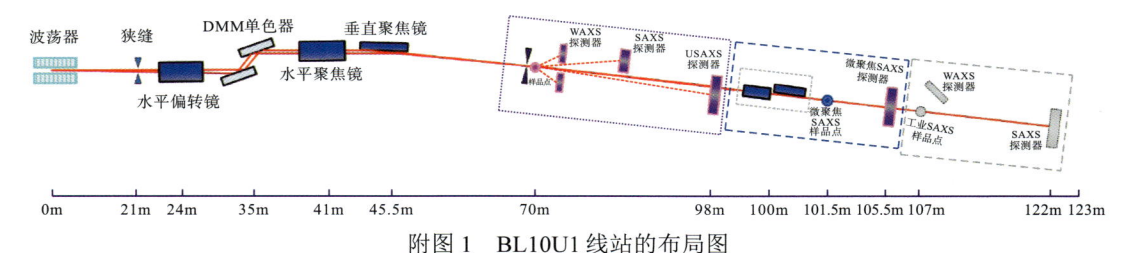

附图 1　BL10U1 线站的布局图

USAXS 实验站的 X 射线能量范围为 8~15 keV，能量分辨率为 $5×10^{13}$(10 kV)；样品位置光子通量为 $1×10^{13}$ phs/s(12 kV，300 mA)；聚焦光斑尺寸为 400 μm×450 μm；可探测最小 q 值为 0.004 nm^{-1}；使用 Eiger 4 M 探测器(瑞士，Dectris 公司)采集数据，时间分辨率为毫秒量级，像素尺寸为 75 μm。

2. 反应堆源中子小角散射谱仪

1)"狻猊"

"狻猊"SANS 谱仪由中国工程物理研究院核物理与化学研究所建设(附图2)，2015 年开放运行。该谱仪使用机械速度选择器获取准单色的中子，波长分辨率约为 15%，典型波长为 0.53 nm，样品位置的最大中子通量为 $1×10^7 cm^{-2}·s^{-1}$(反应堆功率为 20 MW；中子波长为 0.53 nm)，样品-探测器距离为 1~10 m。通过改变样品-探测器距离和中子波长，可以获

取的最大 q 范围为 0.013～6.3 nm^{-1}。典型样品光阑直径为 10 mm。谱仪配有磁场、高低温、拉伸、流变等多种样品环境设备。相比于同步辐射 SAXS 线站样品位置的光子通量，"狻猊"谱仪在样品位置的通量降低了 4～5 个数量级，因此样品的典型测量时间为小时量级。

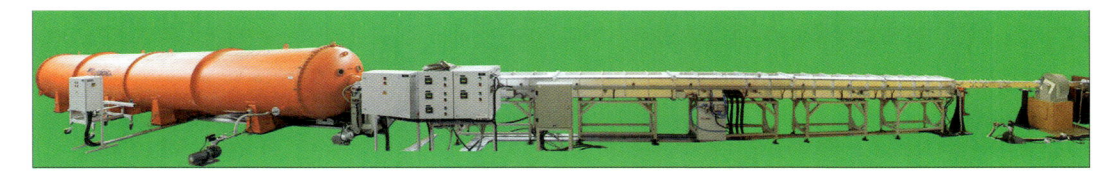

附图 2 "狻猊"SANS 谱仪照片

【参考资料】

Chen L, Sun L, Wang Y, et al., 2016. Small-angle neutron scattering spectrometer Suanni equipped with ultra-thin biconcave focusing lenses. Journal of Applied Crystallography, 49: 1388-1393.

Peng M, Sun L, Chen L, et al., 2016. A new small-angle neutron scattering spectrometer at China Mianyang research reactor. Nuclear Instruments and Methods in Physics Research A, 810: 63-67.

Chen L, Sun L, Tian Q, et al., 2018. Upgrade of a small-angle neutron scattering spectrometer. Journal of Instrumentation, 13: 8-25.

Tian Q, Yan G, Bai L, et al., 2018. Calibration of the Suanni small-angle neutron scattering instrument at the China Mianyang Research Reactor. Journal of Applied Crystallography, 51: 1662-1670.

2）"黄色潜水艇"

"黄色潜水艇"SANS 谱仪由匈牙利能源研究中心能源与环境安全研究所中子谱学部建设，依托 10 MW 布达佩斯中子反应堆运行，于 1993 年投入使用（附图 3），具有悠久的运行历史。该谱仪的中子探测器为多丝 BF$_3$ 气体二维位敏探测器（64 cm×64 cm），准直距离为 5 m，样品-探测器距离为 1～5.5 m，波长范围为 3～12 Å；波长分辨率约为 20%。针对该谱仪，拉斯洛·阿尔玛西（László Almásy）博士开发了一款具有机械控制、数据获取、批处理测试、文件浏览等多功能的控制软件（附图 4）。在"黄色潜水艇"谱仪的旁边，新建设了一台飞行时间 SANS 谱仪，可测量的 q 范围为 0.003～0.3 nm^{-1}，探测尺寸为 10～500 nm。

附图 3 "黄色潜水艇"SANS 谱仪现场照片

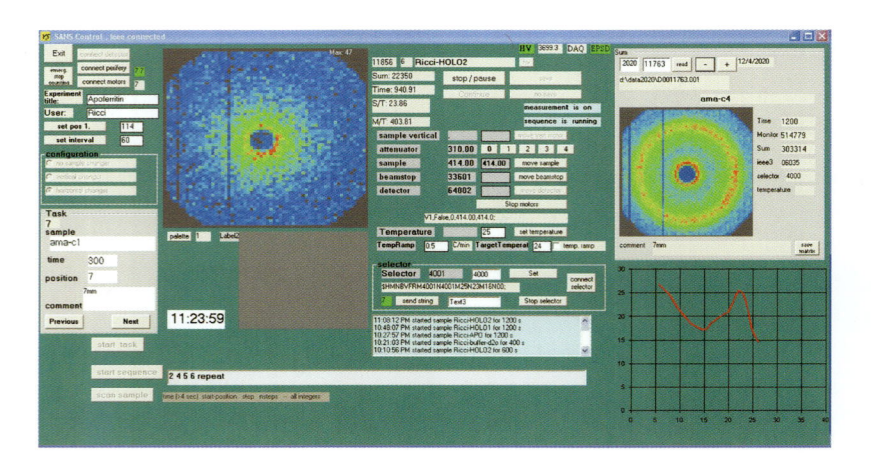

附图 4 "黄色潜水艇"谱仪的测量控制软件界面截图

【参考资料】

Almásy L, 2006. Wavelength calibration in conventional SANS setup with a mechanical velocity selector. Zeitschrift für Kristallographie Supplements, 23: 211-216.

Almásy L, 2021. New measurement control software on the Yellow Submarine SANS instrument at the Budapest Neutron Centre. Journal of Surface Investigation: X-ray, Synchrotron and Neutron Techniques, 15: 527-531.

3. 实验室散射仪

1）SAXSpace

SAXSpace 是一种紧凑型的商业化 SAXS/WAXS 散射仪，具有线光源和点光源两种准直模式。本书中该散射仪的实验数据均是在高强度的线光源模式下采集的，且使用一维位敏探测器（分辨率 50 μm）记录散射射线的位置和强度。当样品-探测器距离分别为 317 mm 和 121 mm 时，对应的最小 q 值为 0.03 nm^{-1}，最大 q 值为 19 nm^{-1}。样品腔内可搭模块化的原位热台、湿热样品台、旋转样品台、多毛细管样品支架、凝胶样品池以及流变仪。

2）CREDO

CREDO 由匈牙利科学院自然科学研究中心自主搭建，2014 年前后正式投入使用。如附图 5 所示，该 SAXS 设备具有灵活的机械控制单元，通过改变样品-探测器距离（典型距离为 450 mm、1200 mm、1500 mm），q 范围可以覆盖 0.02～30 nm^{-1}。样品台处于真空环境中，可以装载 17 个固体样品，或者 20 个毛细管样品。安德拉什·瓦查（András Wacha）博士开发了一套控制程序，可以方便地操控各运动单元，并可快速实现样品-探测器距离校准、样品位置扫描、本底扣除以及数据分析等功能。

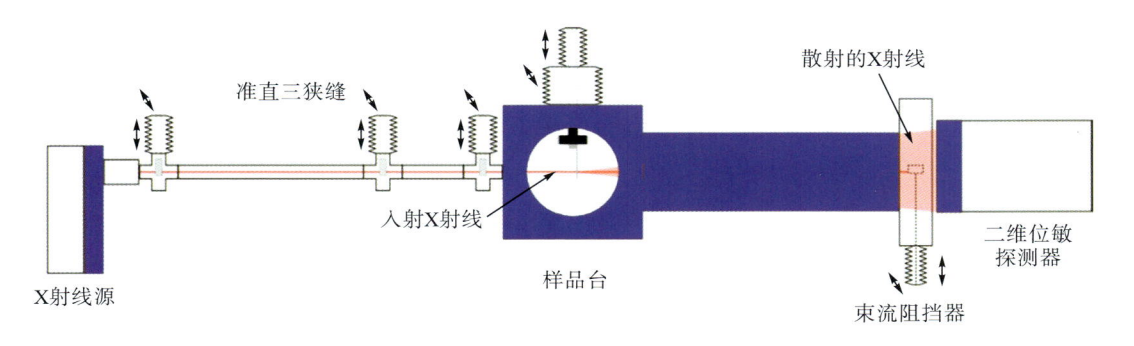

附图 5　CREDO 的结构示意图

图片来源：https://credo.ttk.hu/?q=node/14

【参考资料】

Wacha A, 2016. Nanostructure research by small-angle X-ray scattering: From instrument design to new insights in materials sciences. Budapest: Budapest University of Technology and Economics.

Wacha A, Varga Z, Bota A, 2014. CREDO: A new general-purpose laboratory instrument for small-angle X-ray scattering. Journal of Applied Crystallography, 47: 1749-1754.

后　　记

　　灼灼岁序，向光而驰！历经八年，书稿终于完成。在即将付梓出版之际，仍感言辞未尽，又恐疏漏。

　　写作过程中，需要不断地收集信息、加工信息和输出信息，并且要经历多次修正和迭代。我对自己提出了几点要求：第一，真诚地叙述，毫无保留地阐述曾经令我困惑的问题；第二，只使用第一手实验数据，并应用 Python 编程语言代码绘制风格一致的图片；第三，力求行文流畅，文字简洁，但不忽略重要的细节问题；第四，为方便读者理解，使用当代小角散射研究领域的主流数学表达，并确保前后文符号物理意义的统一。写作过程中，也遇到了许多困难和挑战，时而感到柳暗花明，时而又迷雾重重。有时忙于其他事务，搁置书稿数月没有进展，沮丧不已；有时看不到成稿的终点，甚至想放弃。但内心深处，总有一个声音、一种力量催我前行。

　　近年来，小角散射在空间、时间上的技术指标不断取得突破，各种新型的实验技术层出不穷，在该领域仍有许多值得深入探索的研究工作。我相信，这项技术在生物、材料、化学、物理研究领域必将展现出令人瞩目的研究成果。由于专业知识和研究方向的限制，本书仅能涵盖小角散射研究领域的小部分内容，没有涉及反常 SAXS、微聚焦、三维成像、掠入射、自旋回波、间接傅里叶变换等技术，以及高分子结晶、结构生物学、食品科学等诸多研究领域。

　　在本书的写作过程中，人工智能正处于一个快速发展时期。美国开放人工智能公司(OpenAI)从 2018 年至今，推出了系列大语言人工智能模型(GPT，生成式预训练转换器)，2023 年 3 月发布了 GPT-4，2024 年 9 月发布了具有复杂逻辑推理能力的模型 o1。2024 年美国的霍普菲尔德(John J. Hopfield)教授和加拿大的辛顿(Geoffrey E. Hinton)教授被授予诺贝尔物理学奖，以表彰他们"基于人工神经网络实现机器学习的基础性发现和发明"。我很乐观地认为，当今的大语言人工智能模型对人类社会的进步必将产生深远影响，丝毫不逊色于 129 年前伦琴——获得 1901 年首届诺贝尔物理学奖——发现 X 射线所带来的变革。作为一名小角散射科研工作者，我为生活在这样一个时代深感幸运。一方面，在当今信息化时代，科研人员从事跨学科交叉研究的壁垒大大降低，能更容易地整合各个领域的知识；另一方面，人工智能可以辅助研究者解决小角散射研究领域中复杂的数据反演问题，不仅能在庞大的数据集中捕捉更精细的结构信息，而且还可能催生新的实验技术。

　　不知不觉，我从事小角散射技术与应用研究工作已十余年。小角散射就像是一座座需要我攀登的山峰，又像是与我形影不离的伙伴。在这段旅程中，不仅积累了实践经验和理论知识，还结识了许多志同道合的同行者。其间，我得到了国内外诸多专家和良师益友的指导和帮助，并与其进行了富有启发性的讨论，在此致以衷心的感谢和崇高的敬意。特别感谢我的引路人——中国工程物理研究院核物理与化学研究所的陈波研究员，是他领我进入了迷人的散射世界。感谢匈牙利科学院能源研究中心中子谱学部的 László Rosta（拉斯洛·罗斯塔)教授、János Füzi(亚诺什·富兹)教授(1960–2020)和 Gyula Török(居拉·托罗克)教授在我博士后期间给予的关心和指导。János Füzi 教授是一位令人尊敬的中子散射科学家，长期工作在科研一线，直至突发疾病去世。衷心感谢 László Almásy 博士——经验丰富的 SANS 谱仪科学家，我的理论知识和实验技能很大程度上受益于他的指导。感谢澳大利亚籍同事 Mark Julian Henderson(马克·朱利安·亨德森)，他在西南科技大学全职工作了近 10 年，擅长无机化学、物理化学和散射技术，与他讨论学术问题是一件愉快的事情。

感谢中国科学院上海高等研究院国家蛋白质科学研究(上海)设施的李娜研究员、张建桥工程师，中国工程物理研究院核物理与化学研究所的李新喜副研究员和白亮飞副研究员，他们对书稿提出了建设性的修改建议。感谢北京大学的刘春立教授，四川大学的冯玉军教授和丁颂东教授，南开大学的王维教授，中国石油大学的胡钦红教授，兰州大学的卜伟锋教授，宁波材料所的张若愚研究员，中国工程物理研究院核物理与化学研究所的孙光爱研究员、闫冠云副研究员和刘栋副研究员，中国工程物理研究院化工材料研究所的陈可平副研究员和刘佳辉高级工程师，西南科技大学的裴重华教授、段晓惠教授、晏敏皓研究员和李兆乾副研究员，他们为我提供了宝贵的研究思路、小角散射样品和实验数据，且共同署名发表了学术论文。此外，还有大量的合作者和研究同行，但由于篇幅问题，这里无法一一列出，在此表示感谢。

感谢上海同步辐射光源提供的束流时间，特别感谢 BL19U2、BL16B1、BL10U1 线站的运行团队，得益于他们的辛勤工作和帮助，我收集了大量有效实验数据。感谢安东帕(上海)商贸有限公司材料表征产品经理李业萍对课题组 SAXSpace 散射仪提供的技术咨询和服务。感谢西南科技大学环境友好能源材料国家重点实验室提供的科研平台和良好的科研氛围。感谢我的研究生石鑫鹏、周艳、吴思远、都进和王珊珊，他们对书稿进行了细致的校对。

感谢国家自然科学基金(U2230130、11775195、11205137)和四川省科技计划(2020YFH0119、2022JDTD0017)的资助。

最后，感谢家人的默默付出和支持！

田　强
2024 年秋于西南科技大学西 1 楼